関西大学東西学術研究所資料集刊 46

戦ひの記

インパール作戦

「弓」師団長 田中信男従軍記

増田周子 編著

関西大学出版部

田中信男第33師団長（陸戦史研究普及会編『インパール作戦　下巻』同）より

序文

本書『戦ひの記』は、太平洋戦争の末期の昭和十九年に日本陸軍が企てたインパール作戦の第三十三師団、通称「弓」師団の戦闘の実情を記した『陣中日誌』である。インパール作戦とは、昭和十九年三月八日にはじまり、七月三日まで続いた戦闘で、この作戦では、南方軍寺内寿一元帥、ビルマ方面軍河辺正三中将の下に牟田口率いる第15軍がおかれ、第15軍の下に「烈」（第31師団）「祭」（第15師団）「弓」（第33師団）の三兵団が編成された。「烈」は北方コヒマ方面を守り、「祭」は中央方面、「弓」は南方面からアラカン山脈を越えてインパールを目指すものであった。こうして三月八日から作戦が開始された。

『戦ひの記』は、この「弓」師団の二番目の師団長となる田中信男中将の綴った『陣中日誌』である。本書には、昭和十九年五月に、牟田口廉也第十五軍司令官より更迭された、「弓」師団の最初の師団長柳田元三中将の憤懣やるかたない心情や、師団の連隊長や多くの兵士を、補給も、弾薬もない中で戦闘させ、消耗し、死傷させていく悲惨極まりない戦場の実態が記されている。『戦ひの記』には、このような戦闘に、湊川決戦として死を覚悟しながら陣頭指揮にあたった田中中将の戦闘戦略や、軍上層部の批判などが赤裸々に描かれる。その意味で、インパール作戦を知るうえで貴重な記録と言える。この『戦ひの記』は、インパール作戦に従軍した数少ない作家の、火野葦平により日本に持ちかえられた日誌である。火野葦平は、陸軍報道班員としてインパール作戦に従軍するが、途中「弓」師団と行動を共にし、田中信男中将とも言葉を交わした。そして、田中中将から信頼され、先に帰国することになったために託されたのである。『戦ひの記』は、死を予感していた田中の遺書ともいうべき日誌であり、火野は、大切にもちかえり、田中の妻豊子氏に届けたのだった。

本書が、今回はじめて全文翻刻され、関西大学東西学術研究所の研究叢書としてあまねく世界に公開されることは、戦争の記憶や記録を風化させせないためにも必定で、喜ばしい限りである。

本書の編著者増田周子教授は、以前より火野葦平の戦争関連研究を続け、国内外で多くの講演、学会発表をし、学術論文を発表している。さらに、増田氏は平成二十九年には火野葦平のインパール作戦『従軍手帖』の全文を翻刻した『インパール作戦従軍記』（集英社）の「解題」「解説」「年譜」などを手掛け、火野の関わった戦争、とりわけインパール作戦の全貌に関心をもち続けてきた。本書は、増田氏のこれらの火野葦平研究の延長上にある研究成果である。増田氏は、日本近現代文学を専門とされる研究者であるが、本書は、インパール作戦「弓」師団長の『陣中日誌』であることから、日本近現代文学だけにとどまらず、日本近現代史や世界の戦争研究史にも関心をもたれる研究といえよう。今後の戦争関連研究の発展に必ずや寄与する研究書といえる。戦後七十年以上を経た現在、そして、平成最後の節目の年に、本書を手に取り、熟読し、今一度戦争を振り返り、世界平和の重要性を噛みしめてほしいものである。

関西大学東西学術研究所　所長　沈国威

目次

はじめに（「解題」をかねて）

増田周子

本書『戦ひの記―インパール作戦「弓」師団長田中信男従軍記』は、インパール作戦の「弓」（第33師団）の、二番目の師団長となった田中信男陸軍中将の書いた、インパール作戦の様相を現地で綴った貴重な資料を翻刻したもので、現在は、北九州市立文学館に、火野家ご遺族から寄託され蔵している史料である。

史料の入手経路は、当時の記録がなく不明である。昭和四十八年六月より発足した「火野葦平資料館を若松につくる会」が、「火野葦平資料の会」と改称して、火野葦平の残した手帖やノートなどを整理し、収集していた。この火野葦平資料の会が、昭和六十年北九州市若松区区民会館内に火野葦平資料室をオープンさせた。その火野葦平資料室に田中家の関係者から届けられたと推察される。その後、数度、若松区民会館で催された火野葦平展で現物展示された。布製の罫線のないノートで、全部で一五二頁のものである。最初は、田中信男中将が、前任地のタイを離れる昭和十九年五月十日から始まり、最後は同年七月五日で終わっている。田中信男中将の、インパール作戦『陣中日誌』とも呼ぶべきもので、大変貴重な史料と言える。この『戦ひの記』は、『陣中日誌』ではあるが、陸軍から命じられて提出を義務付けられたものではなく、私的な日誌であり、公文書的な性質ではないため、陸軍中将の内面や本心が描かれる部分もある。なお、防衛庁資料室には、公文書である田中信男中将の『陣中日誌』が六冊ある。さて、『戦ひの記』の著者である田中信男陸軍中将とはどのような人物であったのか、わかる範囲で簡単にまとめてみる。

田中信男は、明治三十二年十月三十日に、東京府で、陸軍中佐・田中信良の子として生まれる。東京府立一中、中央幼年学校予科、中央幼年学校本科を経て、明治四十五年五月、陸軍士官学校（24期）を卒業、大正元年十二月、歩兵少尉に任官し歩兵第3連隊付となる。同四年十二月、歩兵中尉、同六年八月、習志野俘虜収容所員となり、以後、大正十一年二月歩兵

られた。昭和四年八月、歩兵少佐に、同五年八月、近衛歩兵第2連隊大隊長に就任した。満州事変では、馬占山討伐部隊の指揮を執り、圧倒的な勝利をおさめた。以後、昭和六年十一月、歩兵第15連隊大隊長、同八年六月、歩兵第18連隊付（岡崎師範配属将校）などを務め、同九年八月、歩兵中佐に進んだ。さらに、同十一年三月、関東軍司令部付（満州国顧問、特務機関長）、同十二年八月独立歩兵第51大隊長などとなり、昭和十三年三月、歩兵大佐に昇進し、昭和十四年三月、歩兵第211連隊長に発令されて日中戦争に出征し、昭和十五年一月、豊橋陸軍教導学校長に転じた。昭和十六年三月、陸軍少将に昇格した。昭和十六年十月、第12歩兵団長に就任、満州に赴任し太平洋戦争を迎えた。昭和十七年八月、独立混成第15旅団長に就任し、歩兵第66旅団長を経て、独立混成第29旅団長となり、タイに移った。昭和十九年五月、更迭された柳田元三前師団長に代わって、インパール作戦第33師団(弓)の師団長を命ぜられ、従軍する。同年六月二十七日、陸軍中将に任ぜられた。イラワジ会戦などに従軍したが、敗退し、タイのナコーンナーヨックで終戦を迎え、昭和二十二年八月に復員した。その後、どのように生活なさっていたか不明であるが、昭和四十一年十二月四日に胃癌で、七十五歳の生涯を終えた。なお、ビルマ方面軍司令官木村兵太郎大将の妻は信男の姪である。[1]

さて、『戦ひの記』については、これまでも磯部卓男『インパール作戦』（昭和59年6月、磯部企画）、『戦史叢書インパール作戦』（昭和43年4月、朝雲新聞社）などで、その一部を用いているが、分量もほんの少しであり、どこで閲覧したのかは定かではない。筆者は、相当の分量があるのに、全文読めないのはもったいないと考えた。戦後七十年以上たった今、アジア・太平洋戦争の真実を知ること、そして、戦争の記録、そこから浮かび上がる個人の記憶を風化させないことは大切である。そのような思いから、あまねく、インパール作戦の実態を知ってほしい、と考え、今回全文翻刻に踏み切ったのである。この日誌には「死の作戦」ともいわれる、インパール作戦の悲惨な戦闘の様が綴られている。本日誌の内容には、必ずや、世界情勢が不安定で、いつもどこかで戦争が起こっている現在の不穏な空気を取り除くための平和貢献の手掛かりがあるはずだ。

また、筆者が『戦ひの記』に興味を持ったのは以下のようないきさつである。たしか、火野葦平の自筆資料三万点が、まだ北九州市立文学館に移管されていなかった平成二十一年頃、北九州市若松区の火野葦平資料館で『戦ひの記』を閲覧させていただいた。当初は、ただ読むのが精いっぱいで、葦平の字と違うのは一目瞭然であったが、どんな資料であるのか、全く見当もつかなかった。ただ、内容を詳細に読んでいくと、インパール作戦第33師団通称「弓」師団の、二番目の師団長の日誌だと判明した。だから、貴重なインパール作戦の記録や戦時中の心情を綴ったものだと悟ったのである。

内容を読んでいくと、『戦ひの記』の七月五日に、火野葦平に会い、「お願ひ　火野葦平氏ニ托シ此ノ日誌ヲ先ツ留守宅へ送ルコトトス　豊橋市吉田町二〇五　田中豊子へ　昭和十九年　七月五日」と記されていることが判明した。田中中将は、この『戦ひの記』を火野に託したのであった。

陸軍報道班員としてインパール作戦に従軍した火野は、途中より「弓」師団と行動を共にすることから、田中信男中将にも会っている。火野葦平のインパール作戦『従軍手帖』によると、火野が田中中将に会ったのは、昭和十九年七月四日、戦闘司令所のあったコカダンであった。火野は、その時の印象を次のように記している。

○師団長田中信男中将。大柄な顔を一面の髭で埋めて居られる。あとで聞くと、少尉任官以来すこしも手をつけない三十三年の髭とのこと。白いものも若干まじつてゐるが、鼻髭はひねつて上げれば耳に達するほどである。討匪行の歌は田中大隊の馬占山追討をうたつたものだときいたことがある。満州で活躍、さいきんはタイ国の旅団長をしてゐて、五月のはじめ、弓師団長に変つたのである。[2]

田中中将は、次のように語ったようだ。

○大して話すこともないが、部下の苦労をよく見てやつて頂きたい。苦労の状況は君の見られるとほりだが、すこしの不平もいはず、まるで神様のやうな姿だ。自分が来てから、四十日以上も、一回も第一線に食糧を送つてやらないが、それでも、なんとかしてやつてゐる。[3]

さらに田中中将は続けて以下のように述べた。

自分はかうして、「陣中日記」「戦ひの記」といふものをずつと書いてゐる。これを君にあづけるから、読んでもらつてよい。自分は十八年も戦地にゐて、豊橋の教導学校、今の予備士官学校に一年教官をしてゐたほか、家族とも一緒に暮したことがない。これは戦場の実相をもつて、子供を教へたい気持もあつて書きつけたものだが、連絡の方法もなかつたのでどうしようかと思つてゐたが、君が荷にならなければ持つてかへつて下さるとありがたい。

こうして、葦平は、この『陣中日誌』『戦ひの記』二冊を、田中中将から預かった。葦平のインパール作戦の『従軍手帖』の「七月五日」に「『戦ひの記』『陣中日誌』二冊をあづかる。筆で全部書かれたものである」[4]とある。田中中将の言葉によると、『戦ひの記』は、「戦場の実相をもつて、子供を教へたい気持もあつて書きつけた」ともあるので、死と隣り合わせのインパール作戦で指揮をとっているために、自分では語れないかも知れないし、子供たちにも戦争を知らせたいとの目的もあって書かれたのだろう。また火野は、同年七月七日の『従軍手帖』に次の如く記している。

「戦ひの記」「陣中日記(ママ)」愛読する。まじめな人柄が躍如としてゐて、すでに深い覚悟をされてゐるのに頭が下る。洒達(ママ)の気もあつて、ところどころに、歌、俳句、あるひは独々逸のやうな文句が書きつけられてある。自分の死についての気持を反省してみて、まだ足りないと思ふが、負けてゐないといふひそかな自負もある。[5]

火野が記しているように、この『戦ひの記』には、多くの「歌、俳句、あるひは独々逸のやうな文句」が書かれている。例えば、五月十三日、タイを去るときに、田中中将(当時少将)は、「俺の死場所　インパールの山よ　泰の半歳　夢の跡」と記し、インパール作戦従軍を前に死を覚悟していた。さらに火野は、「戦死を覚悟していた田中中将は、私に陣中手記のノートをことづけた。私とて無事に帰国出来るかどうか自信はなかつたけれども、ともかく、それをあずかつた。師団長は、記念にといつて、古ぼけたヘルメツトを私にくれた。(後のことであるが、『戦ひの記』は豊橋にいる夫人に届けることが出来た。)」[6]と述べているので、実際火野は『戦ひの記』『陣中日誌』二冊を持ち帰り、豊橋の田中豊子夫人に届けたようである。なお、火野の『従軍手帖』の八月四日に「田中中将の日記、わがノオトの類厳封して、ラングーンへかへる岩本君にことづけ、正木君に保管をたのむ。」[7]とある。火野は、相当注意して、厳重に保管し、大切に日本に持ち帰ったのであろう。この『戦ひの記』が、火野葦平資料館に保管され、現在は、北九州市立文学館にあるいきさつは、火野葦平が、田中中将からことずかったということが一因なのであろう。

さて、この『戦ひの記』の最後には、次のようにある。

此ノ拙稿ヲ畏友小林浅三郎兄ニ贈ル　陸軍生活ノ殆ト大部ヲ軍隊教育ニ終始セル同兄ガ　之レニヨリテ多少トモ軍隊教育ニ資スルトコロアラハ望外ノ幸甚、本誌述スルトコロ素ヨリ公表スヘキ筋ニアラズ　全ク一個人ノ私的生活記録ニシテ他人ノ悪口モ忌憚ナク記セリ　戦場生活ノ実相ヲ赤裸々ニ描写スルノ余リ　或ハ聊カ消極悲観ノ場面ナキニアラス、任官以来大陸勤務　爰ニ十八年ヲ過テ其間西伯利亜、満洲支那ノ各戦役ニ従ヒシガ　此度最後ノ御奉公ニ又トナキ体験ヲ得タリ　此度コソハ生還ヲ期セス　正ニ湊川合戦ナリ　決戦ニアラス　決死ノ戦ナリ皇恩無窮不肖不敏ニシテ師団長ノ重任ヲ辱ヲス　御恩報謝ノタメ何カ書キ残シテ□皇軍将来ノ練成ニ資セント欲張ツテ見テモ　兵馬□偲意ヲ尽サス、幸ニ小林兄ノ賢察ニ信侍シ不肖ノ微志ヲ酌マレタシ

於　印度北角　　　田中　信男

ここにある小林浅三郎(明治24年4月1日~昭和49年3月7日)とは、兵庫県出身の元陸軍中将である。詳しい経歴は省くが、田中中将とは、同じ年に、陸軍士官学校(24期)を卒業していることから、学友とされ、以前から小林を田中中将は尊敬していたようだ。小林は、大正十一年十一月に、陸軍大学校(34期)を卒業した後、大正十二年に、陸軍歩兵学校教官となる。その後、昭和四年に、教育総監部課員に転じた。昭和十年八月には、歩兵大佐に昇進し、昭和十四年十二月、教育総監部第一部長となり、歩兵学校長に任ぜられた。昭和十六年に八月には、陸軍中将となり、防衛総参謀長などを歴任し、南京で終戦を迎えた。昭和二十一年七月に復員する。[8]すなわち、田中中将の記すように、「陸軍生活ノ殆ト大部ヲ軍隊教育ニ終始セル」人物だった。「戦場生活ノ実相ヲ赤裸々ニ描写スル」とあり、「御恩報謝ノタメ何カ書キ残シテ皇軍将来ノ練成ニ資

セント欲張ツテ」ともあることから、日本軍を勝利に導くために、書き残さねばと思って『戦ひの記』は書かれたようだ。さらに「之レニヨリテ多少トモ軍隊教育ニ資スルトコロアラハ望外ノ幸甚」ともある。この記録が「軍隊教育」に生かされればとの思いも込めていた。田中中将は、インパール作戦従軍を「最後ノ御奉公」と述べ、「此度コソハ生還ヲ期セス　正ニ湊川合戦ナリ」とも記し、日本に再び帰ることはできないと考えていた。よって、この『戦ひの記』のインパール作戦の実相を記した記録や、自身の戦場での「私的生活記録」を、軍人教育に長く携わった、盟友の小林浅三郎に捧げ、今後生かしてもらおうとの思いを込めたのであった。

本書を出版するにあたって、寄託先の北九州市立文学館、ならびに、火野葦平ご三男玉井史太郎様、火野葦平資料館坂口博様らにお世話になった。厚く御礼申し上げます。

1　陸戦史研究普及会編『インパール作戦　下巻』（昭和45年8月15日、原書房）
2　火野葦平『インパール作戦従軍記』（平成29年12月、集英社）
3　同右
4　同右
5　同右
6　火野葦平「解説」（『火野葦平選集第四巻』昭和34年2月、創元社）
7　2に同じ
8　秦郁彦編『日本陸海軍総合事典』第2版（平成17年8月、東京大学出版会）、外山操編『陸海軍将官人事総覧　陸軍篇』平成5年11月、芙容書房出版）

影印

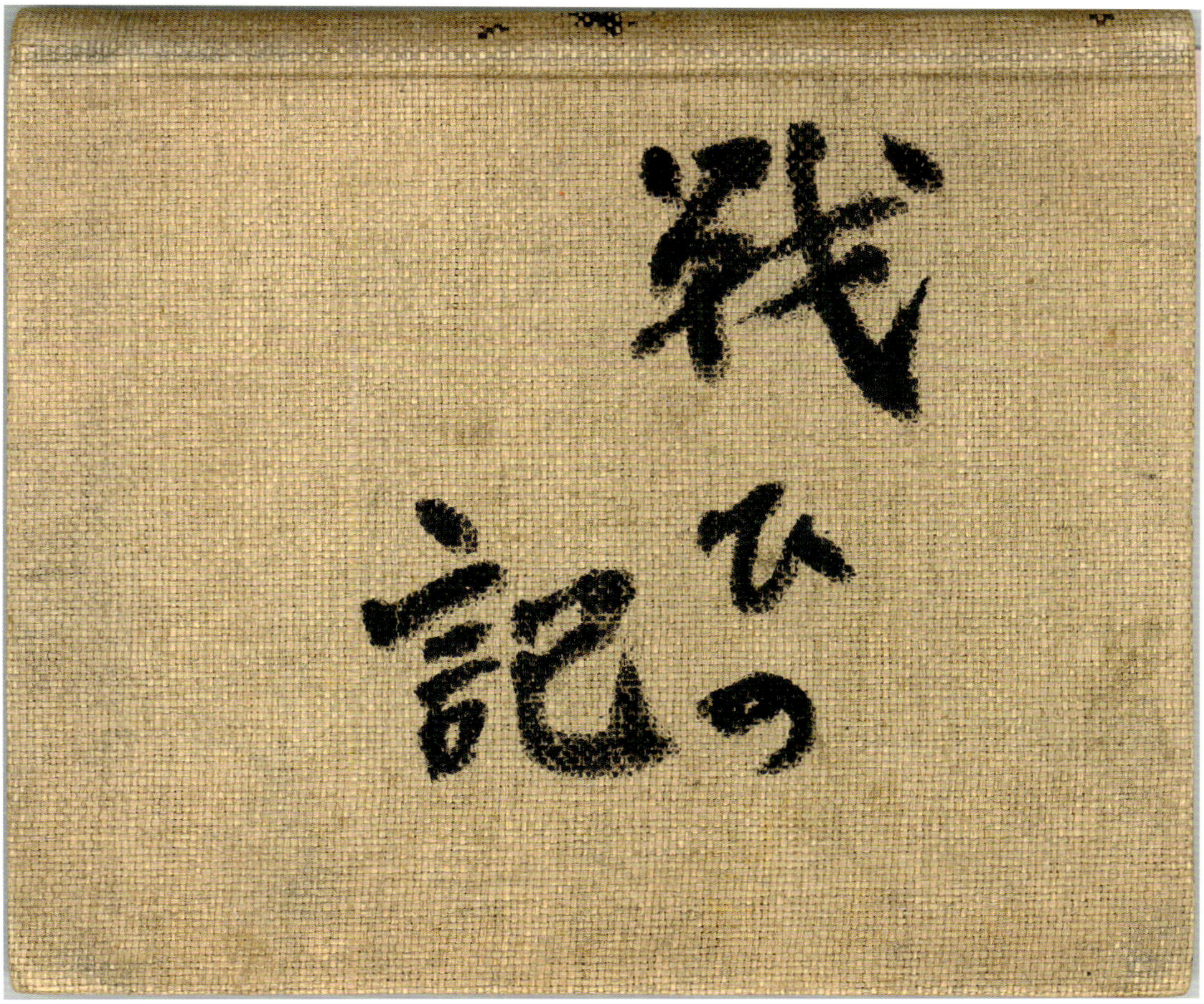
戦ひの記

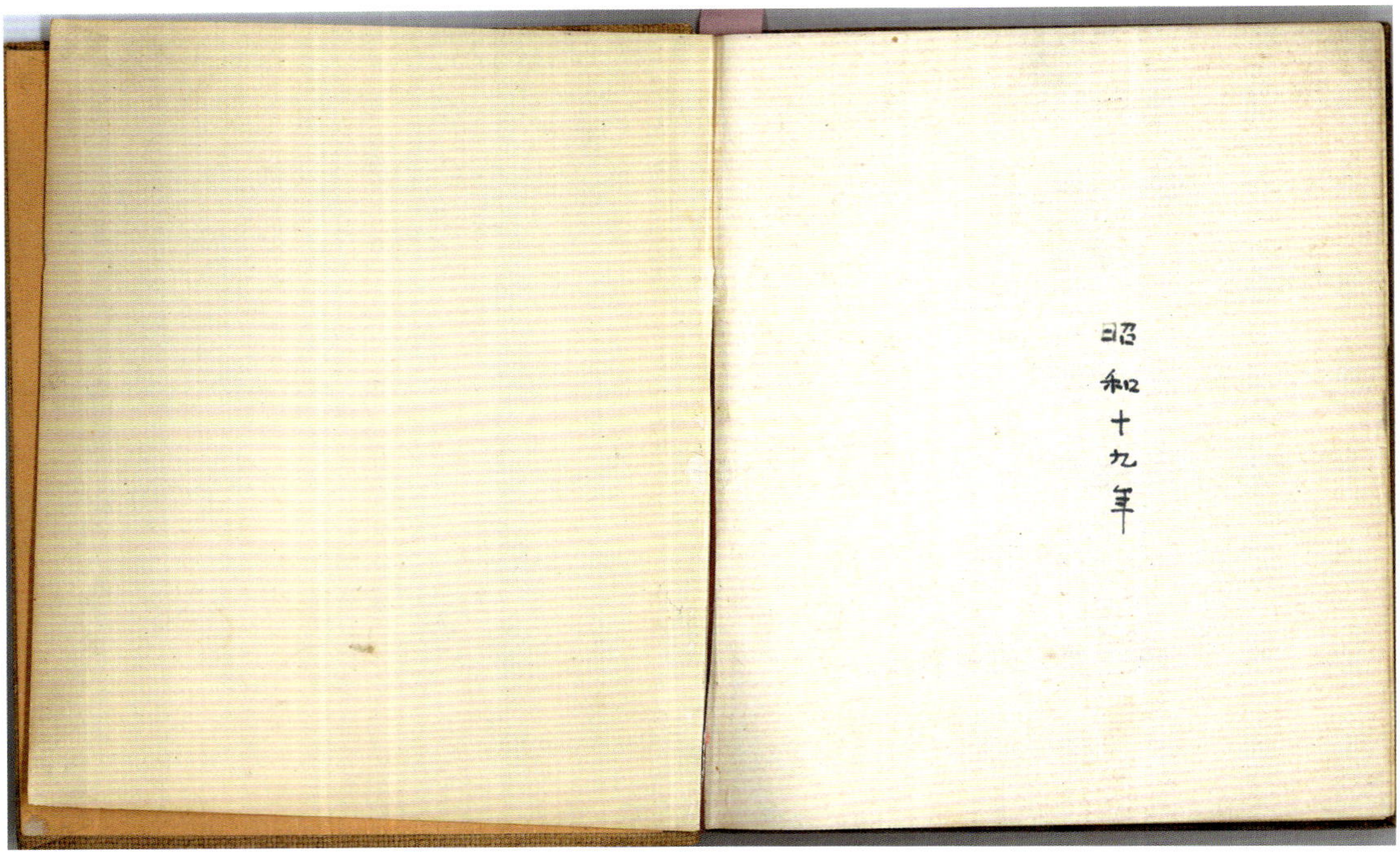
昭和十九年

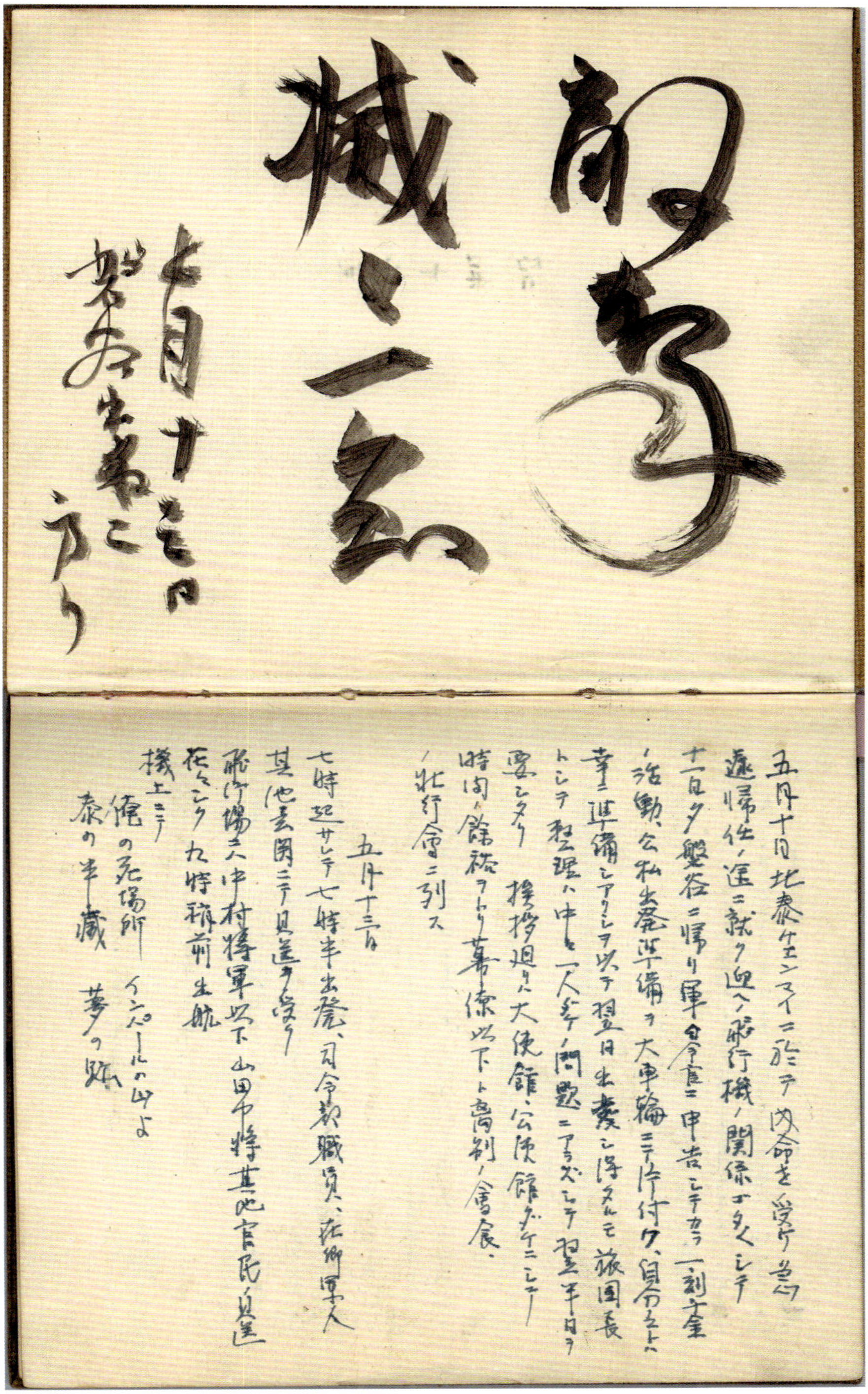

七月十七日
盤谷生活ニアリ

五月十日 北泰ケンマイニ於テ内命ヲ受ク 急
遽帰任ノ途ニ就ク 迎ヘノ飛行機ノ関係ヲ多クシテ
十一日夕盤谷ニ帰リ軍司令官ニ申告シテカラ 一刻千金
ノ活動、公私出発準備ヲ大車輪ニテ片付ク、自分トシテハ
幸ニ準備シアリシヲ以テ 翌日出発ニ得タルモ 旅団長
トシテ整理ハ中々一人ダケノ問題ニアラズシテ 翌半日ヲ
要シタリ 挨拶廻リハ大使館、公使館ダケニシテ一
時間ノ餘裕アリ 幕僚以下ト高剣ノ會食、
ノ壮行會ニ列ス
五月十二日
七時起サレテ七時半出発、司令部職員、在郷軍人
其他玄関ニテ見送ヲ受ク
飛行場ニハ中村将軍以下山田中将其他官民ノ見送
在リ ニク 九時稍前出航
機上ニテ
俺の死場所 インパールの山よ
泰の半歳 夢の跡

緬甸ニ入ル風物目ヲ楽ト異ル處多ク栄養不良 町ハ爆
撃ヲ受ケ廃墟 人ハ痩セ家ハ貧弱ナ茅小屋ナリ 商工員ニハ渡少将
ニ申述ル次ニ方面軍司令部ニテ河邊司令官ニ申告、一般ノ
戦況ヲ聴キタル所感想トシテ
○幕僚ガ兵団長ニ頼ル通弊
○航空戦力劣勢下ニ於ケル攻撃要領
実際問題トシテ夜襲ニヨリ占拠セル地点ヲ奪回
セラルヽコト多シ
青木作戦主任以下各参謀ヨリ説明アリ
教訓トシテ
○物資豊富ノ敵ニ対シ敵ノ鉄量ヲ我部隊以外ニ吸収
セシムルノ必要
○鉄量多キ敵ニ対シ工事ニヨル損害ノ減少手段ノ必要
○敵ノ懐ニ飛込ミ喰ミツキ戦法 敵ヲシテ火器ヲ使用セシメサル
攻撃法――白兵ヲ如何ニ使用スルヤノ手段
○敵ヲ封ジ手ヲ替ヘ品ヲ替ヘテ[illegible]ヲ許サヽル創意ノ
向上
米英軍ト雖モ第一線ハ多クハ印度アフリカ人ナリ 組[illegible]能ニ
ヨリテ勝タサルヘカラス
飛行第五師団長ハ常ニ参謀長以下ト同室ニ寝スニ

意図ノ徹底良好、血のめぐり速ナリト
○戦機把握、イムパール平地ニ入ル迄ニ殲滅セシヲ遂ニ時機ヲ
失セリ
第一線ニ見ル敵必殺ノ気魄乏シキ観アリ 堅固ナル陣地ニ入リシ
以上コレヲ甲羅ヨリ引出シ誘導戦ニ導クノ要アリ
挺身急襲ノ要
要スルニ烈々タル敢闘精神昂揚ノ要
○給養ト戦斗ノ消耗
○戦力発揮ハ主動ニアラス[illegible]張リ 一局部ノ戦況ニ
手当多シ
○雨期対策
其間ニ戦力増強
雨期ハ敵ノ方ガ困ルナリ
敵ノ飛行機ハ雨季モ同様活躍
印度国民軍ヲ指揮下ニ入ラシメラル之レカ用法
軍司令官邸ニテ午餐、一田副長、青木、西野両大佐等
陪席、夕一八三〇偵察機ニテ シェイボニ飛ビ直ニ カレワ
(瞎村)ニ夜間車行、途中参謀長等ト会ス
五月十四日
途中再次ノ空襲並道路破壊ノタメ払暁前ニ「カレワ」着

三、四時間寝ル 偶々高本豪夫少将及橋本参謀ニ会ス
チェンマイ当時ノ山中生活ト同様水少ク洗面セス、昼間屡々
爆撃アリ 而シテ夜間運行ノ必要ヲ知ル 二、三十ノ小銃
アレバ散兵主義ヲ採ラザルヘカラス 一般ニ極度ニ飛行機ヲ
恐怖シアル状ヲ認ム
暑サハ泰ヨリ少シ暑シ 加ルニ喝ヲ覚ユルコト甚シ
唯昨夕飛行機ガ低空飛行セシ 四、五十分ノ地熱ハ忘レ得
ザル体験ナリ 地上ニ下リテ却ツテ涼シ
今迄ハ大東亜戦争ニ参加シトハ名ノミ 船舶ニテノ
十数回空襲ニ遇ヒシモ大シタコトナク空襲ノ恐シ
カラザルコトヲ知リシガ 昨日以来初メテ其真相中ノ
戦場ノ人トナリ感スルコト多大シ
一、贅沢ナ生活ノ癖ヲヤメヨ 船舶ハ物資豊富
恐ラク東洋第一ナラン 茲ニ半歳ノ王侯生活ヲ
シテ今ヤ忽ニ水ナク酒ナク不自由ナ戦陣生活ニ入ル
水浴（湯浴ハ勿論）モ出来ス 洗面モセス 褌ハ三日
間着ぐニ着タママ 蚊取香アルモ 昨日迄ノ
船舶ノ生活ト比較シ大変ナ相違、便所ノ紙モ節約、
煙草モ元根マデ喫ヲ残間シサ
自動車ノ中ノ水筒ノ水ノうまさが味 兵ハ須ク野ニ
放ツベシノ語沁々ト解ル
二、吾輩ノ如キガ特別ノ抜擢デ師団長トナル 皇恩無
窮 唯恐懼ニ堪ヘス 此上ハ生死ヲ超越シ期待ニ
添ハンノミ 戦ヒハ意志ノ闘争 鉄石ノ意志ヲ以テ
任務ヲ積極的ニ解決スルコトガ唯一ノ御奉公ノ道ト信ス
命令ニ対スル泣キ言、軟弱ナル意見具申ハ一切禁物
……コレハ参謀長以下ニ能ク透徹セシムルノ必要アリ
若サハ力也 若返リテ熟ミノ闘魂ヲ発揮スルコトガ
大切ナリ 断シテ慎重ニ過グル勿レ 唯手ヲ替ヘ品ヲ
代ヘテノ考案ハ必要ナリ 熟慮断行ノ必要ナルハ論モ
ト雖モ断行ニ飽ク迄頑張ルコトガ更ニ必要ナリ
三、戦場ニ於ケル教育ヲ励行セン 教ヘザルノ罪ハ
戦力ニ影響ス 吾輩今後ノ統率ハ教育ニアリ
教ヘツツ戦フ 努力ガ不肖不敏ヲ以テ重責ヲ全フス

所以ナリト信ス
戦場各地ニ残留ノ遊兵多シ　之レナ無駄ガ戦力ヲ
最大限ニ発揮シ得サル原因ナリ
高山ヨリ聴クニ川並中将ノ令嬢　夫君ト共ニ台湾ヨリ
帰還　潜水艦ニヤラレ　子ニ浮嚢ヲ結ヒ自分ハ死シ子供
ハ助カリシト　母性愛ニ泣カサル
今日ハみどりノ誕生日　緬印国境ヨリ遙カニ幼児ノ健康
ヲ祈ル
九時三十分出発　対空監視シナカラノ前進、途中四度
空襲アリ　「ナエトウ」河渡航ノ直前敵ハ燈明
弾ヲ投下シ爆撃セリ　幸ヒ其ノ直後渡河
セルヲ以テ安キヲ得タリ　昼間モ数回夜間モ数回
併セテ十回ニ及ブ空襲ニ夜間自動車運行予想以上
ニ渋滞ス　然レトモ敵ガカヽル無駄弾ヲ浪費スルハ
不慮ナ話ナリ　贅沢ハ戦争ニモ禁物ハ、沿岸兵舎
自動車、戦車ノ遺棄スルヲ目ス　多クハ敵ノモノナリ
中ニ若干所謂「街道ヤリウ」ノ犠牲アル由　此ノ夜一睡
モ出来ズ、二晩目トシテ聊カ疲ル

五月十五日

朝七時ナンタンビニ到着、牟田口将軍ノ居リシ茅屋
ニ入ル、将軍ハ既ニ戦線ニ出発ノ跡ナリ　高崎聯隊出身ノ
徳永少佐　大本営派遣参謀ト共ニ茲ニアリ　本夜小生ト共ニ
戦線ニ向フト　良キ道伴アリシコト嬉シ
直ニ寝ニツキシニ数回ノ空襲ニ安夢ヲ破ラル　軍司令官
ノ居室ハ燃井ヤ鈴鹿両部隊長ヨリモ劣ル　此ノ日
出発以来始メテ「バナナ」一本ヲ給セラル　盤谷ノ贅沢三昧
ヲ偲フ　酒ナク「アルコール」ト絶縁ス
午睡後瞑想ニ耽ル
航空勢力劣弱ナル皇軍ノ戦斗法ヲ如何ニスヘキカ
日ク切込ミ戦法ナリ　焼打ナリ　一般戦術ノ型ヲ離レ
玉椿ガ常陸山ニ喰ヒ下リタル如キ懐ニ飛ヒ込ミテ
敵ノ航空機ノ威力ヲ発揮セシメサル手段ヲ撰ヘサルヘカ
ラス　敵飛行場ヲ焼クコトガ大事ナリ
時ハ敵ノ戦力ヲ増援ス　戦機ヲ把握セサルヘカラス
「モ」ノ陣地知リ「ビシエムプール」未知リ　敵ノ陣地増強

速度ハ意外ニ速シ 敵ニ時間ノ余裕ヲ与ヘルコトガ爾後ノ
攻撃ヲ困難ナラシム 此ノ様眼養成ガ幹部教育ノ
急所ナリ
二八師団長意図ヲ如何ニシテ戦場ニ於テ各級隊長ニ
通徹セシムルカガ問題ナリ 虱潰シ陣頭指揮デヤル
以外手ナシ

高級参謀ヨリ今後ノ師団長異動ニ関スル経緯ヲ
聴ク 各戦場ニ於テ攻撃精神薄ク戦機ヲ逸スル
ノミナラス病的ニ消極的ニナルモノニ甚困ス 之レガ為メ
参謀長以下トノ人和ニ缺ケ歩兵団長ハ軍直轄ト
ナルノ由 戦場ニ於ケル一種ノ精神病カ神経衰弱ナリ
気ガ狂ハナイコト 老込マヌコトガ肝要ナリ

十六日

昨日九時三十分 インタンピノ元ノ林集団戦斗司令所ヲ
出発 新戦斗司令所ニ向フ 距離四百キ 東京カラ京都
ニ相当ス 其ノ間富士山ニ近キ高所ヲ越ユルナリ
一行ハ木下大佐 白井中佐 高橋小佐ノ各参謀ニ徳永
大本営参謀ヲ加ヘ 三台ノトラツクデ仁分ノ車上ニテ眠リ
今朝陣地跡ニ停車 丁度敵機頭上ニ来ルモ白雲
深ク発見サレズ、コレハアルプス山頂ニアルト同ジデ冷気ヲ
覚ユ 林間ニ紅葉ヲ拾大キ木下参謀携行ノ酒ヲ温メ
一パイ御馳走ニナリ英気頓ニ恢復ス 酒ハ百薬ノ長トハ
此ノコトナリ 蘚苔タル高山植物ノ林間ニ青天ヲ眺メ
ツヽ午睡、霧深ク夜間ノ出発ヲ早メ十七時前進ヲ起ス
一般ニ天候ヲ無視シ夜間運行ヲ墨守スルハ軍隊ノ
行動ヲ鈍重ナラシム 又地形ヲ利用セハ昼間モ敵機ノ
来ルコトヲ封スヘシ 各地ハ敵機ノ銃撃困難ナルハ
ナリ 縦令敵来ルモ対空射撃セハ可ナリ 軍隊ガ飛行
機恐怖病ニ罹リ受動ニ陥ルノ傾アリ 烈兵団長ノ
丸山勝隊長ガ百米以内ニテ射タサルハ処罰スルノ
処置ハ同意ス
途中柳沢勝隊ノ一大隊前進スルニ遭フ 中ニ「校長閣下」
ト呼ビテ来リ来ル者アリ 豊橋時代ノ教ヘ子ナリ ニイイムハ
敵十七師ノ本拠ナリ 立派ナル兵営、水道マデ設備ス
敵陣地ニ遺棄スル兵器 弾薬 糧秣 数莫大ナリ
途中ノ道路ニ捨テタル戦車、自動車ノ数又算ナシ

敵ハ爆撃ニヨリ道路ヲ破壊シ軍隊ノ行動ヲ妨害ス、
独工ノ一小隊ガ辛ウジテ通過シ得ル程度ニ補修シテ引揚ゲ
タルハ痛快極リナリ 蓋シ大局ヲ知ラズ 爾後ノ転進部隊、後方
関係ヲ知ラザル為メナリ 為ニ輜重車九百台早ク見切リヲ付ケ
過早ニ反転セルハ苦々シ

十七日

夜ト昼トノ反対行動ヲ連続スルコト四日 睡眠不足ナルモ
内地初冬ノ気温ニテ身体緊張シ疲労ヲ覚ヘズ 夜ハ
寒気身ニ沁ム 途中自動車ノ故障アリ 昼間前進ヲ
敢行シテ十一時 ミンガル山上ノ松林内ニ憩フ、道路ノ
立派ナルコト 敵地ニ入リ嶄然明瞭ナリ 御蔭デスピードヲ
出シテ嶮々タル長蛇ノ道路ヲ走ル 標高八千呎ノ高山、
富士ニ近キ一万ノ山ヲ越ヘテ作戦セル各部隊ノ苦労ヲ
偲フ、敵ハ我特進ノ徴ヲ知リテカ道路妨害ノ爆弾ヲ見舞
フコト連日、橋梁ヲ破壊シ山腹道ヲ山崩ス、此日ミンガル
北方千仭ノ断崖ヲ[illegible]ノ爆弾ニテ通過困難ナラシム、
道ヲ作リテ前進、半日行進ヲ渋滞セシメラル、後方部隊ハ
道路破壊セラルヽヤ 没法子ト諦メ後退ス 小人数デ少シデモ
修理スルノ積極性ニ缺ケ、中ニハ噂ダケデ後退スルモノアリ
思ヘル闘志低調ナルヲ恐ム
テイジム及シンガル敵陣地ヲ見ルニ所謂蜂ノ巣陣地ナリ

四周ヲ殆ド無数ノ銃眼ヲ以テ被フ 之ニ対シ砲兵ハ
重火器ノ銃眼射撃ヲ加フルト共ニ 歩兵ハ中掩護、
火焔瓶ヲ投シテ其ノ銃眼内ニ突入スヘシ 之ヲ占領
スルコトナリ山頂ニ集ラバ必ズヤ敵ノ迫撃砲ノ集中火ヲ
蒙ルヘシ 此ノ歩砲協同ガ大事ナリト信ズ
途中工兵ノ連絡下士ニ会ス ビシエニプールノ敵戦車ノ反撃ニ
中田聯隊長戦死云々 悲観的ナル戦況ヲ聴ク 従来ヨリ
アルコトニシテ一下士官ガ誇大ナル悲報ヲ伝ヘタルコト屡々ナリシニ
今日モ亦之ヲ聴ク
山腹道ヲ修理了ヘテ前進シ雨中ヲ チュラチャンプール ニ到ルヤ
松木輜重兵聯隊長ニ会ヒ北方五キロノ隘路ニ三百ノ敵待伏
アリ 橋梁ニドラム罐ヲ重ネタルニ 先頭車突進スルヤ 迫撃砲、
重機ノ猛火ヲ蒙リ処置ナク後退スト

十八日

チュラチャンプールニ待機シテ前進ヲ阻止スル敵ヲ攻撃スベク 工/67i
ヲ招致ス 既ニ戦場内ニ入ルモ 手兵ナキヲ如何セン 着任近ハ
戦サモ出来ズ手持無沙汰ナリ 密林内ノ休憩所ハ蚊多クシテ苦シム

某参謀ハ携行ノ小型蚊張ヲ張リテ悠々寝入ル 陣中
必須ノ要品ナリ 但シ白色ハ敵機ニ対シ不可 トルボン隘
路ヲ扼セシ敵ハ三百ノ如キモ迫撃砲ヲ有シ終日射撃ス
加フルニ敵機之ニ協力シ一日中頭上騒ガシ 屡々近ク爆弾
炸裂ス
夜半安吉大隊(Ⅰ/115)来着 直ニ攻撃ニ前進ス

十九日

敵ノ後方遮断部隊トルボン隘路扼止ノ必死ナラズモ36哩
地点(トルボンヨリ四キロ ビシエンプールトノ中間)ノ密林内ニ昨日
ヨリ終リシガ今払暁ト共ニ安吉大隊ノ攻撃開始 十一時頃マデ
戦斗ノ砲声激シカリシカ 正午近ク戦ヒ終レル如シ
休憩ノ間ヲ利用シ中村軍司令官以下ニ書信ヲ書ク

二十日

前面ノ敵ハ山嶺ヲ扼シ加フルニ砲数門迫撃砲少クモ七、八門ヲ
以テ中々頑強ナリ 瀬古大隊ハ大隊長中隊長共ニ戦死シ 五十ノ
死傷ヲ出シ 残存七十名ヲ以テ辛フシテ敵ト相対峙ス 其ノ後続
隊追及マテハ戦況進展セズ 幸ニ岩崎大隊ノ先頭到着セル
ヲ以テ 瀬古大隊(現在一中隊)ノ線ニ逐次増加セシム
師団作戦主任堀場参謀徒歩ニテ予ヲ迎ヘニ来ル
今日モ亦空シク密林内ニ停止、[illegible]旬日ニ近ク

着のみ着ノママ 洗面モ水浴モセズ
此のこやつは 着のみ着のまゝ 何百里
都のかほり 肌に泌みまさ
思フニ師団長トシテ敵中赴任 蓋シ空前ノコトナラン
ちかひつ 道き直しつ 赴任かな
密林内食フモノ缺乏、予定ヨリ時日遅延シテノ着任 不自由ノ
生活 素ヨリ覚悟ノ上ナレド 微ニテ將兵ノ生活ニ比スレハ
兵站直下 どん底ノ起居ト云フヘシ
表の半歳 殿様くらし 山男
今うちや じやングル 山男ノ

五月二十一日

敵依然頑強ニシテ中々道路結開ノ見込立タズ 依ツテ
徒歩前進スルコトトス 大高地ノ山頂ニ小径アリ 之レヲ迂回シテ
「タムロツク」ニ出ズレハ 軍司令部ヨリ乗馬ヲ準備シ得ベク
朝九時、軍ノ井参謀、堀場師団参謀並ニ大本営
徳永参謀ヲ従ヘ約四十名ノ小隊ヲ護衛トシテ山ヲ登ル、
久シ振リノ行軍ナリ 昔大隊長時代北満ニテ味ヒシ辛苦ニ
比スレハ小規模ナリト云モ 身体ニハ疲労却テ大ナルヲ覚エ
山登リハ不得手ナレハナリ 幾度カ保右ニ茶ヲ分ケ 幾度カ
登坂ヲ登ルニ頂ニ達スレハ 敵機跳梁遮蔽 [illegible]

斯クノ如クシテ思ヒ出ノ二十一日ハ暮レタリ

二十二日

赴任ヲ急グアマリ終夜行軍ヲ継続シテ一睡モセズ 二十二日朝
「タロロウタ」ニ到着、茲ニ児玉大尉迎ヘ来リ乗馬ノ準備ヲナス
乗馬未ダ近三四時間「トラック」運射台ニテ眠ル、十四時乗車
来リ軍司令部ニ到ル、 牟田口将軍ニ申告シ参謀長
久野村中将等ト共ニ夕食ヲトリ 日暮ト共ニ師団戦斗司令
所ニ前進ス
夜半漸ク着任ス

二十三日

柳田中将ヨリ申送リヲ受ク悲観論ナリ 戦況刻々不利ニシテノ
全滅ハ時ノ問題ナリト 前任者ハ士官学校ノ首席陸大ノ軍刀組
ナルニ 神経鋭敏ナルハ斯ノ如キ悲観論ニ物ヲ見ルナランカ？
頭ノ良キハ此ノ種難局ニ際シ兎角弱気ガ出タリ
吾輩ノ如キ鈍才ハ此際性来ノ呑気サヲ発揮シ心配セザルコトトス
然レドモ前任師団長ノ云フ如ク戦況ハ正ニ危機ナリ 師団戦斗司
令所ノ前方六百米ニ敵既ニ陣地ヲ構ヘ間断ナク銃砲撃ヲ
浴ビセ 此日乗馬四頭倒ル 飛行機ハ毎日上空ヨリ爆撃、
銃撃ヲ加フルモ 位置秘匿ノタメ応戦セズ 敵機ノナスマヽニ放任ス

二十四日

第一線聯隊長ニ会ハントスルモ 敵ニ中断セラレ前進不可能ナルハ
重砲陣地ニ到リ真島聯隊長ニ会ヒ 本夜夜襲ニ先立
セントスル砂子田大隊長ニ直接激励ノ辞ヲ与フ
往復四里ニ亘リタルモ急斜面ヲ数回上下シ疲労甚シ
本夜篠原大尉以下 混成ノ編合部隊ヲ以テ 四回目ノ夜襲
ヲ敢行セシム
航空戦力絶対ナル敵ニハ夜襲ノ切込ミ以外攻撃ノ手段
ナケレバナリ

二十五日

朝砂子田、篠原両部隊ノ夜襲ヲ聴クニ 砂子田大隊トハ連絡
トレズ 状況不明ナルモ篠原隊ハ幹部悉ク戦死シ夜襲失敗
ナリト 敵ノ鉄条網ニ地雷アリテ之レニ触レタル由
笹原聯隊方面 敵ノ重囲ニアリテ戦況意ノ如クナラズ 軍旗ハ
奉焼ノ準備ニアリト
作間聯隊森谷大隊ハ「ビシエンプール」ノ一角ニ突入セルモ大隊長
以下勇敢ナル杉村大尉戦死セリ 二九二六高地ノ末木大隊
モ終日敵ト格闘乱戦中、 戦況進展右ノ如キモ幸ニ
「トルボン」隘路本朝六時啓開スルノ吉報アリ
作間聯隊ノ追及部隊ヲ以テ田中大隊ヲ速ニ「ビシエンプール」ニ
突入セシメルコトト 重砲弾薬ヲ招致シ之レヲ協力セシメルコトノミ

師団ノ現況打開ノ唯一ノ道ナリ
砂子田大隊ノ夜襲ハ昨夜時機ヲ失シ本夜ヤルコトトナレリ
殺シカラサル大隊長ト云フヘシ
然レトモ砂子田ト田中（幸治）ノミカ師団内ニ残ル大隊長ナリ 他ハ悉ク
戦死ナリ 此ノ大隊長ノ戦死状況ヨリ見ルモ如何ニ激戦ナルカ
カ判明スヘシ 笹原聯隊ニ中隊ノ人員僅カニ二名ナルモノ七名
ナルモノ 一大隊四十四名ノ人員ナリ 此ノ戦力ヲ以テシテハ如何ニ
督励スルモ戦況進展セサルコト明カナリ 篠原大佐ノ心中
察スルニ余リアリ
然シ悲観ハ禁物ナルト師団ノ運命逆睹スヘキニアラス 此際
トシテハ神聖ヲ大ナシ難局ニ処シ最善ヲ期セサルヘカラス
唯自分一個トシテハ決死ノ肚ヲ定ム 素ヨリ死ハ日頃ノ任務ヲ
完遂セスシテノ死ハ不忠ノ極ナレハ自重スヘキモ 覚悟ハ既ニ
成レリ

みいくさは 伏す待ちてと
祈りつゝ 花と散りなむ
インパールの山

五月二十五日 於 ビシエンプール西南高地

此ノ難局ニ処シ痛感スルハ指揮官ノ尊フヘキモノ唯一ツ
曰ク剛毅堅確能ク必勝ヲ信スルノ気魄アルノミ

五月二十六日

砂子田大隊ハ昨夜クワイモールノ敵陣地突入損害蹂躙
セシモ敵火ノ為中隊長二名ヤラレ三十八名ノ死傷ヲ出シ後退ス
昨夜堤場参謀ヲ後方連絡ニ出ス「クロイロワク」ニ出ス 其ノ報告
ニヨレハ隘路口ノ敵ハ退却途中尚「モリラン」ニ抵抗中ナリト
折角期待シタル連絡線モカクテ依然補給意ノ如クナラス
笹原聯隊ノ戦力ヲ見ルニ中隊三名又ハ四名 全ク戦斗力消
耗シ尽セリト云フヘシ 唯聯隊長ノ意志カヲ以テ頑張リ抜キ
ツヽアル状況ナリ
此ノ二三日来敵ノ爆撃減少シ銃撃多クナレルハ敵モ爆弾消
耗ノ兆カ 何レニセヨ敵ノ将兵ト見ルヲ得ヘク 何カノ将モ大
ヲ衝ク以外攻撃ノ方策ナシ
漸ク雨季ニ近ル両期ハ我ニ幸ヒヲ齎スヘシ

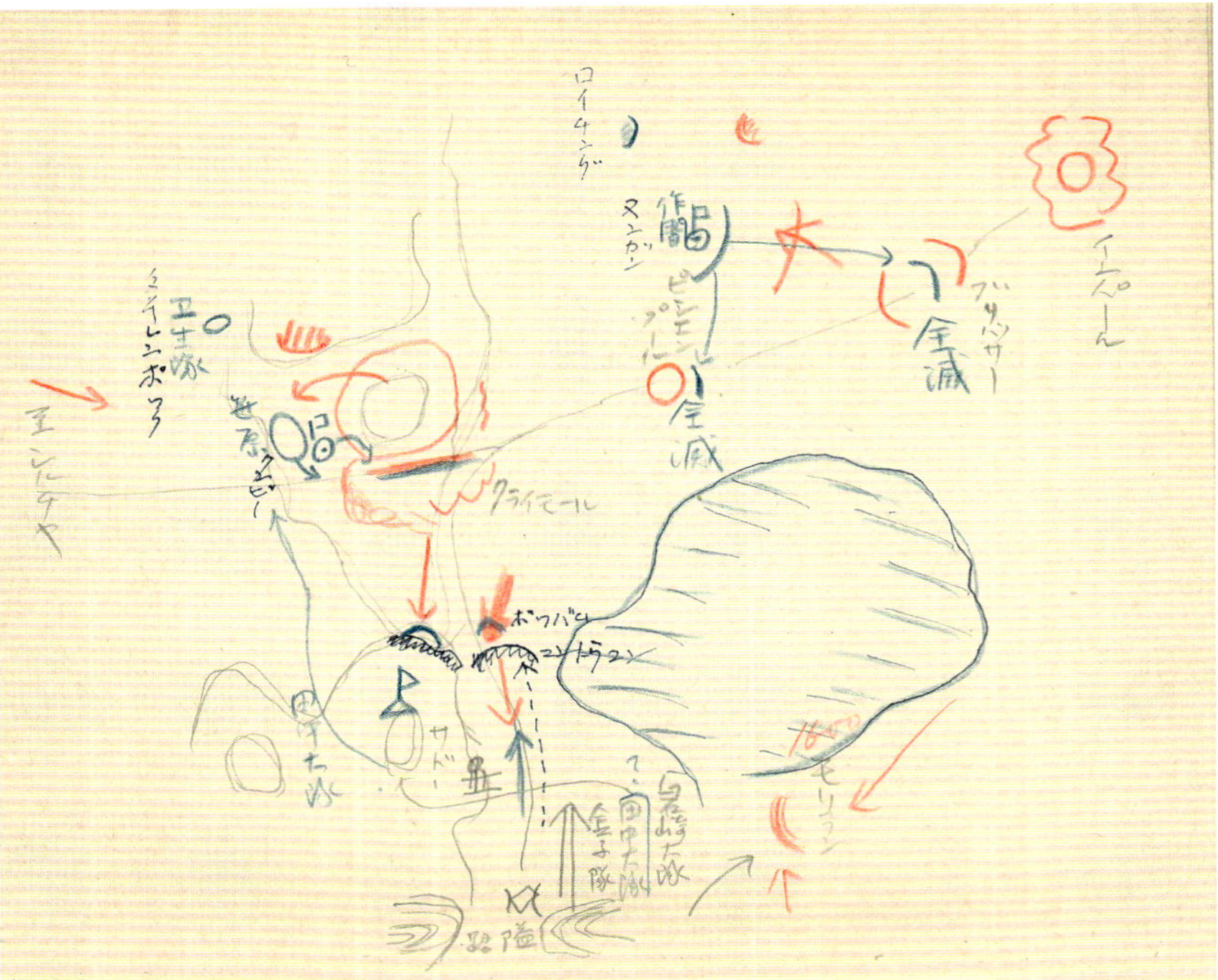

五月二十七日

連日ノ豪雨音ニ聞ク緬甸ノ雨季来レリ 満州ノ雨季ヨリモ猛烈ナリ 幸ニ 敵機活動活発ナラザルモ 豪雨ヲ衝ヒテノ飛行スルモノアリ 雨季ハ我長遠ナル補給路不如意トナルモ又敵モ困ルコトハ同ジナリ 雨ニ打タレテ奮戦スル 皇軍将兵ノコトハ 泰ヤ内地人ノ想像モ及バザル苦労ナリ 予 徒歩行軍ニテ進伍セル故 着替モナク 終日寒サニ震ヘツツ 天幕内ニテ体操シ寒サヲ凌グ 丸デ 宍倉ノ起居ノ如シ 時計ハ十五日ヨリ故障ニテ 時計ナキ生活ハ不自由ナリシモ 慣レシ心呑気ナモノニテ苦痛ヲ感セス

十二、三年 此ノ備三テ味ヒシ どん底生活ノ再来ナリ 同ジ師団長ニテモ 当時 松木中将ノ豪勢振リト 今日 予ノ密林生活ニ比較セバ 天壌ノ差アリ 当時ノ大隊長タリシ 予ノ生活ガ 今ノ師団長ナリ 君国ノ為 何等 意トセズ 却テ一種ノ愉快ヲ覚ユルモ 当時ノ如ク呑気ナモノデハナク 師団統率ノ責任ヲ痛感シツツ、瞬時モ絶ヘザル敵機ノ跳梁ト 六百米前方デノ間断ナキ敵ノ射撃ヲ受ケツツ、一平卒トシテニ起居ニ甘ンズルハ 実ニ責任感ノ為スルモノカ 生死ノ如キハ 全ク跳越セリ 卍トシテ 卍トシテ又 ☆トシテ 幾度カ決死ノ境ヲ経来タルモ 茲ニ更メテ 死ト云フモノヲ考ヘルニ到ル 多年ノ体験カラ生レシカ

一面大ニ問題トモ考~~[illegible]~~ヘズ 唯此際死生ノ如キ重要
時期ノ問題トシテ敢テ深ク考ヘル程ニ取扱ハズ 何時デモ死スル
時ニ立派ニ死ナカレノ考ヘガ強クナリシノミ 愛児ノコト頭ニ往来
スルナキニアラザルモ 鉄田ガモ既ニ十三才、百合子モ十八才ナレバ
安心ナリ みどりガ幼キト美代子ガ可愛想ナルモ 多くを考
ヘル必要モナシ 此ノ点ハ当目デノ戦役ト比較シテ気ガ楽ナリ
人生五十ヲ既ニ四年モ余分ニ生キ長ラヘ人生トシテノ最モ
重要ナル過去ヲ有ス 豈安心立命セザルベケンヤ 唯
現在苦悶スルハ戦局ノ発展意ノ如クナラザルコトノミ

五月二十八日

昨夜雨晴レタルモ依然曇天、朝来敵機ノ飛フコト甚シ
隘路口ノ敵ハ司令部ニ集リ抵抗ス 戦車聯隊ガ急追
セズシテ戦機ヲ逸シタルハ困ッタコトナリ
堀場参謀該地ニ進出シ督励中
着陣以来茲ニ五日ヲ経過スモ戦局ニ曙光ヲ作リ
得ザルヲ愧ヅ 第一線モ大ニ努力シアルヲ認ムルモ如何セン
戦力低下シ中隊ノ兵力三、四名デハ處置ナシ 心ヲ鬼ニシテ
督励スルモ遅々トシテ前途瞭遠ナリ 田中大隊ガ二十五日
隘路口ヲ進発シテ以来消息ナキハ不可解ト云フベシ

軍参謀木下大佐来陣、隘路口附近敵ノ撃攘ニ八日ヲ
要セシヲ詫ビタルモ 寧ロ吾方ヨリ感謝スベキ問題ナリ
瀬古大隊ハ大隊長~~[illegible]~~以下死傷極メテ四十名トナリ
岩崎大隊ハ大隊長負傷シ約百余名ナリト 本朝来モイ
ランノ敵ヲ攻撃中
木下参謀ト種々話シ合ヒ午前二時ニ到ル

五月二十九日

田中大隊漸ク到着、大隊長ニ対シ厳ニ注意シ戦意ノ
昂揚ニ努メシム 二十五日以来三日間密林内ニ彷徨セルハ驚
クベキ事実ナリ 直ニ軍法会議ニ附スベキヲ聯隊長ニモ一
働キサセタル結果トスルコトトス 三十一日朝マデニ聯隊長ノ許ニ
到ラシム
木下参謀ト協議シ二六二九高地玉砕セル現況ニアリテハ
根本的ニ建テ直シノ必要ヲ認メ 師団玉砕カ持久健在カ
ノ岐路ニツキ色々研究ス 玉砕素ヨリ辞セザルモ 師団
全滅セバ軍ハ如何ニナルヤ 軽々ニ決シ兼ヌル重大事ナリ
各部隊ノ戦力頓ニ低下シ 唯気力ノミヲ以テ現状ヲ維持ス
森谷大隊玉砕シ 本田大隊亦二六二九高地ヲ九日間
死守シタルモ 既ニ殲滅ノ悲運ニ追ル 作間聯隊ハ本朝ニ

一方笹原聯隊ハ入江大隊百名ヲ唯一ノ戦力トシ他ハ全ク戦力ナシ
之ニ漸ク田中大隊（二百）ノ追及ト山形崎、瀬古両大隊到着セルモ
百五十ニ足ラズ 之ヲ以テ攻勢ヲ持続セバ師団玉砕アルノミ 依テ
一附持久ヲ策シ適時随所ニ敵砲迫ヲ奇襲シテ爾後ノ攻勢
ヲ準備スル以外手ナシ
最悪ノ状況ニ直面シテ命課ト攻撃精神ヲ旺盛ニスルノ要アリ
作間聯隊ハ之ヲ後退セシムルコトトナリ 現位置ヲ確保シ「サドウ」高地
ノ拠点ヲ偕代シ平地方面ハ山形崎大隊ヲシテ「ニントウコン」ヲ死守
セシムルコトヽセリ
木下参謀ニ遺言ヲ托ス 多年ノ恩誼ヲ感謝スルノ赤誠ヲ妻ヘ、
姉ニハ解ル人ノ子ヲ遺族ヲ援ケ若シクハサルヽコト 又木村将軍ニ従来ノ
恩顧ヲ謝スルノ一句ヲ述ヘ 貯金帳及金子若干ヲ愛児ニ托ス
コレニテ胸カ晴レヽシタリ 安心立命ノ境地ト云フヘキカ 真ニ
何モノモ懼レサルナリ 敵迫撃砲ヲ十数発手ノ身辺ニ射撃
スルモ泰然タリ得ルハ 此ノ運命観ノ然ラシムル結果ナラン
此日時々小雨アリシモ晴雨ニ拘ラズ敵機横行頭上ニ爆音
ノ聞エサルトキナキモ一向平気ナリ
雨ノ晴レ間ヲ見テ細流ニ身ヲ洗フ 十三日以来始メテ十七日目ナリ
砲撃のあひ間 晴間の みそぎ哉
心身爽快ヲ覚ユ

師団司令部敵ノ眼下大自然ノ巨扇ニアリテ砲撃銃撃絶間
卅一日
ナキヲ以テ位地ヲ変更スルコトヽセリ
新聞ヲ見ルデナシ ニユースヲ聴クデナシ 唯一心不乱ニ敵ヲ撃摧
セントスルノ念ニ燃エルノミ 位地ニ着テ一週間ノ「ジヤングル」生活
夢ノ如シ 思ヘハ今迄ノ遊楽勝手ナモノ贅沢ナリシヲ覚ユ

五月三十日

軍司令官牟田口中将小生ニ是非会ヒタシトノ電話アリ 戦ヒノ
真最中 師団長ヲ後方ヘ招致 スルトハ大胆不敵ト御断リセントセシカ
辞ヲ低クシテ御来陣ヲ乞フトノコト 四時出発 七時軍ノ戦斗司令所
ニ到ル 暫ク仮眠シテ十四時 軍司令官ニ会フ 待ツコト二時間ト 副官
参謀ノ催促ナリシモ泰然トシテ行カス 激情爆発セントスルモ苦戦中
ニ軍司令官ト師団長カ喧嘩シテハト 忍従シテ喧嘩セサル肚ヲ
決メテ会見ス 彼ハ師団長招 ヲ先ニシテカ軍司令官カ師団長
ノ許ニ到ルヘキナリシモ 河辺方面軍司令官トノ会見ノ都合上
原則ニ反シテ貴官ヲ煩シタト最初ニ断リタルヲ以テ事ナク
済マセタリ
軍参謀ノ大部ハ来テ示サン コレデ肚モ定レリ
軍戦斗司令所ニ於テ青砥副官ニ会ヒ行李一個ヲ受領ス
久振リニテ筆ヲ手ニスルノ機会ヲ得タリ
十八時「モローレ」ヲ出発 三時絶ヘス敵機横行下ヲ踏破シテ帰部

丁度戦斗司令所移転完了シアリ我々モ早速之ニ入ル
軍司令官ヨリノ御土産ノ酒ヲ温メテ田中参謀長ト共ニ杯ヲ
挙グ 田中鉄次郎大佐ハ陸士教導学校時代ヨリノ戦友
ニシテ其後親交アリ 良キ参謀長ヲ得タルヲ悦ブ

五月三十一日

司令所附近ニ爆弾十数発落下スルモ損害ナシ 爆撃ノ
損害ハ僅少ナルモノト体験ス 爆音下 吊前ノ師ニはがきヲ
書キ兵団長就任ヲ墓前ニ報告ヲ依頼ス 尚山崎清次
少将ニはがきヲ書キ従来ノ友情ヲ謝ス
砲兵聯隊長ニ指示スル所アリ山ヲ越エテ砲兵観測所ニ到ル
十数年来自動車ト馬ノミニ依リ徒歩行軍ニ疎ナリシ為メ
僅カノ山坂ヲ越エルモ疲労大ニシテ牛歩遅々タリ
健康トハ病気セザルヲ云フニアラズ 峯ノ峻ヲ登ルニ堪ヘカヌス
現代戦ニ於テハ師団長ハ素ヨリ軍司令官モ徒歩ノ時代トナル
行軍力特ニ山地行軍ノ訓練ハ絶対ニシテ必須ノ要件ナリトス
途中砲爆撃屡々近クニ来ルモ地物利用ニテ損害ナシ
空軍絶対優勢砲兵力亦優勢ナリト雖モ敵ハ無駄弾
多ク理論ホド優勢ナランモ実際ハ大シタコトナシ
砲兵観測所ヨリ敵飛行場ヲ眺メ速ニ之ニ砲撃ヲ加ヘタキ
一念ニ燃エ又速ニ挺進隊ヲ出シタキモノト思フ 敵
飛行場ヲ覆滅セバ勝利ハ我ニ在リ 後方整理ノタメ 青砥

到着ヲ催ヒ出発セシメ 此日高、秋山両特校ヲ点検ノタメ派遣シ
師団司令部ニ於テ将校ナシ 高級副官ハ陰ヒ整備ヲ
砂子田大隊長ニ申送リ本夜帰ルベク堀場参謀モ戦斗指導
ヲ了リ今夜半ニハ帰ルベシ
田中参謀長ハ西ノ十数ノ活動兵ニ敬服ニ値ス
参謀敵追撃砲ノ破片ニテ右前脚負傷ス今迄色々ノ
馬ニ乗リシモ今度ノ馬ハ最優秀ナリシモ惜シキコトナリ
速カニ快癒ヲ祈ル

六月一日

第五一聯隊長橋本熊五郎大佐到着、軍旗ヲ奉ズル一大隊
ノ来着ハ此際師団唯一ノ攻撃戦力ナリ 五六日頃迄全部隊
集結ヲ見ヘシト爾後ノ攻撃ニ関シ種々指示ス 敵撃滅ノ
一念ハ愈々強ク必勝ノ信念益々旺ナリ
軍医部長ノ報告ニヨレバ小生ノ着任時約千五百 二十三日現在
ノ三師団ノ損害
三千五百名
内戦死 千二百名(将校(六名))
ナリト 爾後五二ヶ週内ニテ将校以下ノ戦死傷相当ノ数ナルベク
或ハ四千名ノ損害ニ近シ 作内聯隊 本田大隊ノ戦力ハ見ルニ
隊三名ノ 五名・八名ニテ各中隊将校皆無ナリ 其他
第一大隊ニテ定員ノ半数ニ充タザルモノ多シ

新着ノ15Lハ緒戦ナレハ初陣ニ損害ヲ生サル様指揮官ニ於テ
適切ナル指揮ヲ希念シテ已マス 聯隊長ト共ニ展望地点ニ於テ
詳シク地形ヲ見ル
参謀長ノ話ニ今度ノ小生ノ転職ニ就テ軍参謀長久野村中将
ト木下宇城参謀ハ手続ヲ誤リ免職ニ至リ夫々處分ヲ受ケタリト
蓋シ未聞ノ問題ナリ 仍テ五月1日柳田中将ヲ交代セシメン
トテ大本営ニ軍ヨリ電報セシニ九日ニハ転補ノ内命アリ小生
ハ十日ニ之ヲ受領セリ 惟フニ軍トシテハ方面軍ヤ南方総軍ヲ
経由シテハ大遅延スルノミナラス途中ヂ異論生シ切迫セル
戦機ニ投合セサルヲ憂ヒ本筋ニアラサル非常措置ヲ講セシ
ナラン 此際ノ如キハ勝敗ノ前ニハ問題ニアラス 生死ヲ賭シテ
真剣ナル行動ヲトレルナリ サルニテモ東條陸相一流ノ電撃的
命課ト云フヘシ
前任者ノコトハ云フヲ忍ヒス サレド国軍トシテハ大ニ考フル問題ナリ
学校ノ成績ガ最後マデ物ヲ云フ行キ方ハ是正スヘキ好範例ナリ
小生ノ如キ鈍物ガ師団長ニナリシハ全ク例外ニシテ小生ノ悪運
如何ニ強キカ 正シク幸運児ト云フノ外ナキモ 全軍的ニ之ヲ見ルニ
学才優レタルモノ必スシモ勇将タラス 幕僚トシテ優秀ナル
モノ必シモ勇将タラス 此ノ難局ニ處シテ克ク之レヲ判断シ
最後ノ勝利ヲ獲得スルモノコソ良将タルニ拘ラス 小生ノ如キ
呑気ナ規範ガ案外功ヲ奏スルヤモ知レス 否断シテ必勝
セサルヘカラス 現在ノ如キ危局ニアリテハ知識ニアラス 膽力ト意志力
ナリ 陸軍当局トシテ更ニ考ヘサルヘカラサルハ人ノ見方ナリ
例ヘハ当参謀長ノ如キ前任者ハ之ヲ不適任ト見、ナルヘク速ニ参謀
長ヲ交ヘンコトヲ申達シタルモ 事実ハ然ラス 立派ナ参謀長ニテ
此ノ悪戦苦斗ヲ克服スル一ニ田中参謀長ノ手腕ニ俟ツコト甚タ大ナリ
蓋シ中央当局ニテ其ノ考科ヲ見テ其ノ人劣ナリトセシカ是レ
師団長ト参謀長ノ性格ノ差異ヨリ来ル誤解ト云フヘシ
右ハ一例ナルモ 全軍トシテ此種性格ノ差ヨリ不幸ヲ見タル悪例
ナシトセス 考科ヲ書ク人ト対照シテ一歩踏ミ込ミテ検討スル
コト肝要ナリ
曽テ荒木将軍予ニ訓ヘテ曰ク
尉官ニシテ誠ヲ知リ 佐官ニシテ断ヲ知リ 将官ニシテ
徳ヲ知ル　ト
今ニシテ思ヒ当ルコト深シ 人ヲ用フルニ慎ナルヘカラス
砲声殷々爆音寸時モ絶ヘス 時々近距離ニ銃撃アルモ泰然
自若師団爾後ノ作戦ヲ練リ必勝ヲ期ス 胸中光風霽月
ノ感湧ク 此度ノ戦ハ正ニ湊川ノ合戦ニ比スヘク成敗利鈍ハ
眼中ニナク全師団死ヲ賭シテ戦ハンノミ、死ハ易シ サレド「インパール」
ニ突入スル迄ハ死ニテモ死ニ切レス 願クハ天ハ予ニ此任務達成マデノ
寿命ヲ与ヘヨ 決シテ長ク生キントハ欲セス アト十日ニテ可ナリ
六月十日マデ少クモ「インパール」飛行場ニ十加ノ先鋒隊ヲ送リ込マントス

橋本聯隊長ニモ本日現地ヲ指シツツアノ飛行場ヲ焼打スベク
アノ水際地ヲ占領セヨト命令セリ

わが母は西の浄土に待ちません
かちどきあげて
みそばに近くへ

六月二日

将兵ノ容貌髪鬚伸ビ放題山男ソックリ三月作戦開始以来
実ニ百日ヲ出ヅ 十五軍トシテハ三月八日行動開始ナルモ我師団
ハ之ニ先テ行動セシ為メナリ 百日余ヲモ鍬ニナク栄養失調ノ
多くの顔色蒼白、肥ヘタルモノナク皆衰セルダケ痩セ居リ其ノ
労苦倒極窺後ノ人ノ想像外ナリ 新鋭ノ橋本聯隊ハ一ヶ月中ニ
内地出帆明南デ五日休ミタル外連続ノ輸送ナルモ尚顔色
良シ
二十三日晴レタルモ又ハ昨夕以来大雨将兵ノ労苦思ッテ
攻撃ノ予案成ル 断乎必勝ヲ期ス 思ヘバ五月二十三日
予ノ着任シタル時ガ苦境ノどん底ナリシナリ 両聯隊トモ
全ク戦力消耗シ末田大隊ノ如キ僅カ四十名トナル 而モ
敵ハ攻勢ニ転シ司令部ノ直前ニ殺到シ猫重モ行乗
モ只一線ニ出テ応戦 師団ニ一兵ノ予備兵力ナク 加フルニ
隘路口ハ敵ニ封鎖セラレ弾薬糧秣ノ追送出来ズ 215iハ

「軍旗奉焼」ト云フ段取ニ瀕セリ 幸ニシテ聯隊本部ハ敵ノ重囲
ニ陥リ手兵僅カ二十名ニテ 軍旗ノ安全ヲ期シ得ザリシ状況
ナリシナリ 幸ニ各隊ノ奮戦ニヨリ此危局ヲ克服シ 次デ
岩崎、瀬古両隊及戦車ノ北上ニヨリ隘路口ヲ突破シ 八日間
ノ苦斗ニヨリ遂次敵ヲ北方ニ圧迫 漸ク三十一日夕「ミトウニ」
守備ノ独工、田口隊ニ連絡ス 田口工兵ハ聯隊長田口中佐
以下其ノ半数ヲ失ヒ腹背敵ヲ受ケシモ克ク十日間奮斗
セルハ賞讃ニ価ス 斯クテ田中大隊モ一日朝所属聯隊ニ
到着 末森谷、末田両大隊ノ挺進奮斗ニ大部ヲ失ヒシ其ノ
戦力モ聊カ恢復シ 又笹原聯隊ニモ追及者少ナシツツ到着シ
似ニ火ノとぼる如ク戦力恢復セリ 病院ニアル小銃三十、弾斗
五百、手榴弾等ヲカキ集メ病兵モカリ立テ第一線ニつぎ込
ミタル苦衷ハ並大抵ノコトデハナシ 山砲大隊長三沢大尉如キ
松葉杖ニテ戦線ニかけつけ来リ 甚閉弾薬ハ全ク尽キ糧
秣ハ住民ノ籾ヲトリ鉄兜ニテつきテ食フ じゃんぐる野菜
ト称スル野草ヲ噛ミツツ戦フ 皇軍ナラデハ出来ヌコトナリ
一昨日「モイラン」附近ノ敵ヲ撃破シ敵ノ遺棄物品中ニハ
贅沢ナル食料多ク 戦車隊長ハ福の神ト笑ヒツツ久振リニ
馳走ニ与リタリト 敵ハ輸送機七機ニテ物料ヲ投下セシニヨリ

今ヤ新鋭橋本聯隊ノ外野砲大隊等戦場ニ到着セントシツヽアリ之レデ勝タサズ何ノ面目ヤアラン 宗近ガ陣痛ノ憶ミコレカラハ桃太郎ノ鬼退治シトナルナリ
攻撃計画立案シタシハコレカラハ各部隊長ニ各ノ意図ヲ通徹セシムルト教育シツヽ攻撃スルコトガ各ノ仕事ナリ
昨夕後方ヨリ消耗品及食料若干到着シ今点蝋燭一ツ欠乏シ所用ノ時ノミ点火シアトハ真暗デ瞑想ニ耽リツヽアリ
シカシコレデ夜間モ地図ガ読メル次第、特ニ嬉シキハ梅干ノ来タルコトナリ梅干程戦地デ有難キモノハナシ「ぴやすかル」野菜ハ苦ク青果ヲ已ムヲ得ズ食シツヽアリシガ梅干ヲツデ食事ノ味ガ俄然好転セリ 又其味ハ[illegible]デハ想像モ出来ヌコト 僅カ旬日ノ時間ノ差デ随分変化ノ大ナルコトヨ、ぴやすかル生活ニテ一ツ困ルコトハ大便ノ時敵機ノ猛襲ナリ 甚ダ時ハどうにかナルモ此時ばかりハ閉口ナリ 脱糞ノ後尻ニ三ツ四ツ虫ス蚊ニ攻撃セラル跡擦シ
戦場生活ノ特異性ニ時計ノ問題アリ 小生ハ先月十五日以来時計用フルヲ得ズ 時計ナクシテ生活シ来レルモ小生ノミナラズ多クノ者時計用ヲ為サズ 即チ戦場デハ時計ガ役ニ立タヌモノトシテ見テラ律セサルベカラズ 曾テ北満ニテ樋口季一郎中将第九師団長タリシ時東寧ニ来リ一夜会談シタル際 歩砲協同ノ話アリ 突撃時期ヲ時間ヲ以テ契約スルトノコトニ小生ハ戦場デハ時計ガ役ニ立タヌ旨ヲ述ヘタルニ彼ハソンナコトデハ[illegible]ト反対シタルコトアリ 今茲ニ当時ヲ想ヒ出シ小生ノ意見ノ正シカリシヲ立証ス 作戦ガ短時日ナル兎モ角百日モツヾク以上ニ及ベハ時計モ狂ヒ又ハ破損スルモノナリ 師団司令部ニ於テサヘ時計ヲ用ヒツヽアル者少キ現況ハ机上ノ空論ヲ完封スルノ事実ナリトス
昨夜雨後ノ攻撃ノタメ若干戦線ヲ整理ス 飯島小隊ヲ他方ニ移動転進スルハ至難ノ業ナリシモ館野高級副官ノ指導ニヨリ無事ニ遂行セリ 優勢ナル敵ノ攻撃ヲ撃退シタル直後転進セシハ可ナリ 転進ノ時ハ余程注意スルモノナリ
愈々「インパール」攻略態勢成ルヲ以テ各部隊ニ訓示ヲ与ヘ師団ノ決意ヲ示シ奮戦奮斗ヲ誓ヘリ 此際信賞必罰ヲ励行スベク徹底ス 戦場ニテ退嬰消極ナルモノハ隊長ノ刃ニ其襟ヲ斬リテ断乎戦陣ノ血祭トセヨト嚴訓ヲ指達セリ
田中稔大隊長戦場到着遅延セルニヨリ聯隊長ヨリ二十日ノ重謹慎ニ處シ 師団長ハ戦場ニ於ケル怯懦ト認メ之レヲ軍法会議ニ附スルコトトセリ 一方田口独工聯隊、諸岡師団工兵中隊及山岸山砲中隊ハ長時日寡兵克ク衆敵ヲ支ヘ任務ヲ遂行シタルニヨリ師団長ヨリ賞詞ヲ与ヘタリ

信嘗ハ中国ノ奥部ハ戦場ニ於ケル困難ナリ
降雨頻リナルモ敵機ハ良ク飛行ス　晴天ト殆ンド変リナリ
二四時間絶ヘ間ナシ　終日天幕内ニ座リテ瞑想ニ耽ル
曾テ支那事変ノ際天野大隊ヲ五十五日間連續討伐セシ
天野大隊長ハ閉口シテ軍医兵ニ特辞セシメタルコトアリ　当時
予モ亦心ヲ黒ニシテ其ノ陣頭ニ立チツツモ卿カ気ノ毒トハ思
ヒタリ　然ルニ之レヲ今日師団ノ現況ニ比較セバ物ノ数デモナシ
当時天野大隊ノ将ハ耐ヘ難ク兵ハ損シ砲兵荏苒トシテ一見憐ヤ
感アリシモ今日師団ノ全将兵ハ此ノ数倍ノ労苦ニ耐ヘツツアリ
術達ヒナリ況ンヤ激戦ノ深刻ナル敵飛行機ノ跳梁敵砲弾
ノ熾烈比較ニナラズ　マレー作戦ヤビルマ緒戦当時ト較レバ
飛行機ノ数ニ於テ格段ノ差アリ　英国ノ立直リト米軍ノ
援助ハ当時ト隔世的ニ敵ノ装備ヲ優化セリ　敵ガ「ビルマ」
反攻ノ準備ハ驚クベキモノニシテ此ノ高山地帯ニ毛[主]道ナル自動
車道路ヲ造リシダケヲ見テモ大シタ物カナリ　彼等ハ凡テノ
準備ガ完了スルマデハ攻勢ニ出デズ　今次作戦ハ完ク敵ノ
機先ヲ制シテ我ヨリ攻勢ニ出デタルハ陸河会戦ニ於ケル
戦術ニ比スベシ　然レドモ斯クマデ敵ガ準備シタトハ思ヘザリ
シナリ　インパール平地近ノ機動作戦ハ予期以上ノ進展ヲ
見タルモ　四月初旬以来平地ノ一角ニテ釘付ケ成シサル交綏状態

ニ陥リシハ此ノ戦力判断ニ誤謬ナカリシカ　加フルニ「カーサ」
附近敵ノ降下部隊一萬ナリシト「コヒマ」方面予想以上ノ敵兵
団ノ猛攻撃我ガ判断ト喰ヒ違ヒアリシハ事実ナリ　素ヨリ百難
ヲ排シテ之ヲ撃破スルハ吾人ノ任務ナレバ兎ヤ角云フ必要ナシト思フモ
柳田前師団長ハ流石ニ情報勤務ニ多年ノ経験アル丈ニ此ノ判断ヲ
以テ慎重ニ處セシメタルコトガ左遷ノ原因ナリ　判断ハ判断実行ハ
実行ト任務ニ適応スル処置ナリシカ惜シキ兵ナリ　師団ノ戦力
三分ノ二ヲ失ヒシ罪ハ当然前師団長ノ消極的指揮ト之ニ
断スルヲ得ズ　根本ニ於テ上級司令部ノ敵ノ戦力判断ニ缺陥アリシ
ヤ否ヤ論ナキ事実ナリ　茲ニ於テ小生ハ此ノ戦ハ添川ノ死闘ト
云フナリ　師団長トシテハ上級司令部ノ判断如何ニ拘ハラズ最善
ヲ盡スベキノミ　若シ師団長トシテノ判断ガ上級司令部ト違ヘバ
正々堂々意見ヲ具申スベシ　師団ノ戦斗指揮ハ軍ノ意図ニ
絶対服従スベキナリ　此ノ立場ヲ明カニシテ行動スルコトガ武将道
ナリ　さはさりながら事実ハ予期以上ノ困難ナリシヲ隠
ルモ無ハ弱カナリ　忠勇義烈ナル皇軍ハ克ク敵ノ凡テニ優
良ナル装備ト優秀ナル兵力ヲ制服シテ今ヤ勝利ノ曙光
明カナリ　唯之ヲ支那事変ニ比較シテ到底比較ニナラズ
程度ノ苦闘ナルヲ銘記スベキナリ
地図ヲ按スレバ祭兵団ハ千七百キロノ行軍ヲ踏破セリ　十一月
初旬紫谷ニテ山内師団長ニ会ヒテ己リ半歳ヲ迎ニ　紫谷ヲ

「岳宇」迄ハ鉄路輸送デアルモソレカラハ高山地帯ノ峻道ナリ
々兵団ハ二月十一日行動ヲ開始シテヨリ四ヶ月間連續ノ作戦ナリ
踏破距離ハ六百吉 富士山ニ近キ高山地帯ヲ谷ヲ越ヘ山ヲ登リ
来ル 其困難ハマレー作戦ノ比ニアラズ 六百吉ト云ヘバ東京ヨリ岡山
迄ナランカ 東海道ヤ山陽道ナラバ易々タリ 日本アルプスノ連續ト
見テ可ナリ 茲ニ決シテ泣キ言ヲ云フニアラズ 作戦ノ実相ヲ記シテ
後世ニ遺サントスル微意ナリ 而モ之レヲ踏破シテ黙々ト一切不平
ナク粗食ニ甘ンジテ雨ニ濡レ寒サヲ凌ギテ勇戦スル将兵ノ姿ヲ見
テハ只ダ頭ノ下ルヲ覚ユルノミ 「インパール」攻略ガ世間ノ予想ニ相違
シテ遅延セルハ皇軍ガ弱キニアラズ 死力ヲ竭シテ尚且然ルハ
何カアルナリ 見ヨ我師団ハ既ニ四千ノ死傷ヲ出シツツモ 敢然トシテ
連日休ムコトナク奮戦シツツアルニアラズヤ 中隊ノ人員一名トナルコトサヘアリ
大隊長ニテ最初ヨリ戦ヒツツアルハ砂子田少佐一名ノミ 数日前
軍司令官ニ招カレテ五里ノ道ヲ夜間其戦斗司令所ニ到ルトキ
師団長ノ護衛兵四名ヲ出スニ大騒ギナルキ師団ハ一兵ノ予備ナク
工兵中隊ハ二十日最前線ノ陣地ヲ守備シアリ 猫ノ手ヤ仔季ノ兵
サヘ第一線ニ出シ弾薬ハ僅カ運搬途ナリ コンナコトハ平時的研究
ニテハ想像サヘ出来ヌ事実ナリ 「インパール」ニ十万ノ敵アリ
之レニ対シ我兵力ハ如何 皇軍ナレバコソヤリ貫キテ居ルナリ

梅干 よ じゃんぐる野菜
塩 ふきも
飯盒 飯の たき かた 佳那

毎日入浴シ果物ヲふんだんに食べ毎晩ん宴会ヲ連續セル
比島ノ生活ト現在ノじゃんぐる天幕生活ト対照シ感慨無量
然シ愉快ナリ 決シテ負ケ惜シミニアラズ 只実愉快ナリ
三軍指揮官トシテ衣食住ノ如キハ問題ニアラズ 此ノ決戦死闘
ニ勝ツノ欲望ハ年の二十も唯僅カ旬日ノ間ニ斯クモ変化スルコト
ガ面白シ

六月 三日 晴間アルモ概シテ雨

午前中田独立工兵聯隊ノ9/3A（山岸中隊）ニ表彰状ヲ
書キ師団衛生中隊ニ賞詞ヲ書ク 田口工兵聯隊ハ二十四日
ニハトウエン守備ニ任シ 二百ノ内聯隊長曲中佐以下一百二十余名
死傷セルモ六十名ノ生存者ニテ一甲地進出ノ掩護ヲ完フシタルナリ
両聯隊ニハ中隊ノ生存者一名ノトコロ 其他三、四名ノトコロ多キモ
之ハ聯隊長ヨリノ申請ヲ待チ詮議ノ上表彰セン
曾テ北京ノ混成旅団長時代十七年十月十六日盤山ニテ
坂内少尉以下一小隊全滅ノ悲運アリ 次テ坪田見習士官
ノ斥候潰滅セル時 旅団長トシテ責任ヲ痛感シ 岡村
軍司令官ニ御詫ノ手紙ヲ出シ乃木将軍ノ心事ヲ理解ス
ト述ヘタルコトアリ 又十八年正月八達嶺ノ麓大村ニテ小松
又も中尉以下十一名全滅シタル時モ心痛ノ余リ現地ニ馳ケ
ツケタルコトアリ 部下ヲ失フノ悲哀ハ聯隊長時代屡々之レヲ
味ハヘル上官 今モ昔モ変ラネド 今度ノ戦ハソノ数ニ一ト

ヲヨクシテハ師団長ノ重責ヲ果シ得ズノ情ヲ歎シ
冷静寛心トナラザルベカラズ 一方益々乃木将軍ノ心事
心境ガ明トナル 過般赴任ノ途蘭貢ニテ河邊方面
軍司令官ニ会ヒシ時 石黒中将ガ独リ息子ヲ戦死セシメ
シテ さつぱりシタト述懐セル由 氏ノ心モ良ク解ルナル 吾人
トシテハ幾千ノ生霊ヲ償道アラムヘク最後ノ努力ヲ以テ
之ニ酬ヒザルヘカラズ
愈々雨季トナリテカハ後方補給ノコトガ心配ノ種ナリ 三隅参謀
後方主任トシテ大ニ活動シアルモ道路ハ日ト共ニ不良トナリ此ノ長遠
ナル補給路ヲ如何ニ克服スルカ独立工兵ヲ後方ニ回シテ補修工事
ニ従事セシムルノ要アリ 小生着任以来 茲ニ十二日ニナルモ未ダ
一回モ前線ニ糧秣ヲ送ラズ 送リシハ弾薬ノミ 第一線部隊ノ
空腹ヲ思ヘバ断腸ノ念ナカルヘカラズ

腹時計 はかるは 翳る 日の影よ
じゃングルに 明け じゃングルに 暮る

師団司令部ニアッテサヘ腹時計ニテ大体ノ時ヲ判定シ
アリ 太陽ノ日影ヲ拝ムコト少キ雨季トハ云ヘ大体ノ時計ハ
解ルモノナリ 現在ノ如キじゃングル生活ニテハ時計ナキモ大ナル
痛痒ヲ感セズ 唯世界ノ戦局ハ如何ニ進展シツツ
アリヤ 太平洋方面ノ戦況ハ如何ニナリツツアルヤ等

浮世離レノ山奥ニ住ヒナガラ気ニカヽル事ハ依然気ニカヽ
ルモノナリ
山本少尉ガ追及兵三十名ヲ率井十九日孫喱ノ隘路ニ
救援ノタメ前進シタルニ敵ノ砲撃ヲ受ケ四散潰乱シ本
三日僅カ七名ヲ率井テ帰ル 建制ノ小隊長ナル人 當然四散兵
ヲ処分スヘキモ 兵ヲ集メ追及者ヲ率ヰテ救援セラルヽナル
師団ノヤリ方ニモ一考ヲ要スル点アリ 処命ハ大目ニ見ルコトトシ
シタルガ 皇軍ト雖モ臨時編合ノ部隊ハ斯クノ如キモノナルヲ
ナキコトヲ体験ス アトノ兵ハドコニ隠レアリヤ 十日ヲ過グルモ
消息ナシ 慨嘆ニ堪ヘザルト共ニ 今後兵ノ運用ニ一戒ヲ指唆
シ教示シタルモノト云フヘシ
一般ニ追及兵問題ハ大ニ考ヘザルヘカラズ 師団ガ作戦ノ進捗
意ノ如クナラザルニ到リ後方ノ追及兵ヲ督促シタルニ 実ニ千五百
名ヲ捨出シタルナリ 牟田口将軍ノ言ニ見レハ 後方ヨリ軍
司令官ニ菓子ヲ送リ来レルヲ以テ 誰レカ作リシカト問ヒシニ
兵団野戦倉庫ニテ作リタリトノコト ソレナラ菓子ヲ作ル兵ガ
居ルナラ直ニ第一線ニ出セトノ鶴ノ一声ニ 追及兵ノ整理トナリ
當兵団ノミニテ千五百ヲ捨出スルニ到レリ 然ルニ後方
残置ノ追及兵ノミナラズ戦場ニテモ掌握シ得ザル追及兵アル
コト甚ダ多シ 現ニ山本少尉ガ三十名ノ内七名ノミ連レテ帰リ

地ノ二三名ハ既ニ十日以上ヲ経テ行衛不明ナリ
軍ハ予定通リ總テ3/10 15cmヲ以テ「イポール」北方ヨリ主攻ヲ
当方兵団ハ助攻トシテ南方ヨリ攻撃スルコトトナル由 由来助
攻方面コソ大事ナリ 軍ノ六月十日攻撃準備完了迄
師団ハ果敢ナル攻勢ニヨリ軍ノ主攻ヲ容易ナラシメザル
ヘカラズ 成算甚ニ在リ 期シテ負托ノ重任ヲ全クセン

六月四日　雨

攻撃開始五日ト予定セシモ準備ノ関係上六日ニ延ビ諸部隊
ノ弾薬ト糧秣ヲ更ニモウ一度補給セシメ上元気ヲツケテ
ヤラスコト 並ニ「サドウ」北方ノ敵ニ対シ火力ヲ展開セシムノミ
ナラズ充分確信アル射撃ヲナサシムルタメノ諸準備ハ念ニハ
念ヲ入レテヤル算ナリ 然レドモ我部隊方面ニハ二日夕ノ
一千ノ敵十二門ノ砲ヲ以テ猛攻シ来ル 依我ハ戦力ナリ 友軍ノ
苦ヲ救フタメ攻撃準備未完了ヲ敢テ突進スヘキガ本当ナリ
唯実行部隊ガ甚弱ニナリヲルヲ如何ニ思ツテモ成功セヌ
ハ却テ失敗ニ終ルベケレハ 目ヲ瞑ツテ一日延期スルコトトセリ
コレガ戦術ノ異ル点ナリ 実行部隊ノ現状ヲ基礎トスル
コトハ図上戦術ニテハ味ハヘザル点ナリ 平素ノ教育 訓練、
指揮官ノ素質、兵ノ消耗 平時机上ノ研究ニテハ不明ニ附
セラルルコトガ実戦ニテハ重要ナ問題トナル 况ンヤ将兵ガ
空腹デフラ／＼ 斯ル現況ノ如キハ到底戦術ノ研究
デハ研究出来ザル事項ナリ 先ヅ腹ヲ作ツテ戦ハ其ノ上カ
現下緊急ノ問題ナリ
本朝戦車聯隊長井瀬大佐来ル 迎ヘノ馬トハ行キ違ヒ
ニナリシ由 馬ヲ出ストキ説明シタルモ中々思フ様ニ行カヌ
モノナリ 重砲聯隊長岩山大佐モ来リケレハ 携ヘテ敵陣
地ヲ展望シツヽ今後ノ攻撃ヲ指示ス
展望地点ニテ糞尿キニハ兵ノ下痢状況ナリ 到ルトコロ脱糞ノ
跡アリ 悪ク水便ナリ 連日ノ雨ニ腹ガ冷ヘ腸ヲ害セシナラン
御苦労ト云フニ 現在用フル言葉ニテ平時訓練ヤ北支ヤ泰デ
御苦労ノ言葉ハ大隊長時代馬占山ノ討伐ノ
時ハ多少苦労ナリシモ 之レトテ敵ノ飛行機ナク砲撃モほんノ
御印シナリシガ 現在四六時中ノ爆撃ト砲撃下ニアリテ
長時日食フモノモ食ハズ奮戦スル将兵ニコソ真ニ御苦労ト
叫ビタクナルナリ
今迄ノ戦役ニテハ味ハヘヌ苦労アルコトヲ痛感ス

六月五日　晴　多少

本朝攻撃ヲ開始スル予定ナリシモ 215iノ攻撃準備完了セス
明六日ニ延ム

僅ニニヤル砲大ナル威力発揮ヲ待ツヲ可トス 之レニ反シ
砂子田、末木両大隊ハ山砲聯大隊砲ニテ銃眼ヲ潰シテ
突入シタルタメ戦死傷僅カ四名ニテ成功ス 良キ
教訓ナリ特ニPOトシテ新任統制スルノ必要アリ
重砲ハ中ル命中確実ナリ 是レモ長時日ノ準備ノ賜物
ナリ 凡テ準備ナキ攻撃ハ失敗ス 準備中特ニ必要
ナルハ現地教育ナリ 昨夕砂子田大隊ヲ視察シ必ス勝ツ
トノ確実ヲ持チシモ 園田大隊ニ在ツテハ準備不充分ナレバ
不成功ノ予感アリ 果シテ予感ハ適中セリ
次ハ弾薬ノ準備ナリ 聯大隊砲及山砲半日ノ戦斗ニ
残弾ナシ 何ゝ諸種ノ事情上準備弾薬ノ補給意ノ如ク
ナラズモ 本日ノ戦斗ニテ熟々ニ弾薬ノ準備ノ必要ヲ
今更ノ如ク痛感セリ

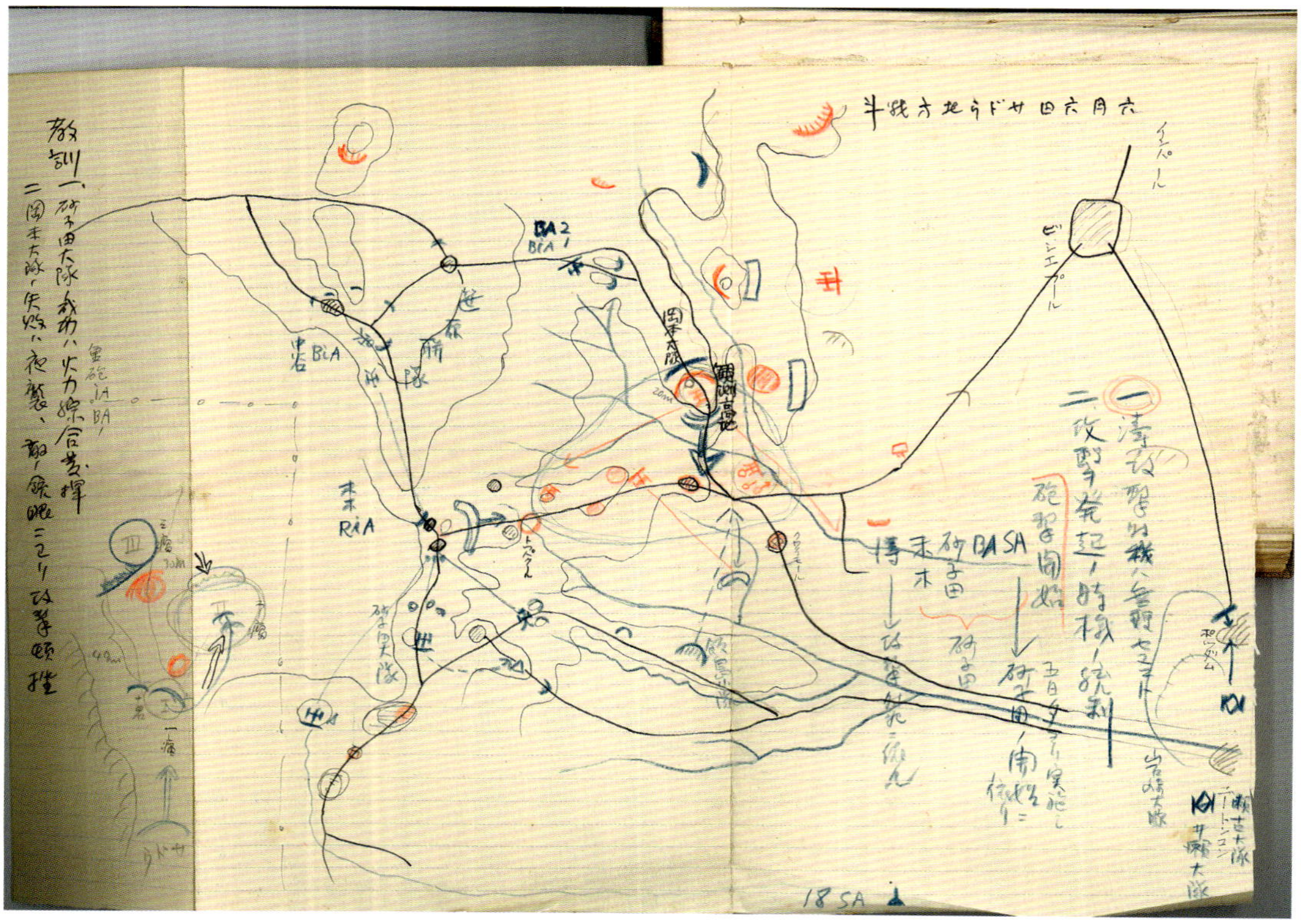
六月六日サドウ地方戦斗
教訓 一、砂子田大隊成功ハ火力綜合発揮
二、岡本大隊ノ失敗ハ夜襲、敵ノ戦略ニヨリ攻撃頓挫
砂子田大隊
18 SA

十九時四十分「サドリ」北方ノ三ツ櫓ヲ完全ニ占領追撃
ニ移レリ　斉藤小隊（山本息及小溝ヲ含ム）ヲ砂子田大隊ニ増加
戦果拡張ヲ推進セシム
予ノ着任以来ノ緒戦ハ成功セリ愉快此ノ上ナシ成功ノ主因ハ
砲兵ノ準備ヲ周到ニシタル結果ナリ　軍司令官要望ノ綜合
戦力ヲ発揮セシメタリ　攻撃時期ヲ後続部隊来ルノ
到着ヲ待タスシテ決行セントスル兵団ノ名誉タルニ
祝スヘシ
戦ヒノ一日ハ暮ル、幸ヒ雨天ナリシタメ敵機比較的横行セス
将兵雨ニ悩ムト云ヘ一面敵機ノ妨害少ク、多忙ナリシ攻撃
ノ一日ハ刻々ノ情報ト戦斗指揮ニ夢ノ如ク去ル

六月七日　曇

九時四十分岡本大隊ハ遂ニ葛観測所高地ヲ奪取セリ
又岩崎大隊ハ六時ポッタムノ西側ノ角ヲ占據セリ　砂子田大隊
ハ「トッパクール」ニ進出セリ　斯クテ「クワイモール」附近ノ敵ハ三方
ヨリ包囲セラレ潰滅ノ危機ニ陥ル　然レトモ敵モサルモノ
中ル頑強ニシテ「ニントウコン」ニハ未タ掩蓋五個、戦車二
ヲ以テ抵抗ス「クワイモール」ニモ敵在リ砂子田大隊ノ前進意ノ
如クナラス　之レガ編成装備完全ナル大隊ナレハ　ズンズント進捗
スル筈ナルモ　砂子田大隊ハ大隊長一名ノ外将校悉ク損傷セル
居ルヲ　兵力モ百名ト云フモ元気ナモノハ全部負傷シ退避
ヨセバカリノ兵、荷物監視等ニテ後方ニ残置セルモノヲカリ
出シテ頭数ヲ揃ヘタト云フ程度ナルハ無理押シニ推進セシメ
ツヽモ実ハ大隊ノ戦力上己ムヲ得サル実アリ　歯痒キコト
甚シキモ之レガ戦場ノ実相ト云フヘシ

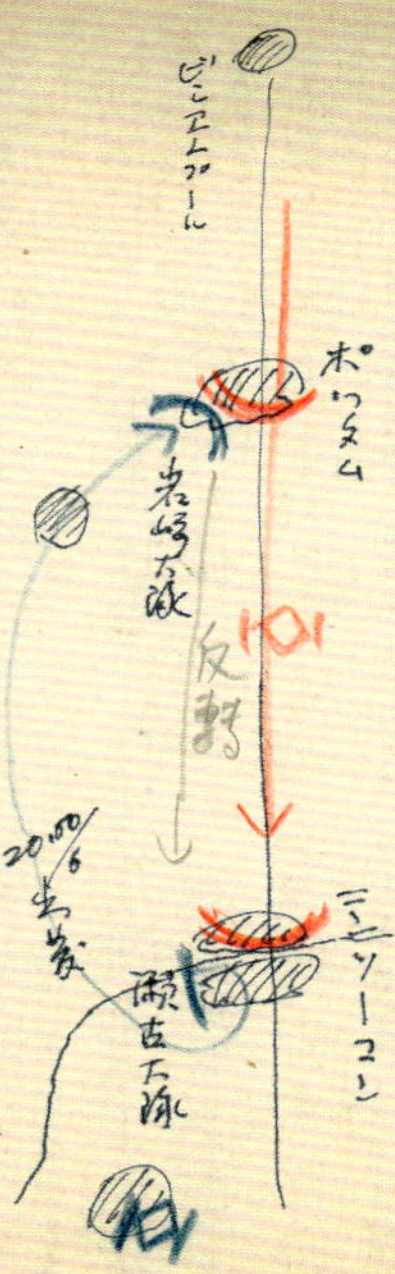

ポッタムヲ占領シタリト思ヒシモ其ノ西ノ一角ヲ占領シタルノミニテ
敵戦車ハ「ニンツーコン」ニ増加スル状況ナリ「ニンツーコン」北側ノ
敵ヲナニデモ抜ク考ヘタルカ誤リニシテ地道ニ一歩一歩堅実ニ
侵透的攻撃ヲナサンハ各個ノ戦斗トナリ成功セス　従来ノ
戦術思想ハ現状ノ如キ戦力消耗セル部隊ニハ適用出来ズ
第一意外ナルハ戦車ノ行動ナリ　昼間ハ敵機ノ銃撃ヲ受ケルタメ
密林内ニ隠レ夜間ノミ攻撃スルコトナリ　今直ニ戦車ヲ全滅ハ

サセテハ快戦ノ時用ユル故戦車ノ云フ如ク夜間ニ戦闘セシムルコトト
スルモ敵機ノ横行スル戦場ニ於ケル戦車ノ価値ヲ初メテ知リ唖然
タリ　マニナ戦車ナレハ後方ノ警備位カ関ノ山ナリ
此ノ日一ツ愉快ナルハ岩堡隘路口ニテ輜重ノ「トラック」ニ対シ敵機ガ
銃撃ヲ加ヘタルニ一下士官ガ一発デ撃墜セシメタルコトナリ　一般ニ
飛行機ヲ恐レ単独退避ナルコトハ心外ナリ　部隊トシテ行動スル
時ハ撃墜主義ニ徹底セサルヘカラス、自動車トカ少人数ノ行動
ハ別トスルモ　夜間退行ノ思想ガ一般ニ浸潤シ過キタル観アリ
砂子田大隊ニ対シ十数機ノ数回旋回飛行ニテ銃撃ヲ目撃シタル
ガ地上ヨリ射撃スルモノナカリシハ遺憾ナリ　調査セシメタルニ損害
ハ全クナカリシト　飛行機銃撃ノ案外威力ナキヲ如実ニ体験
セリ
連日ノ雨ト寒気ノ為メ下痢ヲナセルモ幸ヒ二日ニテ恢復セリ
又泥濘ト湿気ノ為メ水虫ガ再発ス　水虫ニハ閉口ナリ
第一線巡視ヲ好ム

六月八日　雨、暴風雨トナル

「ミントワン」北部ニ頑強ニ抵抗スル敵多ク　瀬古大隊ハ八十名ノ
内六十名ヲ失ヒ戦斗力ナクナル　井瀬戦車聯隊長悲鳴ヲ
挙グ　岩崎大隊ハ「ポッサンベ山」ニ進出セルモ孤立無援「ニンソーコン」
ヲ完全ニ占領セサルハ雨後平地方面ニ渡ヲ残ス　已ムナク
岩崎大隊ヲ反転攻撃セシム、戦車ハ歩兵ノミニ攻撃セシメ
宮林山ニ対空安全第一主義ヲトルコトカ問題ナリ　聯隊長ニ対シ
電話ニテ厳戒ヲ加フ　騎兵砲攻撃ニテハ成功セス　砲工戦
ノ綜合戦力ヲ発揮シ敵ノ銃眼ヲ一々潰シニ潰滅スルニアラ
サレハ損害ハ多ク攻撃力ヲ失フ　特ニ現下ノ幹部ハ下士官ガ
中隊長ナレハ戦場現地ノ教育ヲ行ヒツツ攻撃セサルヘカラス
トハペラール及ワイモールノ敵退却シ午前中ニ基地一帯ヲ
占領セリ　斯クテビシエンプール攻略ノ為有利ナル地歩ヲ確保
スルニ至ル　思ヘハ五月十八日敵ノ攻勢ニヨリ　サドウ北方一帯ニ
挟入セル敵一千ノ為メ如何ニ苦シミシカ　仍チ師団主力ト
作間、笹原両聯隊ト師団司令部及残部ハ中断セラレタリ

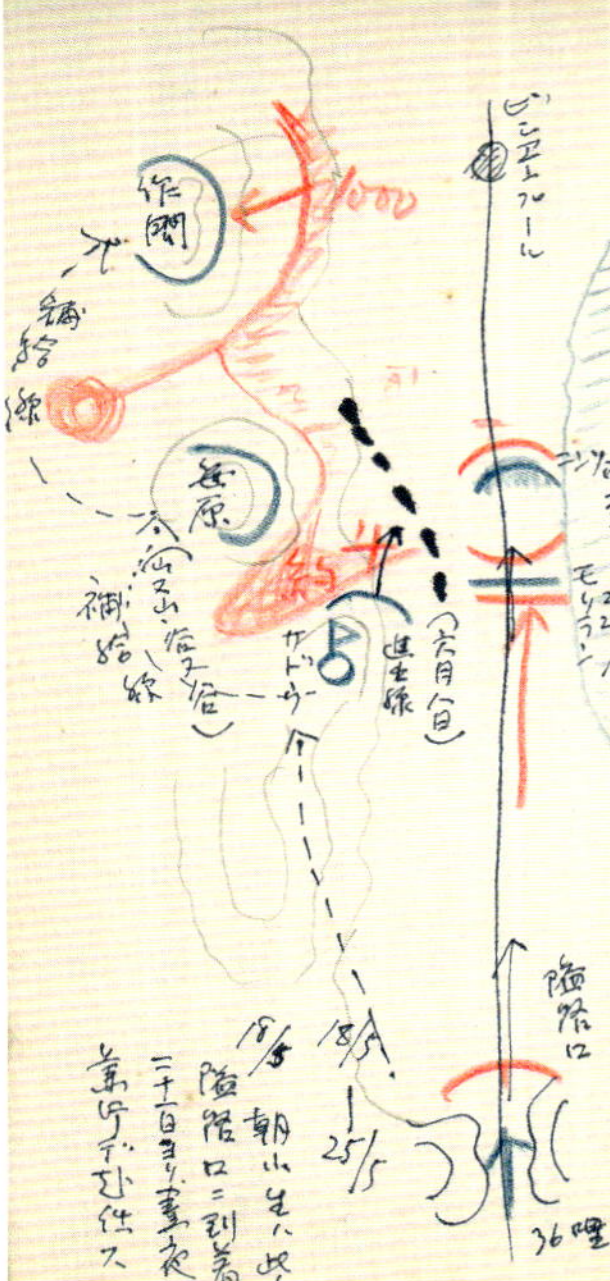

此ノ二十日何ヲシテ居タカト云フ質問ニ対シテハ戦力消耗ノ
極ニ達シ後方ノ補給不如意ナル苦境ヲ克服シ攻撃ヲ
準備シタルノミト答フル外ナキナリ　此ノどん底ニ着任シ実ハ
処置ナカリシモ幸ニ黎明来レリ　次ノ悦ビハ両勝隊ニ
対シ直通ノ補給路啓開セラレタルコトナリ

六月　九日　晴後雨

二時出発　笹原勝隊ノ位置ニ前進ス
途中三ヶ所陣地ヲ通過ス　死屍累々　久シ振リニ屍
臭ヲ味フ　敵陣地堅固ナリト云フモ鉄條網ハ一線ニシテ
掩蓋ハ粗造ナリ　歩兵砲向ケテ悉ク吹キ飛シ得
本間中将呂代理トシテ三叉路ニアリ　アンテナ高地ニ対シ
要地確保シアリ　敵ハ此ノ大隊砲目ガケテ連続射撃ス
小生ノ前進中モ砲撃シ先方ニ行キシ兵一名脚ヲ取ヘサル
夜暗ノ射撃モ馬鹿ニナラズ　五時本勝隊本部ニ到ルヤ
特攻ノ伺候式アリ　月下砲撃ヲ受ケツヽ訓示ス　一生ノ
思出ナリ　曾テ勝隊長時代敵前ニテ命課布達式
ヲ実施シ印象深キモノアリキ　今ヤ師団長トシテ敵ノ砲撃
ノ最中ニ伺候式ヲ受ク　訓示モ自ラ悲壮ナルハ当然ナリ
蓋シ劇的場面ト云フベキカ　直ニ軍旗ヲ奉拝シ必勝ヲ
祈ル

終日ヲ爾後ノ攻撃準備ノ為メ地形偵察ニ費シ　夕刻
敵ノ砲撃下ヲ「クラーセル」方面ヲ経テ帰途ニツク　次ノ一線ニハ
思ハヌ御馳走アリ「バナナ」ヲ久振リニ口ニス　山ノ中ニモ「バナナ」ガ
アルナリ　又戦利品トシテ敵ノ遺棄セル食料ヲ鹵獲シ「チーズ」
「バター」「ミルク」等戦斗ノ餘徳ニ與ル　勝隊長ノ土窟ニ纏ムア（室内満員ナリ）
「ゴム」ノ蒲団アリ　コレモ敵ノ大隊長ノ遺棄シタルモノ　毛唐ノ贅沢
サニ驚ク　予ノ旅特兵ノ起居ヲ見ルニ全ク気毒ナリ　コレデ既ニ
三ヶ月最近ハ連日ノ雨ニ携帯天幕一ツヲ凌ク　中ニハ敵ノ被服
ヤ毛布、天幕等ヲ利用シアルモアルモ並大抵ノ苦労ニアラズ
唯注意スベキハ敵機ニ対シテモ砲撃ニ対シテモ慢性トナリ生命
ノ危険感覚麻痺セル為メ大切ナル高地上ニ佇立スルモノ　敵機ニ
暴露スルコトナリ行動スルモノ多キコトナリ　コレデハ益ヽ損害多
クナル訳ナリ
帰途林田大隊奮戦ノ新戦場ヲ見ルニ敵ハ我陣前近迄ヲ
屍ニ竹ノ棒ヲ植ヘ居タリ　コヽニモ敵ノ死屍散々路傍ニ見受ケリ
今迄戦場跡ヲ屡ヽ見タルモ今度ハ敵ガ斯ク近防戦ニ努
メルカト驚クハ敵砲兵ノ打殻薬莢ノ多キ事ナリ　一ケ所ニ数百
モアリ　ヨクモコンナニ多数ノ砲弾ヲ準備セルカト思ヘバ　敵ノ
「ビルマ」反攻ノ準備ノ時間長キヲ悟ルベシ　夜半司令所ニ帰リ
参謀長ヲ呼ビ偵察ノ結果決定シタル次第ノ大綱ヲ示シ之ニ

基キ部署ヲ命ス
正馬傷キ副馬ニ乗リシガ前脚滑リ倒ル 雨後ノ坂路ニ
転倒セリ 馬昂リ 馬脚ノ傷キガ甚シ

六月十日 雨

15時ノ先頭中隊ヤウト到着 七日ニハ全部集結トノ軍ノ指示
ニ反シ全部ノ集結ハ一週間後ナラン 戦場ハ錯誤ノ集積トハ
云フモノノ軍ノ計画者ハ予メ之ヲ予察セザルベカラズ
豪雨ノ為メ道路ノ故障 敵ノ「ゲリラ」妨害其他色々ノ
錯誤ノ累加ナリ
「ニントウコン」ニ於ケル瀬古大隊ハ六十名「ポツサンバム」ニ於ケル
岩崎大隊ハ百名ノ死傷ヲ出シタルコトヲ知ル
戦車聯隊長ノ指揮下歩兵ハ殆ンド戦力消耗セリ 斯クノ如キ
戦サヲヤルカラ十二日マデ攻撃再興出来ズト泣キ言ヲ云ヒ来ル
而モ戦車ハ何等損耗ナク「ビヤンデル」ニ遮蔽ス 戦車ノ不甲斐
ナキ驚クベシ 直ニ現場ニ出馬シテ激励セントシタルモ参謀
長ノ意見具申ニテ塚田参謀ヲ派遣スルコトトス 要ハ騎
兵出身ノ戦車聯隊長ガ大胆ナル騎兵的攻撃ヲヤリ
シ結果ニシテ [illegible]トシテ聯隊長ヲ招致シタル時更ニ綿密
ニ其後攻撃計画ヲ検討シ点検シテ修正ヲ加ヘ周到ナル
指導ヲ与ヘタラト今更ノ如ク後悔ス 人ヲ信スルハ佳シ 然レドモ
現況ハ放任ハ不可ナリ 師団長ガ聯隊長トナツタ心算ニテ
綿密ナル指導ヲ与ヘザル限リ成功セズ 陣頭指揮トハ陣頭
指導ナリ くどい程平凡ニシテ可ナリ 又「ニントウコン」ノ
攻撃ト三ツ瀬トヲ比較セヨ 明カナリ 戦車聯隊長ニ一任シ
タル罪ハ已ニアリ 十二日ノ攻撃再興ハ此ノ轍ヲ踏マザル様
努力ヲ要ス 戦車聯隊長ガ夜襲ストシ云ヒシ時承諾シタル
ストガ失敗ノ一因ナリ 夜襲ハ一部局ノ切リ込ミニテ其他ハ
払暁攻撃ガ常識ナリトス 綜合戦力発揮ハ払暁ナラ
ザルベカラズ 薄暮ハ占領後ノ確保ニ便ナリ 之レ雨季ノ特長
ニシテ薄暮ニハ砲兵ノ射界ナキコト多リ 払暁雲ガカヽレハ
情況適時採用スルハ可ナリ 兵力消耗シ指揮ノ官ノ大部分死セシ
現況ニテハ師団ガ聯隊以下ノ戦斗指導ニ対シ綿密
周到ナル指導ヲセザレハ成功セズ 攻撃時期ノ如キ重大事項ヲ
一任スル如キ大ナル過誤ト云フベシ 更ニ現況ニ於テ必要アレハ
一ツ一ツ敵陣地ヲ片附ケルコトナリ 之レ即チ師団ノ火力ヲ集中ス
ストニ因リテノミ成功ス 砲兵力特ニ其ノ弾薬ノ補給不如意
ナル現況ニ於テハ特ニ然リ
本日ハ終日敵機休ム暇ナク活動ス 何カノ兆候ト見ルベシ

六月十一日

敵ハアンテナ高地ヨリ前進拠点ヲ推進シ来ル 終日三叉路ニ砲爆撃銃撃ヲ加フ 損害ハ案外少ク戦傷五ナリ

橋本勝隊ノ一部到着、直ニ前進セシム、他ハ雨後攻撃準備ニ忙殺セラル、山砲一門動カスモ人員消耗セルタメ膂力搬送ヲ主トシ且駄鞍ナキタメ 苦労ス [illegible] 之ヲ精神力ト労力デ克服ス

橋本勝隊ノ到着遅延セル原因ノ一ツトシテ「全道中ゲリラ」ニ遇ヒ下車攻撃シタルニ車輌ハ反転帰還シ 爾後徒歩ニテ五十里行軍セルコトナリ 由来後方部隊ノ臆病ナルハ定評アリ後方部隊ノ教育ト戦意向上ガ必要ナリ 戦サハ第一線デクミヤルモノニアラズ 全力ノ総発揮ガ大切ナリ 戦況比較的閑散ナリシヲ以テ 愛児ノタメニ「交友記」ヲ書キ一年来直接訓育出来ザル父ノ子ニ対スル気持ヲ書キ遺ケリ

六月十二日 雨後晴

丁度勝石ヲ出発シテヨリ一ヶ月トナル 其ノ間入浴ハ勿論小流デ水浴シタコト一回ノミノ人生ノ最苦難ヲ味ヒ健康益々良ク志気愈々旺盛如何ナル艱難ヲモ突破シ得ル自信アリ

払暁砲声盛ニナリ、直ニ展望所ニ到リ戦況ヲ見ル「ミンソウヨン」北部ニ対スル井瀬部隊ノ攻撃ナリ 午前中ト歩砲協同ヨク敵ノ第一線ヲ突破シ敵ノ追撃スルモノ三、四十ヲ見タルガ午後ニナリテ敵ハ約十門ノ集中砲火ト三十余機ノ編隊ニテ猛烈ナル爆撃、銃撃ヲ反覆之レニ加ヘテ敵ハ後方ヨリ續々兵力ヲ注入シテ戦況不利トナリ圧迫サレ気味ナリ

予ハ今迄相当ノ戦歴ヲ有スル一人ナリシガ本日ノ敵ノ砲火ニ驚キタリ 一千ニ余ル砲弾ヲ打込マレテ全ク天日暗ク硝煙土砂ヲ以テ天地ヲ蓋フ概アリ 損害ハ如何ナリシヤ 直ニ知リ得ザルモ相当ノモノト信ス

敵ノ爆撃、銃撃モ一時間ニ及ビ左廻右旋旋回上空ヲ乱舞スル中ニ一機墜落スレカシト祈ルモ甚ダコトナリ 敵機ハ悠々低空ニ飛ビ癪ニ触ルコト甚シ 対空射撃ヲ割期的ニ制約スル要アリ

終日ヲ展望所ニ望遠鏡ヲ離サズ昼食モ台上ニ採ル

敵ノ爆撃ニ対シ「P.C.」トニ何カ手折ヲ考ヘシガ

青葉隊ヨリモ既定方針ニ基キ其儘決行スベシト
トセリ 高級指揮官ガ一局部ノ戦況ニ眩惑セラレザル
コト必要ナリ 遅ガリナガラ 部下苦戦ヲ眼近ク目撃シテハ
断腸ノ感ナキヲ得ズ 図上作戦ニ敵陣地攻撃ヲ
簡単ニ考フベカラザルヲ痛感ス 敵ノ飛行機ハ間断
ナク飛ビ砲弾ハ無尽蔵ト思ハル、程射ツ 之ニ対シ
我友軍機ハ飛バズ 砲弾ハ敵ノ百分ノ一モ射撃出来ズ
此ノ局戦ニ消耗スルハ爾後ノ弾薬欠乏スルニ至ル
而モ指揮官ハ大、中隊長悉ク戦傷ニテ下士官ガ中隊長
トハナリ 決シテ勝算ニナリシニハアラズ 慎重ニ陥リシニハ
アラズ 此ノ戦力差ヲ以テ如何ニ攻撃スベキヤ考フベシ
無線モ故障、通信線ハ何処断線 已ムナク司令部ノ
書記阿部曹長ヲ派シテ連絡ヲトラシム
攻撃時期ニ就テ払暁攻撃ガ火力発揮上最良ト
信ジタルモ 必ズシモ然ラズ 本日七時三十分ヨリ攻撃
開始シ敵ノ第一線陣地ヲ奪取スルマデ順調ナリシモ
午後ニナリ優勢ナル兵力ガ爆撃ト砲撃ニ膚接シテ
反攻シ来リ逐次圧迫セラル 若シ天候ガ雨ナリシナラバ
良カリシモ 不幸ニシテ本日ハ雨後晴トナリ 午後ハ敵機
ノ活動活潑ニシテ砲撃モ盛ナリ 絶対優勢ナル砲兵ニ

対シ又絶対優勢ナル空軍ヨリモ友軍機皆無ナル状況
ニアリテ本日午後ノ戦斗ハ天気トナリシコトヲ悔ム
仍チ天候ニモヨルモ払暁攻撃ヨリモ夕方ナルベク早ク攻
撃スルヲ可トス 其ノ前夜攻撃準備ヲ完了シ 敵機
敵砲兵ニ対シ掩蔽シ午后五、六時頃ヨリ突撃セバ
第一線ニ線ヲ奪取シテ夜ニ入ルコトトナル 夜間ハ敵素質
ニ鑑ミ活動セズ 敵ハ只管火力ニ依存スルヲ以テ晝間
ノミ攻撃スルヲ以テナリ 本日ノ不成功ハ一ニ攻撃時期
ノ選定ニアリト云フベシ
平地ノ戦斗ハ損害多クヤリ悪シ
本日ノ戦斗ニテ瀬古大隊ハ将校悉ク戦死シ小銃
十六 mg三トナル 大隊ト云ヘドモ小隊以下ノ戦力ナリ
敵戦車二台ヲ炎上セシメタルモ我戦車五輌敵飛行
機ノ犠牲トナルハ残念ナリ 予ノ目撃シタル敵機ノ
爆撃十数機ノ乱射的砲撃ニ弐ハ全滅カト思ヒシモ損害
ハ案外少ク 戦車五台ハ惜キモ 岩崎大隊ハ戦死六人
負傷三〇、野砲モ無事ナリシハ 砲爆撃ノ意外ニ損
害ナキヲ立証ス
夜半 堀場参謀帰来 本日戦況ヲ聞キ「ニンソウニ」ト
確保シアルコトヲ知リ安心ス

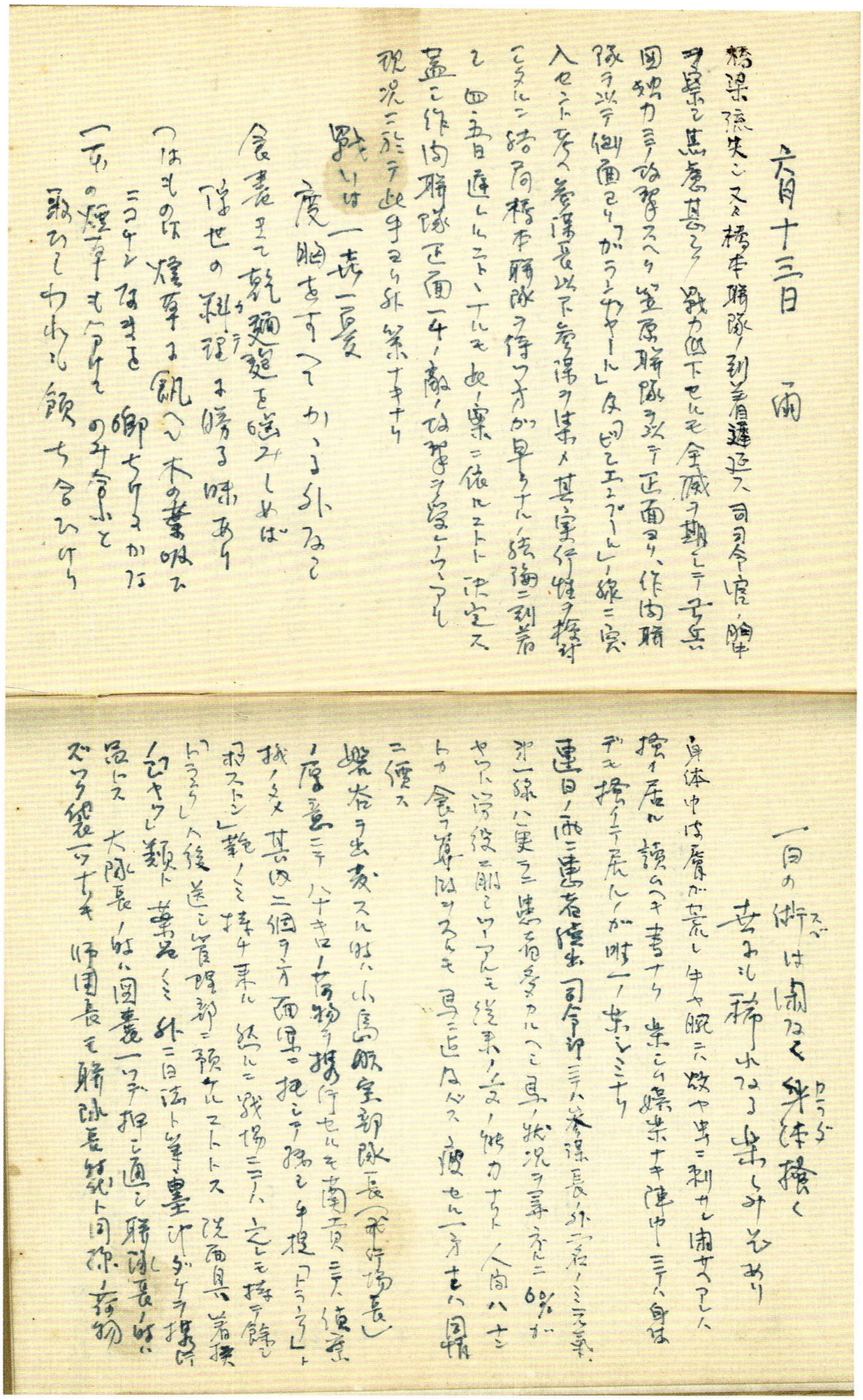

六月十三日　雨

橋梁流失シ又々橋本勝隊ノ到着遅延ス 司令官ノ胸中ヲ察シ焦慮甚ダシ 戦力低下セルモ全滅ヲ期シテ若兵団独力ニテ攻撃スヘク笠原勝隊ヲ以テ正面ヨリ、作間勝隊ヲ以テ側面ヨリ「ガランギヤール」及「ビシエンプール」ノ線ニ突入セントス 参謀長以下参謀ヲ集メ其ノ実行性ヲ検討ニ入ルニ結局橋本勝隊ヲ待ツ方ガ早ク且ツ結論ニ到着シ 四、五日遅レルコトハナルモ此ノ案ニ依ルコトト決定ス 益ニ作間勝隊正面一千ノ敵ノ攻撃ヲ受ケツヽアリ 現況ニ於テ此ノ手ヨリ外策ナキナリ

戦ひは一喜一憂
　度胸すへてかゝる外なし

食養まて乾麺麭を噛みしめば
　浮世の料理ま勝る味あり

つはものは煙草ま飢へて木の葉吸ひ
　ニコチンなきを嘆ちけるかな

一本の煙草も分けてのみ合ふと
　戦ひしわれら飯も合ひけり

一日の術(すべ)は雨なく身体(からだ)拭く
　共ならし稀なる楽しみもあり

身体中は虱が荒し中や眠に蚊や虫に刺サレ痛サヘアレハ拭イ居レ 読ムヘキ書ナク 楽シム娯楽ナキ陣中ニテハ身体デモ拭イテ居ルノガ唯一ノ楽シミナリ

連日ノ雨ニ患者続出 司令部ニテハ参謀長ノ外一名ノミニテ元気 ホ一線ハ更ニ患者多カルヘシ 其ノ状況ヲ尋ネルニ 6%ガヤット労役ニ耐ヘ居ルモ 従来ノ二分ノ一ノ能力ナリト 人間八十トカ食ヲ摂ハサルモ 馬ニ近ナルベス 痩セル一方ナリ 同情ニ価ス

紫谷ヲ出発スル時ハ小島飯室部隊長（飛行場長）ノ厚意ニテ八十キロノ荷物ヲ携行セルモ南京ニテハ偵察機ノ為メ其ノ内二個ヲ方面軍ニ托シテ残シ手提「トランク」ト「ボストン」鞄ノミ持チ来ル 然ルニ戦場ニテハ之レモ持テ餘シ「トランク」ハ後送シ管理部ニ預ケルコトトス 洗面具、着換ノ「シヤツ」類ト薬品ノミ 外ニ日誌ト筆、墨汁ダケヲ携行品トス 大隊長ノ時ハ図嚢一ツデ押シ通シ 勝隊長ノ時ハズツク袋一ツナルキ 師団長モ勝隊長時代ト同様ノ荷物

ニセシ 只惑ヒシハ 当時ノ日記ハ万年筆ナリシニ 今度ハ
筆記ナリシト 水ト云フ厄介物ガ出来テ葉ヲ採集スル
ストガ変レリ

六月十四日　雨（稀ナル豪雨）

朝マダキ明ケヤラヌ内ヨリ砲声激リナリ 敵ノ攻撃ナリ
ト飛ヒ起キシハ「インゴロツク」三叉路ニ対シ約五百ノ敵攻
撃シ来ル 守兵僅カ三十余名ナリシモ奮斗克ク之レヲ
撃退ス 黒シ天候ノ御蔭ナリ 豪雨多ク敵機モ砲兵
モ沈黙セシモノ如クナラザリシ原因 雨ハ我補給路困難ナルモ
戦斗ニハ却ツテ好都合ナリ 本日ノ敵ハ白人多カリシ
為メ此ノ豪雨ニ閉口セルナラン
橋本聯隊ノ一部到着セル部隊ヲ以テ「インゴロツク」ヲ増
援セシメントシタルモ 徒歩ニシテ出発遅延ス 白ニ対シ
最ニ注意ヲ要ス、戦機ニ対スル鋭敏性ヲ要ス
軍命令来ル、山本支隊方面ノ敵退却セルヲ機トシ
急遽攻撃スベキ要求ナリ 然レトモ弓兵団ノ戦力ハ
如何トモナシ難ク 橋本聯隊ノ到着部隊ノ一部ニモ之レニ
参加セセハ既往ノ失敗ヲ繰リ返スノミナレハ軍司令官ニ
対シ一両日ノ猶余ヲ請ヒタリ——

六月十五日　雨

攻撃時期ヲ何日ニスルカニ焦慮ス 瀬古大隊ノ如キ一ケ大
隊ニテ山鏡一六門ニ二名ノミ ニテハ如何ニ積極的ナルモ詮
モ一切ノ泣キ言ヲ云ハサル主義モ此ノ事実ニ直面シテハ
結局必勝ヲ期シ難ク やハリ余力戦力ヲ発揮スル迄ハ
陰忍セサルヘカラス 之レガ苦心ノ存スル所ナリ 玉砕ハ易シ
然レトモ断ジテ勝タサルヘカラス 死力ヲ竭スハ此ノ苦心
ヲ突破スルノ謂ナリ

六月十六日　豪雨

軍司令官ヨリ弓兵団ノ如ク必勝準備ヲ期シテノ
攻撃ヲ望ムト返電来ル
連日ノ雨デ橋梁流失五、爆撃ニテ兵站輸送停頓ス、
徒歩行軍部隊モ膝迄浸ル水流ヲ徒渉シ遠ク来タ
前進屢遅延ス 馬匹ハ疲レ聯隊砲ノ曳引ニ難儀シ兵ハ背カ
搬送セツツアリ 天候ハ斯クノ如ク障碍トナルモ戦斗ノ真
ニ敵ノ砲爆ヲ封シテ有難シ サレド病人續出ニ閉口
ナリ 此ノ悪条件ヲ頑張リ抜クモノガ最后ノ勝者ナリ
敵ハ「コカダム」ニ前進ノ予定ナリシモ後續部隊ノ遅延ニ

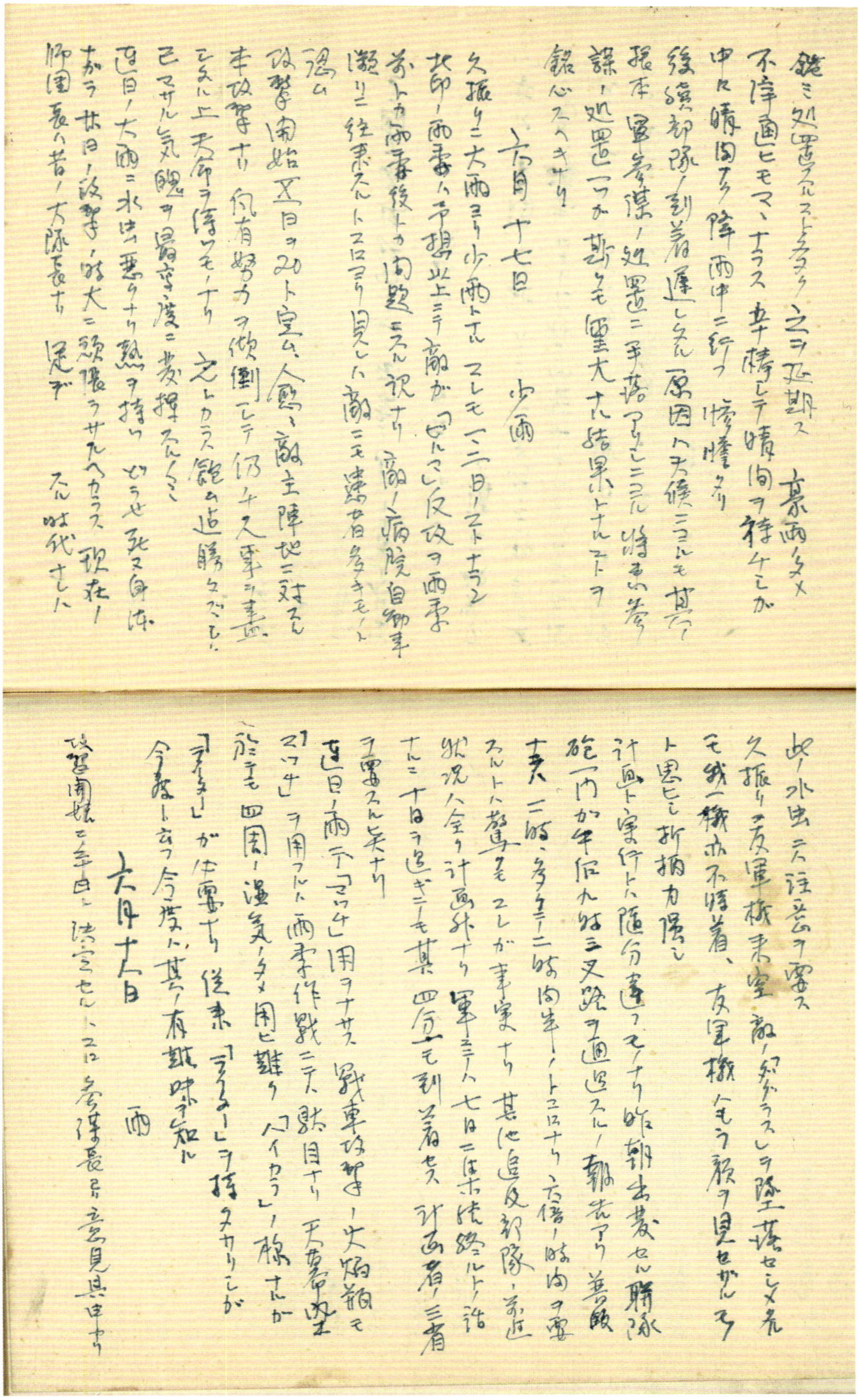
鑑ミ処置スルストラク之ヲ延期ス　豪雨多メ
不降雨ヒモマヽナラズ　辛棒シテ晴間ヲ待チシガ
中々晴間ナク降雨中ニ行フ　惨憺タリ
後続部隊ノ到着遅レタル原因ハ天候ニヨルモ甚ダシ
根本軍参謀ノ処置ニ手落アリシニヨル　将来ハ参
謀ノ処置一ツガ甚ダ重大ナル結果トナルコトヲ
銘心スベキナリ

六月十七日　少雨

久振リニ大雨ヨリ少雨トナル　ソレモ一、二日ノコトナラン
北印ノ雨季ハ予想以上ニテ敵ガ「ビルマ」反攻ヲ雨季
前トカ雨季後トカ問題ニスル訳ナリ　敵ノ病院自動車
頻リニ往来スルトコロヨリ見レバ敵ニモ患者多キモノト
認ム
攻撃開始五日ヲ20ト定ム、今ヤ敵主陣地ニ対スル
本攻撃ナリ　凡有努力ヲ傾倒シテ仍チ人事ヲ尽
シタル上天命ヲ待ツモノナリ　之レカラ戦ヒ追勝タズベシ
已マザル気魄ヲ最高度ニ発揮スベシ
連日ノ大雨ニ水虫悪クナリ熱ヲ持ツ　セラセ死又自体
ナガラ廿日ノ攻撃ノ時大ニ頭ヲ悩ラサルベカラズ　現在ノ
師団長ハ昔ノ大隊長ナリ　足ラズ　スル時代ナレバ

此ノ水虫ニハ注意ヲ要ス
久振リニ友軍機来空　敵ノ[illegible]ヲ墜落セシメ[illegible]
モ戦一機亦不時着、友軍機今モ顔ヲ見セザルモノ
ト思ヒシ折柄力強シ
計画ト実行トハ随分違フモノナリ　昨朝出発セル聯隊
砲ノ内ガ半径九粁ニ又路ヲ通過スルノ報告アリ　並敵
十九二時、多クテ二時間半ノトコロナリ、六倍ノ時間ヲ要
スルトハ驚異モコレガ事実ナリ　其他追及部隊ノ前進
状況ハ全ク計画外ナリ　軍ニテハ七日ニハ集結終ルトノ話
ナルニ十日ヲ過ギテモ其ノ四分ノ一モ到着セズ　計画者ノ三省
ヲ要スル点ナリ
連日ノ雨デ「マッチ」用ヲナサズ　戦車攻撃ノ火焔瓶モ
「マッチ」ヲ用フルハ雨季作戦ニテハ駄目ナリ　天幕内ニ
於テモ四囲ノ湿気ノ多メ用ヒ難ク「ハイカラ」ノ様ナルガ
「ライター」ガ必要ナリ　従来「ライター」ヲ持タザリシガ
今後ト云フ今度ハ其ノ有難味ヲ知ル

六月十八日　雨

攻撃開始ニ廿日ト決定セルハ参謀長ノ意見具申ナリ

昨夜半到着セル太平中隊ノ前進状況ヲ見ルニ全ク
疲労困憊シ二時間行程ヲ十時間カヽリ昇リ五十里ノ行軍
加フルニ昨日ノ大雨ニテ増シタル水流ヲ幾度カ徒渉シ
濡レ鼠トナリ患者続出セルヲ叱咤激励シ フラ／＼トシツヽ
行軍シツヽアリ 更ニ困ツタ問題ハ聯隊砲一門ガ馬疲労
ニテ前進意ノ如クナラス人ハ意気アルモ馬ハ戦況ノ急ヲ
知ル由ナク 或ハ二十日ノ攻撃ニ間ニ合ハヌカヤモ知レス 依テ
攻撃ヲ一日延ハシ二十一日トセラレ度シト
困却錯綜セル参謀長ノ意見ハ尤ナリト雖モ大局上又
今度師団命令ニ出シタルコトヲ一局部ノ状況ニ依リ変スル
コトハ師団長トシテ直ニ採用シ得ス 須ク更ニ実情ヲ
調査スルノ要アリトシテ 果シテ聯隊砲一門其後ノ前進
状況ト追及部隊ノ前進状態ヲ検討シテ 若シ二十日ノ
攻撃開始ニ間ニ合ハサレハ 詮ナシ 暫ク採決ヲ保留ス
ルコトヽセリ
僅カ一日ノ問題ト云フ勿レ 全局ノ戦況ハ一刻焦眉ノ急ナリ
而モ軍司令官ノ胸中ヲ推シテ遠慮ナキ能ハス 然レトモ
攻撃準備ノ為メニ必要ナル火力ト突撃力ヲ備ヘサレハ

初動ニ失敗スルハ火ヲ見ルヨリモ明ナリ 苦心ノ存スル
処ナリ 相手カ支那兵トカ 従来ノ英人部隊ナラハ
勢ヲ押シテ押シテマクレハ可ナルモ 堅固ナル陣地ヲ構成シ
装備意外ニ優良ナル現在ノ敵ニ対シテハ 確実ニ進ハ
成ムヘシ 是レ既往幾度カ失敗ヲ重ネタル所以ナリ はやる
心ヲ抑ヘテ苦心スル 其ノ労苦カ戦場ニ於テノミ知ル苦心
ナリ
金龍聯隊長ヲ招致シテ 雨中射撃準備ニ就テ指示ス
当兵ハ雨ヲ利用シ重火器ヲ推進シ実弾スルヲ可トスルモ
遠方ヨリ見ヘサル砲兵ハ其ノ射弾観測ヲ如何ニスルヤ
観測者ヲ前線ニ推進スルヨリ外ナク 試射ヲ周到ナラシメ
次ニ射撃ニ移テ実施スルヨリ外ナシ 山地特ニ雨季ノ
修正困難ナル由ニテ 冒ル途ニ遭キモ晴レ間ヲ利用スルコトモ
亦大事ナリ
敵ハ夕方ニナルト砲撃盛ナリ 昨十七日ハワンシンニ対シ
猛射シ来リ 瀬古大隊ノ大隊長代理渡辺曹長戦死
ニ無線器破壊セラル 本夕且今亦ニ砲声頻ナリ 三叉路

ヲ射撃シアル如シ 雨中夕暗近ク乱射スルハ弾薬ノ浪
費ナルモ 小ニツヽハ死傷者出テ残念ナリ
前原挺進隊ニ賞詞ヲ賜ワリ 六日以来一週間近ク敵中
ニ入リ戦車其他ヲ爆破シ後方攪乱ノ功アリシニ依ル

六月十九日　晴（六月以来 三度晴ナラン）

聯隊砲ノ輓馬途ニ斃レ中途ニテ停止スルノ報ニ込ム
ナリ攻撃開始ヲ一日延期スルコトヽセリ 橋本聯隊ニ
山砲一門ヲ二テン必勝ヲ期スル火力ナク是非トモ其ノ
聯隊砲ヲ追及セシムルニ約束セル信義上是非モナシ
行軍状況ヲ見ルニ 五晩モ一睡モセザリシ為メ 一里ノ山路ヲ
三、四時間カヽル状況ニテ追及容易ナラズ 夜ニテ蹉跌ハ
戦場ニハ つきものナルモ 予想外ノコト多シ 本夕出発
第一線ニ進出直接戦線ヲ指揮ス 愈々最後ノ頑
張リナリ コレダケ準備シテ失敗セバ運命ト諦ムル外
ナシ
攻撃準備間敵ノ出撃ヲ警戒セシガ 明日ハ必ズ開
本日迄ハソノコトナシ 蓋シ敵モ戦力低下セルナラン 病院
車ノ往復ガ日ヲ逐ッテ増加セルト 又一方AAヲ平射ニ
使用スルニ至レルハ 無差別ト思ハレル程乱射スル敵ノ砲
兵力ニモ限度アルヲ示ス一証左ナラン
本日第一線ニ行ク以上再ビ戦斗司令所ニハ帰ラザルノ
覚悟ヲ有ス 依ッテ多少ノ所見ヲ書クコトヽス

○強襲ノ可否

当師団現在ノ如ク消耗（笹原、塩井両聯隊三分ノ一ヲ失フ 作間聯隊亦消耗）
セルハ強襲ニ継グニ強襲ヲ継続セシ結果ニシテ 作戦ノ要
求上当然ノコトナガラ 現況ニアリテハ強襲ヲ更ニヤレバ
戦力悉ク無トナルベシ 即チ砲兵陣地奇襲ノ如キ「ゲリラ」
的攻撃ハ依然励行スベキモノナルモ 既ニ堅固ニ射線陣
地ヲ準備シアル英印軍ニハ火力ニヨリ敵砲兵ヲ制圧シ
歩兵自体ノ火力ニテ鉄條網ヲ潰シ突撃器材ヲ用ヒテノ
突入セザレバ 既往ノ失敗ヲ繰リ返スベシ 従来ノ失敗ハ
一陣地ヲトルニモ敵砲兵ノ集中火ヲ蒙リ撤退スル
ヲ例トス 之レガ為追撃砲ヲ制圧スルノ処置ハ絶対必要
ナリ 加之敵ノ飛行機ノ銃爆アリ 之レニ応スル対応策
ナケレバ 縦令敵陣ニ突入スルモ失敗トナルコト戦例ノ屢々
示ス如シ　六月六日 三ツ濠陣地ノ成功ハ幸ヒ午後ヨリ雨トナリ

飛行機ノ活動ガナカリシニヨル　六月十二日ヨリソウスニシノ失敗
ハ飛行機ト砲弾ノ集中大ナルニ依ル　故ニ攻撃準備ハ二、三日
多ヘテヤラサレハ現在ノ敵ニハ必勝ヲ期シ得サルモノト之
攻撃準備ニ要スル時間ハ惜シカラス　急遽進攻スル勿レ

○地形及天候ノ利用

戦車ガ優秀ニシテ活動スル以上平地ハヤリ難ク砲火
ノ損害モ山地ハ比較的少シ　山地方面ニ攻撃ノ重点ヲ
指向スルハ有利ナリ　サレド一面ニ於テ火砲、重火器ノ
展開意ノ如クナラザルコト今次作戦ニ於テ初メテ体験ス
馬ガ疲労シ聯隊砲ヲ搬送シ得サルナリ　百五十キロヲ
運搬スル原則ハ現状ニテハ僅カ四〇キロナリ　馬ハ一ヶ月
定量ヲ与ヘサルモ何ウニカナルモ二ヶ月トナリテハ如何トモ
ナシ難ク人間ノ食モ四分ノ一定量トナル場合馬ハ文句ヲ
言ハス草ヲ喰ッテ居ル以外ナシ　特ニ馬塩ノ缺乏ハ予想
以上ニ馬力ヲ低下シ骨ガ軟クナルガ如シ
聯隊砲一門ヲ橋本聯隊ニ送ルニ如何ニ努力セシカ　攻撃
期日モ之レガ為メ一日遅延セリ　山砲ハ比較的機動力アリ
テ定期ニ到着セルモ　聯隊砲ハ挽架(?)ナキタメ現在疲レカ

シ営養不良ノ馬ニテハ運搬シ得ス　山地ノ嶮ニ加フルニ連日ノ
大雨、昼間ハ敵機ノ為夜間ノミノ行動等悪條件ガ累加シタル
ニ基クナリ

天候ノ利用ニツイテハ既ニ記述セル如ク優良装備ノ敵ニ雨季
ノ戦斗ハ歩兵ノタメニ有難シ　砲兵ガ射撃困難ナルモ
敵砲兵ガ活動セサルハ尚多(?)ナリ

○突撃時期及突入陣地

現況ニアリテハ天気ノ時ハ払暁攻撃ノ不可ナルハ既述ノ
如ク雨天ナレハ晴間ヲ見テ一大力ヲ発揮シ鋭眼ヲ潰シテ
突入スルタメ重火器携行ノ要アリ　曇天又ハ晴天ナレハ
午後攻撃シ薄暮ナルヘク早ク突入シ夜間陣地ヲ確保
スルト共ニ砲兵等ヲ急襲スルヲ可トス　山地ノ特性上煙霧
所ニヨリテ晴間アリ　師団ニテ統一実施スルコト考ヘタ(?)
歩砲協同ハ砲兵隊長ヲ第一線歩兵聯隊長ノ許ニ来リ
直接ノ協同ヲ可トスルモ通信ノ断線等想外ニ多シ
敵砲撃ノ跡樹木ハ倒レ「ジャングル」モ無クナリ　平地ニ化ス(?)
穴ガ開キ雨水貯リ如何ニ敵ガ砲弾ヲ浪費スルカヲ見ル
ここデハ電線モ切断セラルルコト当然ナリト思フ

従来演習ニテ歩兵ハ砲兵ニ膚接シ敵ニ近迫突撃
ヲ訓練セルカ彼我砲兵力カ比較上伯仲スル如キ原則通リ行
ケルカモ知レナイカ現況ニアリテハ彼我砲兵力ニ懸隔甚大ナル
モノヲ得ス　五六百米高陽シ一気ニ突入スルヨリ外ナキ　加フルニ
敵ノ築城カ上空ヨリ好実ヘ又火ニ加味セサルヘカラス　机上ノ
空論ニテハ駄目ナリ　現況ニ応スル戦斗指導ナサヽルヘカラス
戦車隊長カ着任シ六月六日三高陣地ノ攻撃時原則論
ヲ振リ舞シ敵警戒陣地奪取后一気ニ主陣地攻略ヲ
主張セルモ事実ハ如何　六月六日ニ攻撃スヘキ戦車隊加
失敗シ十二日再攻撃ヲ更ニ失敗ニ貴重ナル戦車五輛ヲ
喪失スルノ不覚ヲトリ爾后一週間四輛ハ湿地ニハマリ動カナクナリ
込ミテ之レヲ引上ゲルコトニ全力ヲ用ヒ全ク攻撃能力ナク
戦斗前気焔モドコヘヤラ戦斗前ニ大口ヲ吐キシコト　学者
ブッテ原則論ヲ並ベルコトハ机上論ナリ　今次ノ戦術研究
ハ敵我優劣アルモ現況ノ如ク四六時中敵機ノ横行不
絶対性六ハナク砲兵モ敵優勢ト云フモ我カ現有火力準備
デアル前提ノ許ニ研究セラルヘキ　特ニ現況ノ如ク戦力低下セル
部隊ノ戦術ハヤラセテミトナル　大隊ニ特技皆全思書カ大隊

長化既ノトスル大隊兵力百ヲ越ストスルナラ、突撃中隊兵
少キハ十六、多キモ三四十トスフ戦力デ戦術ヲ研究スル
モアリヤ　之レヲ其戦力充実シアル原則ニアテハメ得ルヤ
特技モ兵モ病シ果テ三ヶ月有餘定量ヲ喰ハス　連日雨
ニ散ル砲ヒ素足デ戦ッテ居ル事実ヲ基礎トシテヤラザレバ
机上ノ空論ナリ　戦術ノ研究デ何ト云ッテモ突撃力カ
最后ノ決ナリ　此ノ力ヲ発揮セシメル為ノ其他ノコトヲ研究
スベキナリ
以上ハ何デ現在ノ事情ニ即セル研究ノ一端ニテヤル
場合ノ研究モ必要ナルハ重複ヲ厭ハズ記述スル所以ナリ

戦の前夜
飛行機と敵砲兵の活動を封じ去らんと
祈りつゝ眠りたし
為すことは凡て尽せり あとはいざ
敵撃滅の一念に燃ゆ
兵が唐もろこしを持ち来る
つはものが山に谷間に探し来る
唐もろこしの味のうまさよ

二十日内降リ通シタル雨モ今日ハ晴レタリ

北印の長雨風で かびはへて
身もしみ 心も 腐り果てけり

此ノ頃ハ雨モ少ク戦ノ天王山 卯号初旬 ドウゾ明日
カラ又雨ニナル

二十日　雨

待望ノ雨止ナシ　天祐我ニアリ
昨夕方ノ採草班ノ為炊事全ク別ノ馬トナル如ク痩セ僅カノ
坂路ニ倒ル　馬ガ斯クモ疲労セルトハ珍シ、曽テ十四年ノ
春習志野ニテ師団ノ演習アリ一週間ノ演習ヲ終ヘテ
廠舎ニ帰ル時　市川附近ニテ馬ガ弱リ自轉車ニ乗リ
（整備）隊ノ先頭ニ出テ乗替ナシ　聯隊附中佐ノ乗馬ニ乗リ
換ヘタルコトアリキ　僅カ一週間ノ演習ニテ斯クノ如シ　況ンヤ
三ヶ月ノ作戦ニ於テハ當然ナリ　歩兵隊ノ馬モ全ク大部
ト?ノ関係ヲ更ニ重視スルノ必要アリ
此ノ際輸聯隊ニ於テハ今時ノ為メニ草小屋ヲ作リ與ヘレタリ
好意感謝ニ堪ヘズ　コレカラ夜内到着セルモ得業ノ如
要ナク大助カリナリキ

茅の小屋 天幕張りて 北ふかに
玉樽の思ひ いそいで なつかしき

本日當砲ハ「ガラレチヤール」ニ攻撃準備射撃ヲ実施、
幸先良ク敵富射砲ニ命中セ其附近天幕炎上ス
瑞兆ト云フベシ　笹原聯隊長以下将校ニ対シ最後ノ
決戦ニ對テ訓示ス　最後ノ一兵ニ至ル迄勝敗決スルノ主旨
ヲ述ベ能ク近頃稀ナル説ナリ
本日中隊ノ陣地ニ三又路ノ敵襲ノ際中央擲弾筒兵ノ
歩兵死傷シ二名ノミ残リシ時　敵百名ガ二名ノ守備
ニ悉ク突入セシモ得ズ　正ニ危機一髪ノトコロナリシト　戦ハ
現テ此ノ真理ヲ認識セザルベカラズ　嗚呼ノ若シキ時ハ敵ハ
更ニ甚シ　敵ノ少ノ二名ノ現存スル限リ突入セザル者
通アリ　木木部隊ニ攻撃セラレ退却セリ　貴キ教訓
ナリトス　又作間大隊ハ渡辺一等兵ガ一名ニテ敵大隊長
以下十数名ト遭遇シ機先ヲ制シ大隊長某少佐ヲ
刺殺シ携帯セル貴重ナル書類多数中ニ敵ノ攻撃命令ト
写真地図ヲ獲得セル戦例ト共ニ特筆ノ戦訓好資料トス

昨二十日ハ命ア未攻撃ナリ　敵ハ本日ノ如キ雨天ナレ、
斯ク云フ時　敵ハ天気ノ事ヲ難検関ガアルト　此ノ案ヲ成ス

二十一日　豪雨　午後晴・曇

愈々攻撃開始ノ時来ル　朝雨降リ来ル（五時頃天晴アリテモ
八時頃ヨリ降ル）直ニ橋本聯隊長ニ対シテ天候我ニ幸セス
速カニ攻撃開始スベシト電報ス　同聯隊ハ十時五十分
攻撃前進、十一時十六分　完全ニ占領セリ　嗚呼林高地
256ノ多大ノ犠牲ヲ出シテ尚失敗セル陣地ナリ　之レヲ
一時間餘デ完全ニ占領セル、流石新鋭部隊ナルト
攻撃準備ノ完璧ガ然ラシメタルモノト信ス。之レニ策応
而シ215ノ攻撃前進ハ遅々タル鈍重ナリ
展望地点ニテ戦況ヲ視察スルニ終始我ガ砲兵射撃
ノ下ニ件葉十九ニ突撃キタリ　敵二百ガ退却スルヲ目
撃シ215ニ射撃セシメタルニ巨高千以外ニテ僅カニ、
三四名ヲ倒シタルノミ、貴重ナル弾薬ノ浪費ヲ考ヘ
之レヲ中止セシメタル　次来ナリ　重砲射撃亦無駄
弾多キニ依リテ砲兵聯隊長ヲ電話ニ呼ビ出シ自ラ

補助観測所ニ進出シ来レト叱リ置ケリ　敵ノ射撃
ハ更ニ下手ニシテ時々流レ弾ニ当ルモノナキニアラザルモ
之レハ命中ニハナラス　当ル方ガ悪イト云フベシ
本日林高地占領ノ一主因ニ215ノ挺進隊ガ昨夜「ガラザヤール」
ノ砲兵ヲ奇襲セシコトナリ　未ダ挺進隊帰ラザルモ　本朝
以来一発モ砲撃セザルハ奇襲成功ト認ム　又地雷モ
成功シ敵軽四輪擱坐セルヲ目撃ス
作間聯隊正面ニテモ挺進見習士官以下五十一名（工兵五含）
ハ「マンガン」東方敵重射砲ヲ奇襲シ成功セリ
結果敵陣地攻撃ニハ必ズ此ノ手ヲ用ヒザルベカラズ　依テ本日
更ニ之レヲ反覆スルコトヲ命セリ
隣接部隊相互ノ支援・協同適切ナラス　梅陣地ニ対シ
攻撃開始前笹原聯隊長ハ山砲一門ノ火力ヲ指向スル旨
報告シタルニ拘ラス　其ノ実施ヲ看ス　卜〇ヨリ再三催促シ
タルモ自分ノ正面ノコトノミヲ考ヘル傾向アリ
又既定計画ヲ墨守シ戦機ニ投スル射撃甚ダ歯痒シ
敵ニ有ル騎馬数十頭ガ近距離ヲ退却スルモ　卜〇ノ督促

二アリ 此内ヲ費シタル后射撃セル如キ甚ダ徒犠牲
ニ忍ビ
又揚本聯隊ガ陣地（山砲陣地）ノ鉄条網ヨリ本日中ニ梅
陣地攻撃ハ困難ナリト泣キ言ヲ申シ来タリシハ心外ナリ
全般ノ関係上迅速ナル戦果拡張ヲ企図シテ指示シタルニ
何ゾヤ 男ナル哉 敵ハ梅陣地ニ逐次兵力ヲ増援
シツツアルニアラズヤ
戦セノ一日ハ終リ先ヅ第一ノ難関ヲ突破シ得タルヲ欣快
トスルモ戦地ヲ一望ニ眺メテ前言訓練ノ不足ヲ
痛感ス

二十二日　雨後晴

早ク眼ガ覚ム。雨ナリ。戦斗六時ヨリ好都合。
重砲兵聯隊長ヲ招致シタルヲ以テ其観測所ニ行ク
途中敵砲弾ヲ至近ニ見舞ヒ連続四五十発ヲ受ク
丁度附近ニ司令部ヤ前進ヲ止メアリシヲ以テ待避スルモ樹枝吹キ
飛ハサレ頭上ニ落下ス 久振リテ砲弾ヲ受ケ往古ノ
戦場ヲ偲ブ
高地上ヨリ眞山大佐ヘ笹原大佐ト両中隊ト連絡シテ斜面ニ

会ゝ豪雨ニ打タレツゝ一般ノ戦況ヲ視察シ種々指示
スルコトアリ
揚本聯隊ノ関係ハ動々モスレハ双方出張リ他人ノ褌ナ
期待シ勝チナルハ戦場常ナリ ⚐ガ第一線ニ進出シ
戦斗ヲ指導スルノ価値アル筈ナリ 私トシテモ一ツ注意
又指ヲ要スベキヲ悟ル 仍テ⚐ガ第一線ノ戦況ヲ
視察スルト兎角部隊ノ「アラ」ガ見ヘテ焦慮シ ツイ
色々指導ノ注意ヲ喚起スルモノナリ 戦ニ勝ツタメニ
叱ルノハ可ナリト思モ 然スルモ 夫レガ最善ト云ヒ難キ矢モ
アリ 例ヘバ昨日敵ノ退却群ニ対シ第一線ノ~~iA~~iA射撃
ヲ要求シタルモ ソレガトシ丈ケノ効果アリシカ 僅カニ数
ノ敵ヲ倒シタルニ過ギズ 却テ今迄秘匿シタiA陣地
ヲ暴露シ敵ノ砲火ノ集中射撃ヲ喰ヒシニ過
ギズ 之レガ為メ砲小隊長以下犠牲ヲ出シタリ 敵ノ
射撃ハ下手ナルモ ふんだんニ弾ヲ地域的ニ射撃
スルハ ヤハリ ナヤマスモノアリ 又昨日重砲ノ射撃ガ的
確ナリシヲ以テ眞山大佐ヲ電話ニ呼ビ第一線ニ

出来テ裸着ヲ見ヨトハ叱リタモ　本日聯隊長到着後
ノ射撃ガ適切ニテ禿山ノ掩蓋見事ニ吹キ飛ビ「ドウ
ナカ」ト一躍ニテ砲推サレ　聯隊長ガ来ラレテ益々射撃ガ
命中セシガ　昨日ト今日　砲兵ノ技倆ニ斯クモ差ヲ生ズルトハ
聯隊長ハ三月負傷シ昨夜ハ十時間ヲ要シテ第一線ニ
出来セシニ見ルモ気ノ毒ナ様子ナリ　而モ膝痛デ第一線
ニ出来セザルニアラズ　聯隊指揮ノ為通信確保ガ大事ノコト
ニテ最前線ニアラデハ砲兵隊ノ為通信ノ断線屡々ナルト
遂ニ泣キ出サレタリ　之レモ昨日日口ガ戦況視察ノ際悠ノ
一ツカ　本日ハ最前線ニアラデ視察シタルモ何モ解ラナ
コトデ注意セザリキ
砂子田大隊ハ攻撃進捗セズ　気ノ向キ日口ノ下十九日始メ
ヨリ懸念シタルトコロ　十分ノ果シテ前方八十米ニテ突撃
ノ気勢頓挫セリ　操縦輸送ニ十名附テタル由ナリ
同情ニ値スルモ戦場ニテハ上級指揮官ガ叱咤ニテ
注意セザレハ後方処理ニ藉口シ第一線ニ出ルヲ嫌フモ
ノ有リ　逃兵問題ハ戦場内ニモアリ　負傷兵ニ附添ヒ
ガ多キニ失ス　一名負傷シ二名附添ヒテハ戦力ヲ如何ニ
スヘキヤ　而モ此ノ附添ヒナ中々戦線ニ帰ラザルニ困ル者ヤ

戦場ノ経験ニ幾多ノ落伍兵ヲ見ル、見ルモ憐レナ格
好ニテ倒レアリ　同情堪ヘカルト共ニ此ノ中ニハ敵陣下ニ
迫ヲ四辺ヲ厭フテ倒レアルモノナキニアラズ　少クモ一歩
陰陽ニ足ラザルモノアリト思フト瀕ニモ触ル
橋本聯隊ト電話連絡成ル、堀場参謀ヵ岡本参謀
ヨリ電話ニテ状況ヲ知ルヲ得タリ　昨日ノ戦斗ニテ
林高地ヲ奪取スルニ死傷六十出シタルノミナリシガ
爾後敵ノ砲撃ノ為メ大隊長以下四百名ノ死傷ヲ出シ
タリト　仲大隊長戦死ノ報ニ接シ到着時面接セル
ダケノ関係ナルガ知ッテ知ルダケニ同情ノ念探シ
ドウモ工事ヲスルコトガ足ラズ　アレ丈ケ聯隊長ニ従
来ノ損害ノ大部分ガ陣地奪取後ノ砲撃ニアルヲ話シ
タルニ　ヤハリ工事ヲ怠リシ結果ト判断ス
三角山ヲ奪取セル岡本大隊正面ニ敵逆襲シ来ル
大ナルコトハナカルヘシ
砂子田及橋本部隊ハ薄暮攻撃困攻、竹内聯隊、
星野大隊ノ「コカブム」攻撃失敗セリ
困攻ト云ヘルモ一度失敗シタルモノガ無理押ニ果シテ

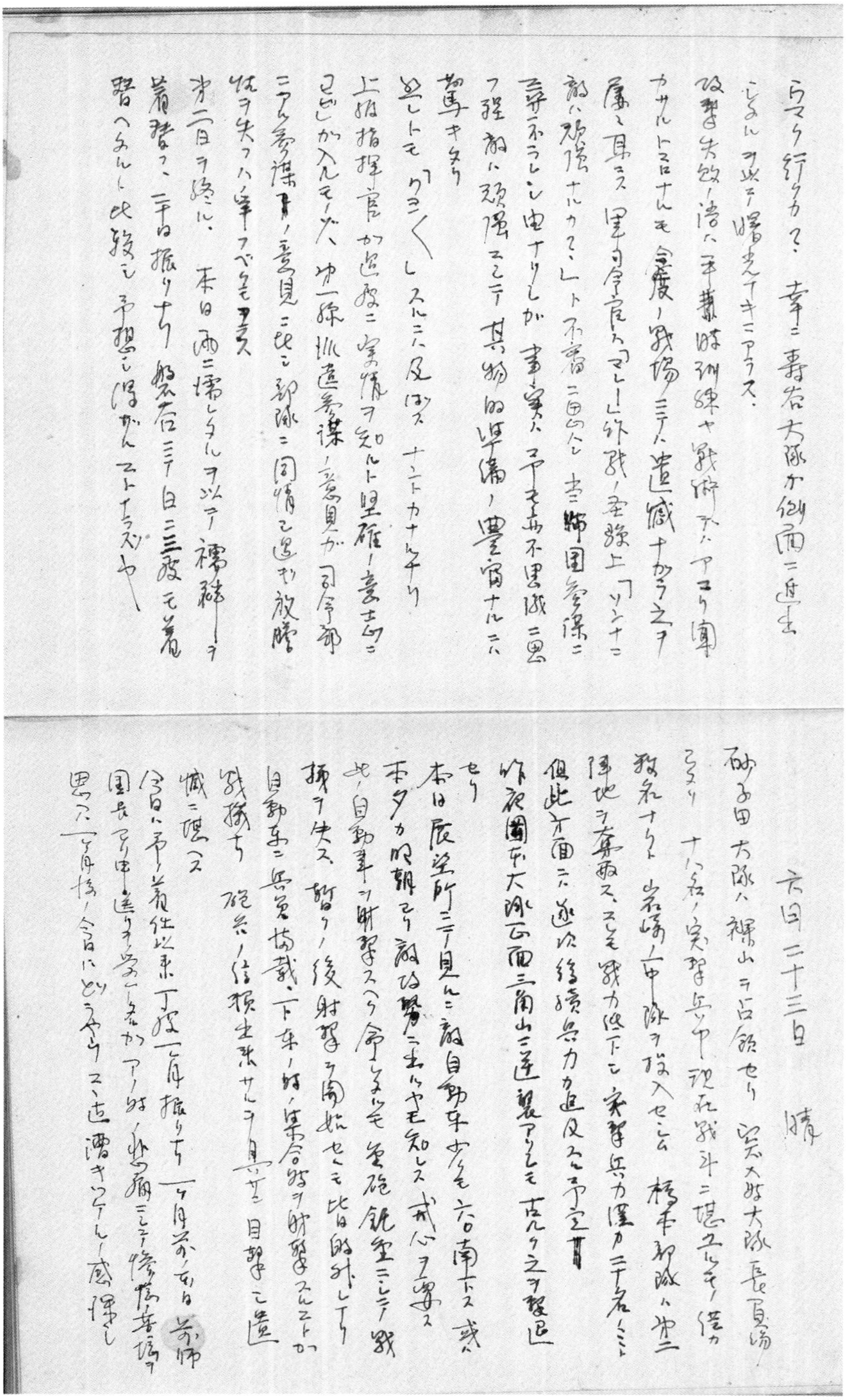
ラマク行クカモ　幸ニ壽谷大隊ガ側面ニ進出
シタルヲ以テ帰チ大ナキニアラス、
攻撃失敗ノ語ハ平素時訓練ヤ戦術デハアコリ寧
カサルトコロナルモ今度ノ戦場ニテハ遺憾ナカラ之ヲ
屡々耳ニス　軍司令官ハ「マレー」作戦ノ全線上「ソンナニ
敵ハ頑強ナルカモ」ト不審ニ思ハレシ　吉[?]師団参謀ニ
言ヒ示ラレシ由ナリシガ　事実ハマサニ不思議ニ思
フ程敵ハ頑強ニシテ　其物的準備ノ豊富ナルニハ
驚キタリ
然レトモ「ワヨワヨ」シスルニハ及ハス　ナントカナルモノナリ
上級指揮官カ逐次ニ実情ヲ知ルト星ヲ確ノ意志[?]ニ
乙ビカ入ルモノダ、此ノ一線抗進参謀ノ意見ガ司令部
ニアル参謀等ノ意見ニ比シ部隊ニ同情シ過ギ放膽
性ヲ失フハ寧ロ戒ムベキモノナリ[?]ス
第二日ヲ終ル、　本日雨ニ濡レタルヲ以テ襦袢[?]ヲ
着替ヘ、二十日振リナリ　船舶[?]ニテ白ニ三度モ着
替ヘタルト比較シ予想シ得ガタイコトナラズヤ

二月二十三日　晴
砂子田大隊ハ禿山ヲ占領セリ　突入大隊大隊長負傷
シタリ　十八名ノ突撃兵中現在戦斗ニ堪エルモノ僅カ
数名ナリト　岩崎ノ中隊ヲ投入セシム　橋本部隊ハ北三
陣地ヲ奪取ス、又モ戦力低下シ突撃兵力僅カ二十名ナリト
但此方面ニハ逐次増援兵力ガ追及スル予定ナリ
昨夜園[?]部大隊正面三角山ニ逆襲アリシモ克ク之ヲ撃退
セリ
本日辰巳所ニテ見ルニ敵自動車少クモ六台南下ス　或ハ
本夕カ明朝デ敵陣地ニ出ルヤモ知レス　戒心ヲ要ス
此ノ自動車ヲ射撃スヘク命シタルモ重砲銃座ニシテノ戦
捕ヲ失ス、暫クノ後射撃ヲ開始セルモ皆目的外レナリ
自動車ニ兵員搭載、下車ノ時ノ集合時ヲ射撃スルコトガ
戦機ナ[?]　砲兵ノ信頼出来[?]サルヲ自ラ目撃シ遺
憾ニ堪ヘス
今日ハ吾ノ着任以来丁度一ヶ月振リナ　一ヶ月前ノ本日　前師
団長アリ中途ニ余ノ名ガアノ時ノ悲痛ニシテ情懐並[?]ヲ
思ヘハ一ヶ月後ノ今日ニ於テヤリスヽ遠漕ギツケタルノ感深シ

林支隊ハ一昨日ト比較シ全山砲弾跡[illegible]あばたの
如クナレルヲ砲弾ナラハ死傷ノ出ルモ当然ト思ハルヽ
仲大隊長以下五十名ノ死傷ハ気毒ナルモ当ノ様ニアリ
否此ノ砲撃ノ跡ヲ見テハ[illegible]ノ死傷アルモ[illegible]ト思ヘリ
樹木ハ倒レ前ヨリトハ山形改マルノ[illegible]ノ通リナリ　本日砂子田
大隊長負傷　コレニテ中途ヨリ隊ヲ受領セシ備我[illegible]ノ
師団内当の各大隊長無事ナルモノ一名モナキ有様ニ
砂子田負傷ハ甲斐稜ハ写[illegible]全滅、伊藤部作ハ停職
此ハ皆戦死ナリ　甲斐ハ戦場到着遅延、伊藤小佐
ハ戦場ニ於テ虚偽報告ノ朝責アリ　コレニヨル　着任後
直ニ二名ノ大隊長ヲ処断セルハ　手腕ヲ新タナ師団
ノ意気ヲ振興セントセシモ　聯隊長ハ懼レニ立抵ナルモ
（P.所ハ先ヅシモ然ラズ）　大中隊長ニシテ当責任ヲ解[illegible]ニ
テアルハ心外ナリ　小隊長級ニモ武士ノ面目ヲ銘肝セ
サルモノアリ　戦場ニ於ケル精神教育ノ必要アリ
本夕ハ占トシテ一ノ「ミスミ」ヲ目月セリ　敵ハ夕暮
ニナルト反撃ニ来ルヲ以テ　コレヲ本拠ニ展望所ニ於テ
前線ヲ見タルニ裸山ノ手前ノ鉄面三十米[illegible]ノ上縁ニ[illegible]七米

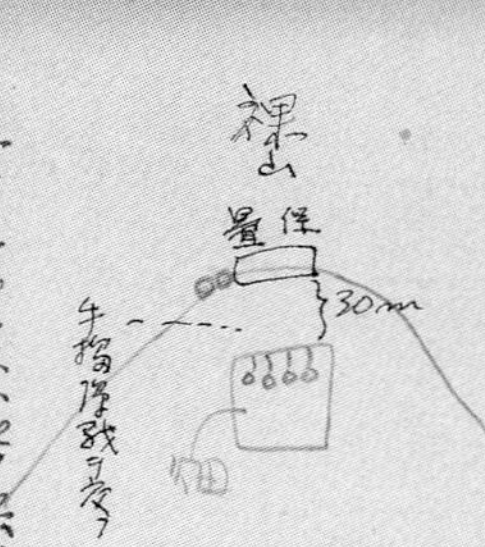

敵ト手榴弾ヲ交ヘ居ルヲ
目撃シ撃退セシメタルト
判断シ聯隊長ニ電話シ
撃退セシ「直ニ奪回セヨ」ト
地ヲ[illegible]タリ
然ルニ事実ハ此ノ兵ト直後兵ガ保塁ニ行カントスルトコロ
敵ニ遭ヒ手榴弾戦ヲ演ジタルモノニシテ守兵ハ殆トシテ
死亡シアリタリノデ　砂子田大隊ハ大隊長負傷シ
僅カナル兵ノミト　報告ガ先ヅ全トナシ益々誤断
セルナリ　占トシテハ一応事実ヲ確メテカラ占ニ報告
スルヲ可トセルモ戦況ハ一刻ヲ争フト思ヒ非常ノ措置
ヲトレリ
六月二十四日　曇小雨
戦線視察ノ途道路上ニ敵屍横たハ　之レヲ踏ミ越ヘ
ルニ躊躇ス
敵ながら行年の道ヲ[illegible]はる
屍を越すは心すゝまし
敵ノ逆襲想ヘ、手榴弾ノ爆撥及戦斗指揮（戦斗）司令所ヲ
ヲ目標トシ銃爆撃ス　兵ハ剣ナシ爆撃ヲ受ケ今日ガ[illegible]メテ
ナリ

空襲ハ泰ヲ出発以来体験シ進軍中モ屢々
見舞ハレタガ本日ノ如ク至近距離ニ命中弾ヲ蒙リシ日
ナシ 軍団通信所戦死者十五名、負傷・馬ハ十二頭
ヤラレタ、今日ハ昼日ト夕刻トハ司令所ガ砲撃ヲ
受ケタリ 第一線ニ出テアル以上素ヨリ覚悟ノ前
ナルガコレヲ除テヤラレ様ハナシ 敵機爆撃ハ要ロシ
飛行機ト砲兵ノ威力ノミ 他ハ我野兵程度ニ過ギシ
砲兵ハ我ニ勝レルモ飛行機ハ目下ノ制空射撃
ニテ人員求ムレ 第一線ノ部隊ト違ヒ司令所ニハ小銃
モ少ナキヲ憾ム

六月二十五日　晴時雨

又々敵飛行機ノ銃爆撃ヲ受ケシモ司令所ノ損害
ナカリキ 雨中トハ云ヘ敵機ノ活動旺盛ナリ 参謀長来
陣、後方処理ノ苦衷ヲ話ス 精確ニシテ周到ナル努力ヲ
謝ス
弾薬ノ追送ハ十分ナラズ戦斗ヲ為ス場合ニ要スル弾
薬ノ弾薬ヲ放置シテ前送スルモノハ手持外ナキ此際
一発ノ弾薬モ貴重ニシテ両手ヲ尽クシ補給ノ途ヲ講ズルノ如リ
ナラザル射撃ヲ避ケ弾薬ノ処理ハ戦力増強上重大問題ナリ

松本部隊本日聯隊長ノ隊下ニ到着セル兵力 四〇〇、
内野砲兵隊重迫撃砲（馬匹未到着ノ為）等多
一〇〇、尚ノ指揮下戦斗人員三〇〇 其ノ内九〇名ノ
死傷ニテ戦果ノ拡張意ノ如クナラザルハ已ムヲ得ザル
モ未ダニ拘ラズ陣地ヲ奪取シ得ズ 茲ニ於テ笹原聯隊
ニ対シテ「カラニチャール」ヲ攻撃セシメ 手ヲ握ラシムル
必要ヲ生シ 攻撃ニ関スル命令ヲ下シ前進ヲ促進ス
笹原聯隊ガ本夕ヤレバ結構、或ハ準備ノ為明朝
ニナルカモ。
敵ハ逐次後方陣地ニ兵力ヲ増加ス 正ニ策スヘキ
戦機ニシテ此兵鈍重ナルハ遺憾ニシテ督促ヲ繰返ス
所以ナリ
砂子田大隊長負傷シ衛生隊ニ収容セラレタルヲ以テ
見舞ナ傍ラ筆ニ親書ニシテ一ケ月位ニテ癒ルヘシ 同大隊長
ガ折レテ戦線ヲ下ラザル旨ヲ繰返スルモ 聯隊長
陸路ニテ後送セルハ已ムノ決意可ナリ
敵戦車ノ為我大隊砲ハ損ス 蓋シ松本部隊ノ
山砲ヤラル、 ノ敵戦車ノ威力ハ実ニ大ナリ

之ヲ破壊スル大器未タ不充分ナリ　[illegible]
工兵ヲ先頭ニ歩兵ヲ周囲ニ前進セシメテ肉迫攻撃
ノ能地ヲ与ヘス速射砲又ハ歩兵砲ノ射撃ト肉迫攻撃
ノ大器ヲ改善ヲ要ス　之ニ対シ指揮官ノ意図ニ
昨夜実施セシモ成功セサリキ　是レ一ニ指揮官ノ選定
ナリ　兎角実行者カ之ニ未ダ慣レズ[illegible]果セル哉
本日ハ歩兵大隊砲[illegible]此種奇襲ニテ思ヒ切
ツテ夜襲ノ指揮官ヲ出サザルヘカラス
砲兵ノ奇襲ノ効果未タ挺進隊帰還セサルヲ以テ成果ハ
不明ナルモ本日ノ敵砲兵ノ射撃ヨリ見テ或ヒハ不成功ナリ
シナランカ
過日作間部隊渡辺見習士官（少尉）ノ挺進隊ハ成功
シ軍司令官ヨリ賞詞ヲ賜与セラル　軍司令官ノ賞詞ハ
渡辺見習士官ヲ長トスル[illegible]最近渡辺等兵カ敵大隊
長以下ヲ刺殺シ重要書類ヲ鹵獲セルニヨリ賞詞
セラル　信賞必罰ハ戦場ニ於テ特ニ励行スヘシ
橋本部隊ノ[illegible]行動ヲ遅延シタルモノニ対シ
憲兵ヲシテ捜査セシメタル参謀長ノ処置
ニ同意ス、橋本部隊ノ[illegible]　[illegible]

密林ニ停滞シ僅カ三里ノ道ヲ二十日以内ニ要スルモノアリ
嘆ノ橋本部隊ハ此種ノ憔悴者多キハ残念ナリ
橋本部隊ノ戦力一向充実セサルハ此種ノ不届者多キニ
基因ス

六月二十六日　曇

此日戦況多忙ニシテ日記ヲ書ク間ナシ

六月二十七日　少雨　時々晴

昨日ハ左日ナリ　林陣地奪取セラル　小生着任以来一度占領セラ
レタル陣地ヲ奪回セラレタルハ初メテナリ　赴任ノ途河辺方面軍
司令官ヨリ奪回セラレシニ対シテナントカ頑張セヨトノ御話
之ニ関シテハ聯隊長モ部隊長モ三人ヨリ教ヘタルニ
遂ニ之ノ不祥事起ル　蓋シ砲爆ノ集中大ナルモノナリ
之ニ対シテハ工事アルノミ　橋本部隊カ工事ヲナセルヤ否ヤ
望遠鏡視察シテハ明カナラザルモ[illegible]ヲ見テ
或ハ工事不充分ナリシナラン　二百五十名ノ戦力中
既ニ百四三名ヲ失ヒ昨日[illegible]三人[illegible]以下三十名
生存セルナド火砲重火器ノ大部ハ破壊セラレタリ

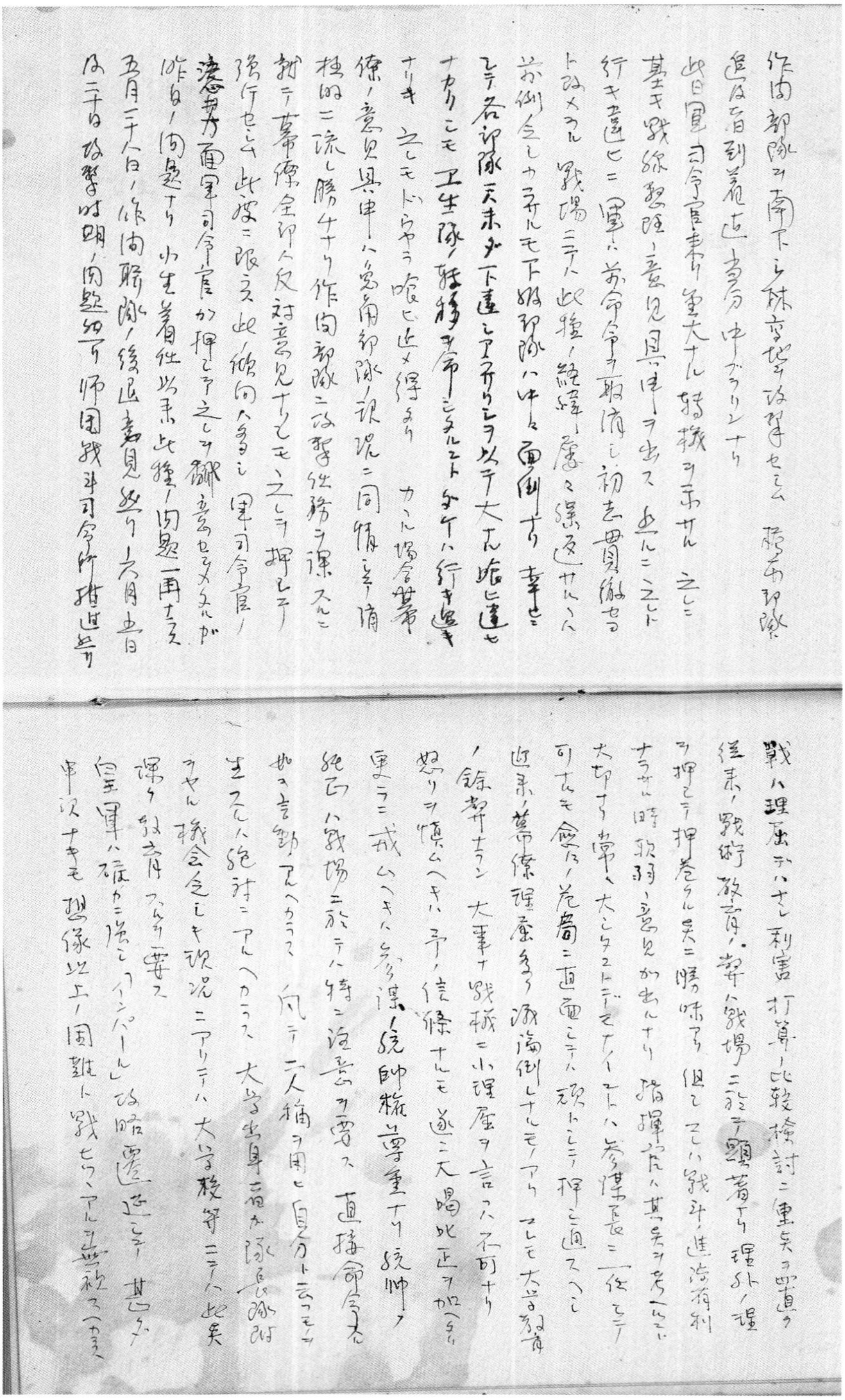

作間部隊ヲ南下シ林高地ヲ攻撃セシム　笹原部隊
追及旬日到着迄ニ当方中ブラリンナリ
此日軍司令官来リ重大ナル時機ヲ示サル　之レニ
基キ戦線整理ノ意見具申ヲ出ス　然ルニ之レト
行キ違ヒニ軍ハ前命令ヲ取消シ初志貫徹セヨ
ト改メラル　戦場ニテハ此種ノ経緯ノ屡々繰返サルヽハ
前例乏シカラザルモ下級部隊ハ中々面倒ナリ　幸ニ
シテ各部隊ハ未ダ下達シアラザリシヲ以テ大ナル喰ヒ違ヒ
ナカリシモ　工兵隊ノ転移ヲ命ジタルコト丈ケハ行キ違キ
ナリキ　之レモドウヤラ喰ヒ止メ得タリ　カヽル場合幕
僚ノ意見具申ハ兎角部隊ノ状況ニ同情シ情
誼ニ流レ勝チナリ作間部隊ニ攻撃任務ヲ課スルニ
就テ幕僚全部ハ反対意見ナリシモ之レヲ押シテ
強行セシム　此度ニ限ラズ此ノ傾向ハ多シ　軍司令官ノ
遠慮無方面軍司令官ガ押シテアルヲ翻意セシメタルガ
昨日ノ問題ナリ　小生着任以来此種ノ問題ハ再ナラズ
五月二十八日ノ作間聯隊ノ後退意見然リ　六月五日
及二十日攻撃時期ノ問題然リ　師団戦斗司令所推進然リ

戦ハ理屈デハナシ　利害打算ノ比較検討ニ重点ヲ置ク
従来ノ戦術教育ノ弊ハ戦場ニ於テ顕著ナリ　理外ノ理
ヲ押シテ押捲クル実ニ勝味アリ　但シ之レハ戦斗ノ進捗有利
ナラザル時軟弱ノ意見ガ出ルナリ　指揮官ハ其ノ実ヲ考ヘルコト
大切ナリ　常ニ大シタコトデモナイコトハ参謀長ニ一任シテ
可ナルモ今次ノ危局ニ直面シテハ頑トシテ押シ通スヘシ
近来ノ幕僚理屈多ク議論倒レナルモノアリ　之レモ大学教育
ノ余弊ナラン　大事ナ戦機ニ小理屈ヲ言フハ不可ナリ
怒リヲ慎ムヘキハ予ノ信條ナルモ遂ニ大喝叱正ヲ加ヘタル
更ラニ戒ムヘキハ参謀ノ統帥権尊重ナリ　統帥ノ
純正ハ戦場ニ於テハ特ニ注意ヲ要ス　直接命令者
越ユ言動アルヘカラス　面テ二人称ヲ用ヒ自分ト云フモノ
生ズルハ絶対ニアルヘカラス　大学出身者ガ隊長隊附
ヲヤル機会乏シキ状況ニアリテハ大学校等ニテハ此ノ実
ヲ深ク教育スルヲ要ス
皇軍ハ確カニ陥レ「インパール」攻略遅延シテ甚ダ
申訳ナキモ想像以上ノ困難ト戦ヒツヽアルヲ無視スヘカラス

弾薬ハ之ニ食糧ノ補給四回以上ナレ小生着任
以来丁度三回目ナレド未ダ一回モ弾薬ヲ輸送シ得
ザルナリ 兵ハ住民ノ畑ヲ鉄兜ニテツキ「ジャングル」ヨリ
野草ヲ採集シテ食糧トナス 塩ナヘナキ状況ナリ
加之敵ハ絶対優勢ナル航空力ヲ有ス 着任途
航空戦力一対九ヲ聞キシモ実際ハ一対百ナリ
飛行機ノ数ダケノ比較ニアラズ 飛行場ノ遠近ト増強
路ノ設備ナリ 雨季ニ入リ友軍機ハ殆ンド機影ヲ
見セザルニ敵ハ一時モ上空ニ飛行機ナキ時ナシ 砲兵ニ
就テ述リ 砲数ニ於テハ之ニキノミナラズ弾薬ハ之ナ
一対百ナリ 敵ハ大型輸送機数十台時ニハ百数十台
ニテ輸送シアルニ対シ 師団輸送量ハ五、六艘ノ車
輸送ス 雨季ニ入リテヨリハ一艘モ動カザル日アリ
ソレモ風ニテ夜間ノ輸送ナリ 戦車ノ上ラザルコト言語ニ
難シ 山路ハ馬ダク障カ搬送ナシハ第一線兵ガ食
ツテ難シ 何有兵ニテモ丁度軍船ト和船ノ戦、
十年戦役ノ官軍ト薩摩軍ト装備差アリ 況ンヤ

兵站線ノ長サハ驚クベシ 四百キロ余ノ其兵其モガ
既ニ「ガソリン」ニ欠乏シ動キガトレヌ貨物ザナリ、必ズ
ハ住キ言ニアラズ 此ノ不利ナル条件ヲ克服シテヤル
皇軍ノ誇リヲ具体的ニ示サン為ナリ 此ノ日誌ハ訳シ真
メニ書クカ 一ニハ愛児等ニ戦陣ノ一端ヲ物語ル意味モ
アリ 併テ軍機ニ触レナル探向テツほかして アツ 更ニ
一ツハ将来ノ参考トシテ親友ニ語ラフルクモリデ書キ
ツツアリ 小生戦死セバ野田誠吾カ小林隆三郎ニ示シテ
見セラルベシ 沢田ハ今ヤ小生以上ノ若キ作戦ノ参謀
長トシテ南方ニアレバ 此ノ位ノコトハ充分承知ナラン
電文モ平作戦ハ準備完了シアリシ英軍ニ対シ不準
備ノ攻撃ヲ開始シタルノ観アリ 而モ之ヲ克服シ得ル
量ヲ外ニモヤラ通スト云フニ皇軍ノ面目アリ 将兵必死
ノ奮闘ニハ涙ナキ能ハズ
平時ノ戦術教育ニハ屢々ルモ迅速ナルカ更ニ言フキ人
砲弾ノ数ヲ無視スベカラズ 射撃下手ナ敵モ百モ千数モ
射テバ当ルモノニテ 攻撃開始以来我兵器ノ破壊損傷ハ甚

ニナラズ

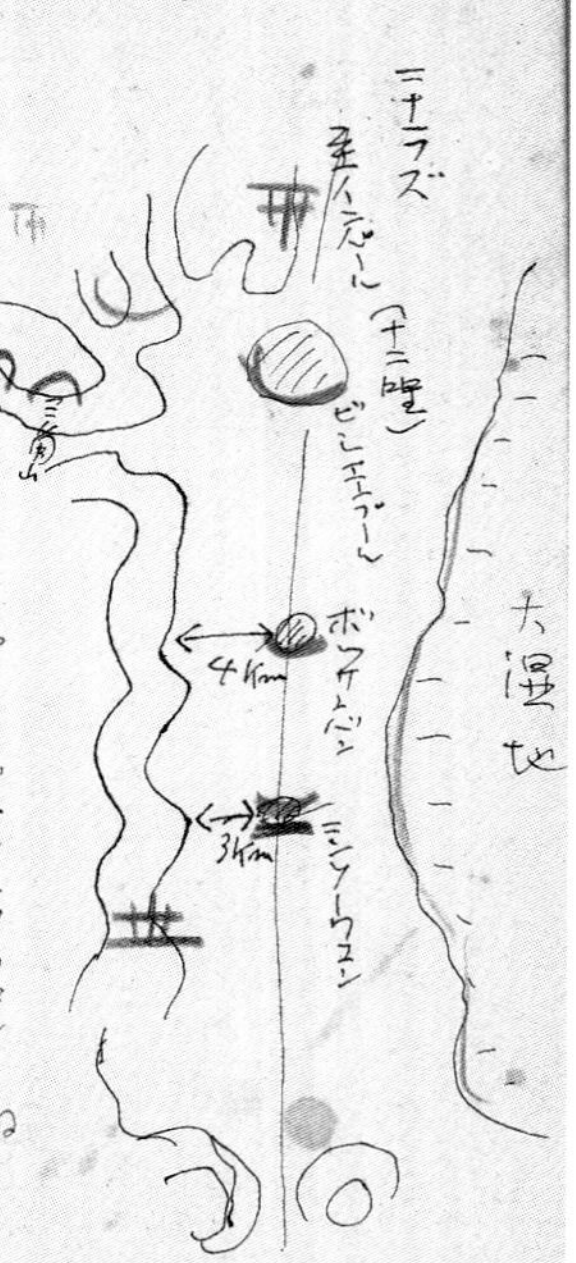

ポウワンダム、ミンソウマンノ敵ヲ
何故ニ起逆セザルカ
是ヲ兵力不足ノ為ナリ

3キロ4キロノ至近ノ敵ヲ何故ニ撃退シ得ザルカ？
堅固ナル陣営陣地ニ対シテハ大砲ノ銃眼射撃ヲ
必要トスルモ其ノ火力ガナキナリ 而モ機動ニヨラズバ敵ハ
退却セズ 要因ノ態勢ニテハ 果然敵ガ退ルト判断
スルモ事実ハ然ラズ　敵ハ毎日十数機二十機ノ
編隊ニテ銃爆撃シ 要スルハ「ダグラス」ニテ物量
投下ヲナス 従来ノ戦術思想ハ地上包囲ニテ包囲トミテ
モ空中ニ補給路アリ 空中ヨリ戦斗ナク必ズ支援
スル故ニ敵ハ補給トモニ退却セザルナリ　背面攻撃
ニテモ大ナル効果アラズ 兵力ガ充分アレバ之ヲ
同時ニ処理スルモ 師団ノ兵力ハ目下一本持ノ一大隊位

ナリ 総展サセルコトハ出来ズ 必要ナル攻撃重点ニ集
スル以外戦力ノ発揮ハ望ミ得ズ 此ノ要因ガ現在ノ
事実ヲ雄弁ニ物語ルモノカ
本日笹原聯隊長ニ対シ「敵ノ戦力ノ九分通リハ砲兵ナリ
之レヲ封ズル以外目下攻撃ノ方法ナシ 依テ毎日二組ノ
敵砲兵挺進襲撃隊ヲ出スベシ」ト命令セリ
仍テ切リ込ミ戦法ナリ 作内部隊ニテハ之ニ成功セル戦例アリ
毎日二組ヲ出セド 其ノ以テ成功スルモノヲ
我砲兵モ敵ヨリ幾千発ノ射撃ヲ毎日蒙ルモ 大シタ
損害ナキ如ク 敵ノ砲兵モ我砲火ニテハ命中セズ 御
互ニ健在ナリ サレバ三日ヤ四日ノ戦斗ナラ既ニ二ヶ月余モ
有効射程内ニ対峙シテイルトナリ 嘘ノヤウナ話ナリ 一年以
ノ演習ヤ戦術デハ制圧トカ撲滅トカ云ッテ 実際ハソンナ
生易シキ事ニアラズ 間接射撃訓練ノ不足ガ然ラ
シムルナラムモ 一面我兵ノ潜入奇襲ガ重視セラレ
所以ナリ
何故ニ「ビルエブール」ノ部落ヲ攻撃セザルカノ問題ハ
部落ノ家々ノ床下ニ掩壕、銃眼アリテ損害多キ

敵ナリ 之レヲ砲撃ニヨリ破壊スルニハ莫大ナル弾薬ヲ
要シ補給困難ナル現況ニテハ問題ニナラズ 之レハアト
廻シニ片付ケルワケナリ

六月二十八日　稀ナル好天気

禅山敵ノ逆襲ハ撃退シタルモ我損害将校以下二十九
名、二十名デ守備シタルニ僅ニ一名ノ生残リノミ、哀レヤヲ
失レタル撃滅スルモ連日ノ消耗ニ心ヲ痛ム 損傷ハ砲撃
爆傷ノミ

曽本参謀ヨリ意見具申シ来ル 第一線派遣者ハ
ドウシテモ第一線ノ現状ニ眩惑セラレ勝ナリ 何故
ナレバ尊重スルモ上級指揮官トシテハ之レヲ鵜呑ミスルハ
我人生来ズ 心ヲ鬼ニシテ無理ヲ強ヒザルベカラズ、林
陣地ヲ奪回セシメタルモ師団攻撃頓挫ノ一因ナリ 之レヲ
如何ニシテ強迫スベキカ 作戦部隊ヲシテ強迫セシメテヲ
攻撃奪回ヲ命シタルモ作戦部隊全体が敵背ニ侵攻セル
敵ヲ打ツ為ケアル現状ニシテ之レが攻撃開始ハ何日ノ
ニトカ 其内笠原部隊が現在ノ占領地点ハ敵中ニ突出
シ連日敵ノ逆襲ヲ受ケ逐次消耗シテアル

同情ニ堪ヘズ、鋭敏ナル指揮官ナレバ特ニ然リヲ察シ
戦線ノ整理ヲナスナラント 之が吞気ナヒトさんナ
吞気ナトコロニテ幕僚ノ悲観論ヲ排シ能ク占領
地区ヲ確保セヨ 然シレモ忠実ニシテ周到且堅実
ナル補佐官ノ意見ハ無視出来ズ 最悪ノ場合ヲ顧慮
シ腹案ヲ作リ熟慮ス 今次ノ黒部内命ヲ受ケ
タル五月十日、現戦ノ最後ニ総評トシテ次ノ感想ヲ述
ベタルモノガ今更ノ如ク思ヒ出サル
「大隊長以下ハ我武者羅一点張リナリキ 聯隊長ニ
ナリテ之レニ加ヘテ剛毅断行トナル 旅団長トシテ、
熟慮が多クナリ 且参謀ノ意見ヲ通過スルタメ兎角
判断セラレ小生個人ノ我武者羅ノ発揮鈍クナリ勝ナト
ナルヲ以テ 注意シテ個性ヲ保タセントノ意志が働ケリ
蓋シ年ト共ニ清新ノ気鋭ヲ失フヲ以テ男メテ
若サヲ取戻サントスル現象ナラン 若サハ力ナリ 戦ハ
臨機主義ヨリモ勢力ヲ忘ルベカラズ」
ト訓ヘ自個ノ体験ヲ語リシコトアリ 今戦場ニテ
此ノ心理ハ一層ハッキリ顕ハル

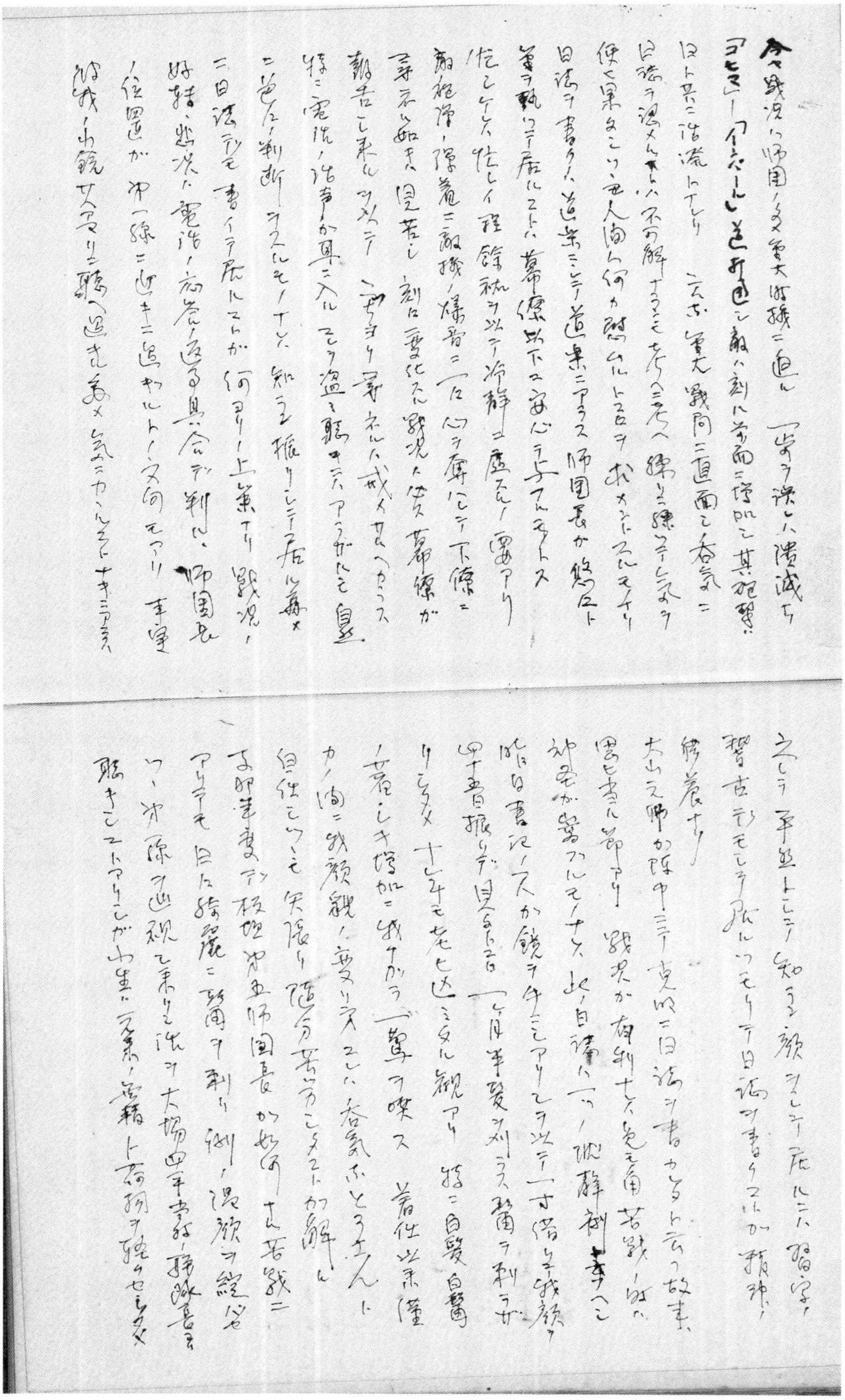

今ヤ戦況ハ師団ノ多大ナル損耗ニ追ヒ　一歩ヲ誤レバ潰滅セ
「コヒマ」－「インパール」道打通ニ敵ハ刻々前面ニ増加シ其抱撃ハ
日ト共ニ活流トナレリ　之ニ重大戦局ニ直面シ各気ニ
日誌ヲ認メルコトハ不可解ナランモ考ヘニ考ヘ練リニ練リテ心ヲ
使ヒ果タシ其人自ラ何カ慰ムルトコロヲ求メントスルモノナリ
日誌ヲ書クハ道楽ニシテ道楽ニアラズ　師団長ガ悠然ト
筆ヲ執リテ居ルコトハ幕僚以下ニ安心ヲ与フルモノトス
従ツテ益々悠々タル程余裕ヲ以テ冷静ニ処スルノ要アリ
敵砲弾ノ降着ニ敵機ノ爆音ニ一々心ヲ奪ハレテ下僚ニ
其ノ如キハ見苦シ　刻々変化スル戦況ナド幕僚ガ
報告シ来ルヲ以テ　ニッコリ笑ミルハ戒メナケレバナラヌ
特ニ電話ノ話声ガ耳ニ入ルモソレ等ヲ聴キテヤアアガルモ良
ニ適否ノ判断ヲナスルモノナリ　知ラヌ振リシテ居ル為メ
ニ日誌デモ書イテ居ルマネガ何ヨリノ上策ナリ　戦況ノ
好転、悲況ハ電話ノ応答ノ返事具合デ判ル　師団長
ノ位置ガ第一線ニ近キニ過ギルトノ文句モアリ　幸運
ノ戦ノ小銃サヘアマリニ聴ヘ過ギル為メ気ニカカルコトナキニアラズ

之レヲ平然トシテ知ラヌ顔シテ居ルニハ習字ノ
稽古デモシテ居ルツモリデ日誌ヲ書クコトガ精神ノ
修養ナリ
大山元帥ガ陣中ニテ悠々ト日誌ヲ書カレタト云フ故事、
思ヒ当ル節アリ　戦況ガ有利ナル見込モ無ク苦戦ノ際ハ
神色ガ露ハルモノナリ　此ノ日誌ハ一ツノ沈静剤[illegible]
昨日書記ノ人ガ鏡ヲ手ニシテアリシヲ以テ一寸借リテ我顔ヲ
四十五日振リデ見タトコロ　一ヶ月半髪ヲ刈ラズ髭ヲ剃ラザ
リシタメ　十年モ老ヒ込ミタル観アリ　特ニ白髪白髭
ノ著シキ増加ニ我ナガラ一驚ヲ喫ス　着任以来僅
カノ間ニ我顔貌ノ変リシコトハ[illegible]
自他ニ於テモ実際随分苦労シタコトガ解ル
支那事変デ板垣第五師団長ガ如何ナル苦戦ニ
アリテモ日々髭ヲ剃リ例ノ髭顔ヲ整ヘ
ツツ第一線ヲ巡視シ来リシ話ヲ大場四平少将ヨリ
聴キシコトアリシガ小生ハ元来ノ不精ト面倒ヲ[illegible]

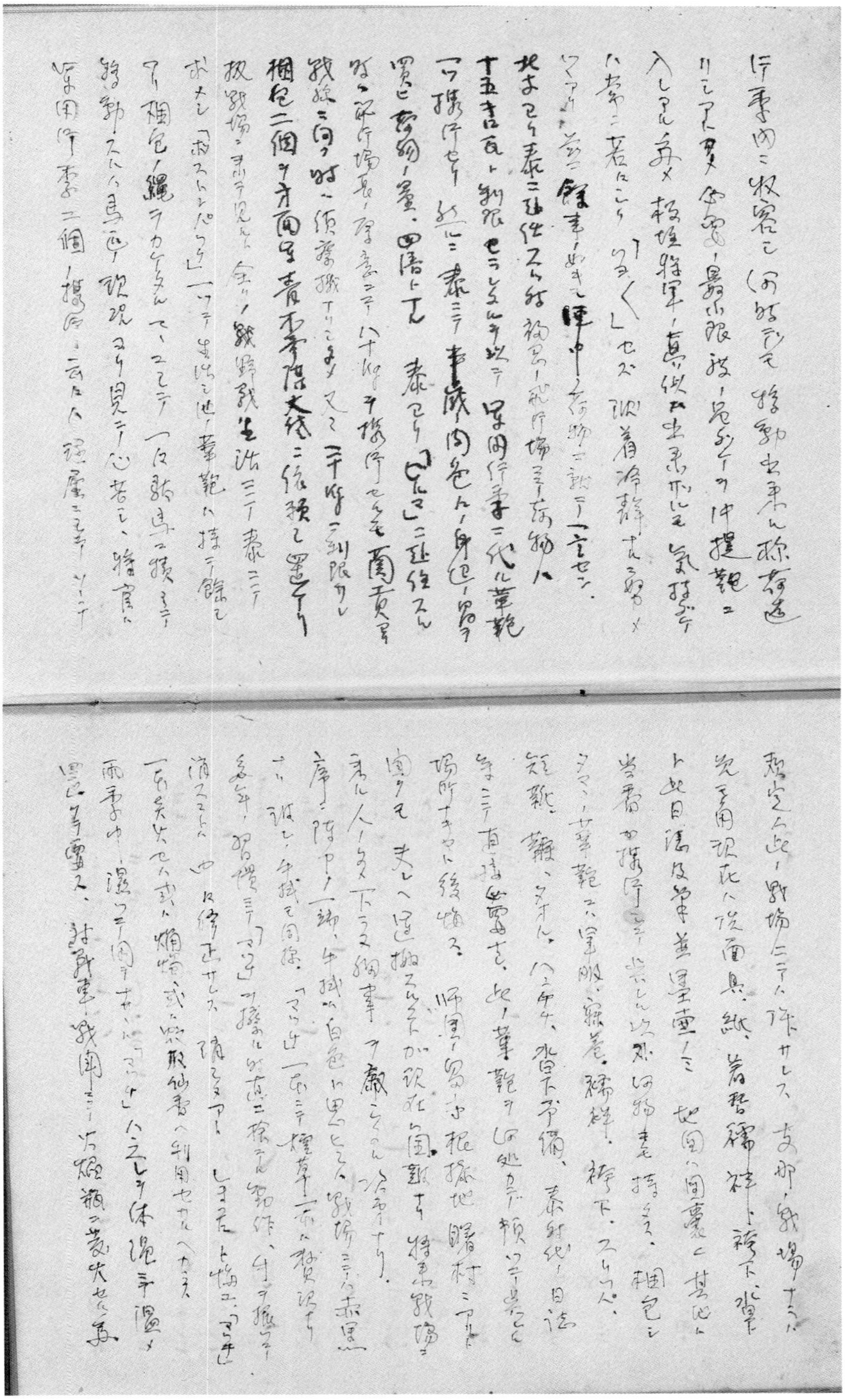
行李内ニ収容シ何時デモ移動出来ル様[illegible]
リニアル事ノ必要ノ最小限度ノ品ヲ一ツノ手提鞄ニ
入レアル為メ 梅垣将軍ノ真似ハ出来ナイモ気持ダケ
ハ常ニ若ニシテ「[illegible]く」セズ 沈着冷静ナル為メ
ヲアリ。並ニ食事ノ如キモ陣中ノ如ク之ヲ一定セシ。
北支ヨリ泰ニ赴任スル時 福岡ノ飛行場ニテ荷物ハ
十五キロ瓦ト制限セラレタルヲ以テ 軍用行李ニ代ル革鞄
ヲ携行セリ 然ルニ 泰ニテ [illegible]内包ノ身廻リ品ヲ
買ヒ荷物ノ量・四倍トナル 泰ヨリ「ビルマ」ニ赴任スル
[illegible]飛行場長ノ厚意ニテ 八十瓩ヲ携行セシモ 蘭貢[illegible]
戦線ニ向フ時ニハ 須藤[illegible]セシメ 又ニ「二十瓩」ニ制限サレ
梱包二個ヲ方面軍青木参謀大佐ニ依頼シ置キタリ
故戦場ニ来テ見レバ 全クノ野戦生活ニテ 泰ニテ
求メシ「ボストンバッグ」一ツデ生活シ 他ノ革鞄ハ持テ余シ
アリ 梱包ノ縄ヲカケタルマヽニシテ 一ヶ所ニ預ケ置キテ
移動スル毎ニ 現況ヨリ見テ 心苦シ、特ニ官ハ
軍用行李二個ノ携行ニ [illegible]

想定ハ此ノ戦場ニテハ許サレズ。支那ノ戦場ナラバ
[illegible]現在ハ[illegible]面具、紙、着替、襦袢、袴下、靴下
ト此日誌及筆並ニ墨壺ノミ 地図ハ図嚢ニ 其他ハ
当番ガ携行シテ呉レル故 何物モ持タズ。梱包ニ
シマヽノ革鞄ニハ軍服、寝巻、襦袢、袴下、スリッパ、
短靴、雑嚢、タオル、ハミガキ、靴下予備、[illegible]ノ日誌
等ニテ [illegible]。此ノ革鞄ヲ何処カニ預ケテ置ク
場所ナキヤト[illegible]。師団ノ留守 根拠地 [illegible]村ニアルモ
[illegible] 夫レヘ送附スルモ[illegible]ガ現在ハ困難ナリ 特ニ戦場ニ
来ル人ノ多クハ [illegible]
[illegible]ニ陣中ノ一節、手拭ハ白色ハ黒ヒテ 戦場ニテハ赤黒
ナリ 誠ニ 手拭モ同様。「マッチ」一本ニテ煙草十本ヲ喫スル
多年ノ習慣ニテ「マッチ」ヲ擦ルガ直ニ捨テル動作、火ヲ振リテ
消ストキハ 更ニ修正サレズ [illegible]アト [illegible]ト悔ユ。「マッチ」
一本失セハ或ハ蝋燭、或ハ[illegible]等ヘ利用セナルヘカラズ
両手中ニ[illegible]「マッチ」ハ之レヲ体温ヲ温メ
[illegible]、[illegible]戦闘ニテハ大[illegible]箱ニ喪失セル為

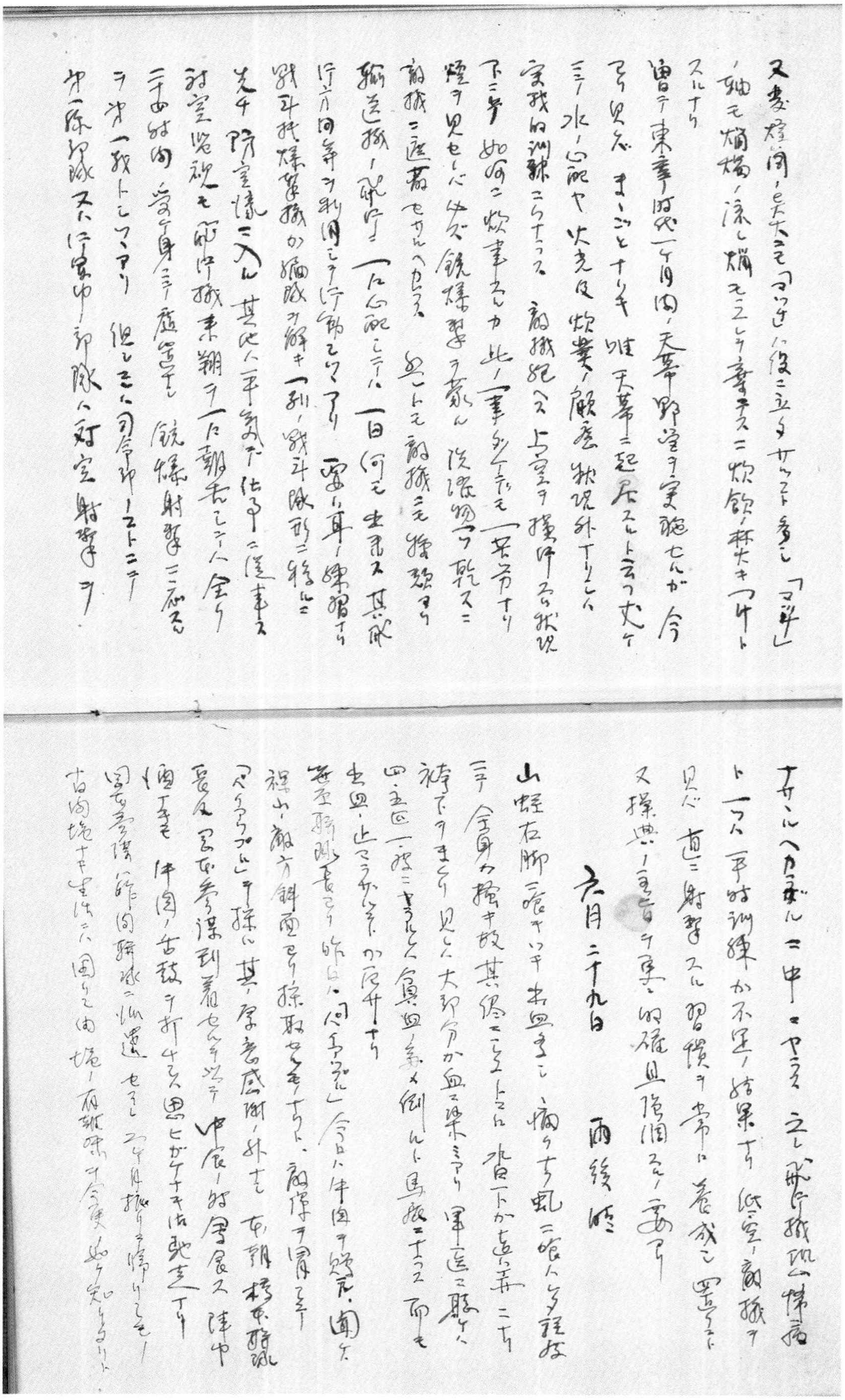

又麦煙間ノ巨大ニモ「マッチ」ハ役ニ立タザルコト多シ「マッチ」
ノ軸モ煙々ノ流レ燃モ之レヲ塞ギス ニ炊飯ノ薪大キヲ付ケト
スルナリ
曾テ東寧時代一ケ月間ノ天幕野営ヲ実施セルガ今
ヲ見バ　ままごとナリキ　唯　天幕ニ起居スルト云フ丈ケ
ニテ水ノ心配ヤ火光及炊爨ノ厳重　状況外ナリシハ
実戦的訓練ニアラザルナリ　敵機絶ヘズ上空ヲ撲帰スル状況
下ニテ如何ニ炊爨スルカ　此ノ事ダケデモ一苦労ナリ
煙ヲ見セレバ必ズ銃爆撃ヲ蒙ル　従ッテ煙々ヲ乾スニ
敵機ニ遮蔽セザルベカラズ　然レドモ敵機ニモ操縦士アリ
輸送機ノ飛行ニ一々心配シテハ一日何モ出来ズ　其ノ飛
行方向等ヲ判別シテ行動シツツアリ　兵ノ耳ノ練習ナリ
戦斗機　爆撃機カ編隊ヲ解キ一列ノ戦斗隊形ニ移ルニ
先チ　防空壕ニ入ル　其ノ他ハ平気デ作業ニ従事ス
対空監視モ飛行機来翔ヲ一々報告シテハ全ク
二十四時間　当ク身ニテ　遮蔽シ　銃爆射撃ニ応ズ
ヲ得ズ一般トシテハアリ　但シ之ハ司令部ノコトニテ
第一線部隊ハ行軍中ノ部隊ハ対空射撃ヲ

ナサルベカラザルニ中ニハヤラズ　之レ飛行機恐怖病
トモ云フベク平時訓練ガ不足ノ結果ナリ　低空ノ敵機ヲ
見バ直ニ射撃スル習慣ヲ常ニ養成シ置クコト
又操典ノ主旨ヲ実戦的確且徹底スルノ要アリ

六月二十九日　雨後晴

山蛭右脚ニ喰ヒツキ出血多シ　病ク或ハ虱ニ喰ハレタ経験
ニテ全身カ痒キ故其ノ侭ニシテ置ケバ　皆一下カ喰ヒ付キ二十
袴下ヲまくり見レバ大部分ガ血ニ染ミアリ　軍医ニ聞ケバ
四、五匹ノ蛭ニ吸ハレバ貧血シテ倒ルル馬モアリト　卵モ
生み、止マラザルガ故ナリ
無聊ノ閑ヤ長ヨリ昨日ハ「何ペラプル」今日ハ牛肉ヲ贈ラル　蘭大
将ノ敵方斜面ヨリ採取セシモノナリト　敵弾ヲ冒シテ
「ペラプル」ヲ採ル其ノ厚意感謝ノ外ナシ　本朝 楊東聯隊
長及軍参謀到着セルヲ以テ中食ノ好肴ヲ展ベ陣中
西ナキモ牛肉ノ舌鼓ヲ打チ久シ振リ思ヒガケナキ佳馳走ナリ
同参謀ハ師団騎兵ニ派遣セラレシ二ケ月振リニ帰リシモノ
故肉塊ナキ生活ニハ困リシ由　塊ノ有難味ヲ今更如ク知リタリト

第一線ノ兵力消耗シ其ノ小銃兵力ヲ調査スルニ
　笹原聯隊　一四六
　作間聯隊　二四四
ニテハ聯隊ト云フ名ガ惜シク中隊ナリ
輜重聯隊ノ馬匹僅カニ三六頭デハ、補給ノ困難
思ヒヤラル　輸送ノ主力ハ背力ナリ　司令部以下デサヘ
食物ニ困リ居ル故第一線ハ想像以上ナリ
然レドモ一時病患者ヤ軟部貫通銃創ハ戦線ヲ下
ラズヨクヤツテ呉レルト頭ガ下ル
退院者（退院・薬物監視等）ノ戦力ヲ聴ク　頭数デハ
ナシト云フコト　半病人ヤドウヤラ後方ニ残サレタルモノハ嘘デナシ
咲花ノ戦力以上ノ如ク質的ナル上ニ素質ニ於テ低下シ
アルヲ看過シ得ズ　百名ノ中隊兵員中五十名ハ戦傷者
ニ出シタル場合残ル五十名ニテ中隊ノ戦力半減ナリ算定
得ズ　実ニ上ル以下ナリ　要ハ幹部ノ数ガ重大ナリ　目下軍
ト兵モ全部ガ全部勇敢ニアラズ　中隊ニテ若干中隊長ガ
頼リニナルノミ　コレガ兎角早ク消耗スルモノナリ　幹部ト
兵モ赤心ニテ信頼シ得ルモノアリ　砂子田大隊長ハ伊木
尉トテ将校アリ懐疲ニテ後方ヨリ大隊長ハ之ヲ以テ

配セシメテ後方勤務ノ命ヲ受ケ退散ノ戦斗ニテ
大隊長負傷シ第一線（三十名）将校ナキヲ以テ高木曹長
大隊長代理トナル　工兵隊ニ収容セラレタル砂子田大隊長ニ
大隊長代理ヲ渡辺ニサセヨウトスルモ肯ンゼズ高木曹長ノ方ガ遥
カニ勝ルト統帥ノ組織ニ反スルモ後方ヨリ高木ガ指揮セシムル
方針トナシ刻々ノ戦場ニ入込ムヲ得ザル庭置キ
橋本聯隊長ヨリ林陣地ノ戦闘ヲ聴クニ企図秘匿ニ
ヨリ敵陣奪取ハ案外容易ナリシモ敵砲兵ハコレヲ知リヤニ見ルヤ
丸木ノ程射弾ヲ打チ込ミ大隊長以下二〇五名ノ死
傷ヲ出シ残ルハ三十名トナレリ　工事ハ追撃砲ニ対抗
シ得ルモ十五糎デハ吹キ飛バサレ之ニ耐ヘル工事ハ敵ノ
逆襲ヲ破リ其ノ損害ナカリシト　加フルニ樹木ニ砲弾
当リテ榴弾ガ榴散弾トナリ人馬殺傷ノ効果大トナリ
大部ノ死傷ヲ出ス結果トナリシ由　敵ノ兵力ハ四百名
シテ以テ少兵ナリシ内熱ナカリシモ砲弾ハ爆撃ノ
タメ遂ニ陣地ヲ奪回セラルヽニ到レリ　今迄ハ一人デ
十人トカ一小隊デ一大隊ニ当ルナド申ス言葉ヲ使ヒ
シガ人ト人ニアラズ　砲弾ト爆弾トガ主体タル以上

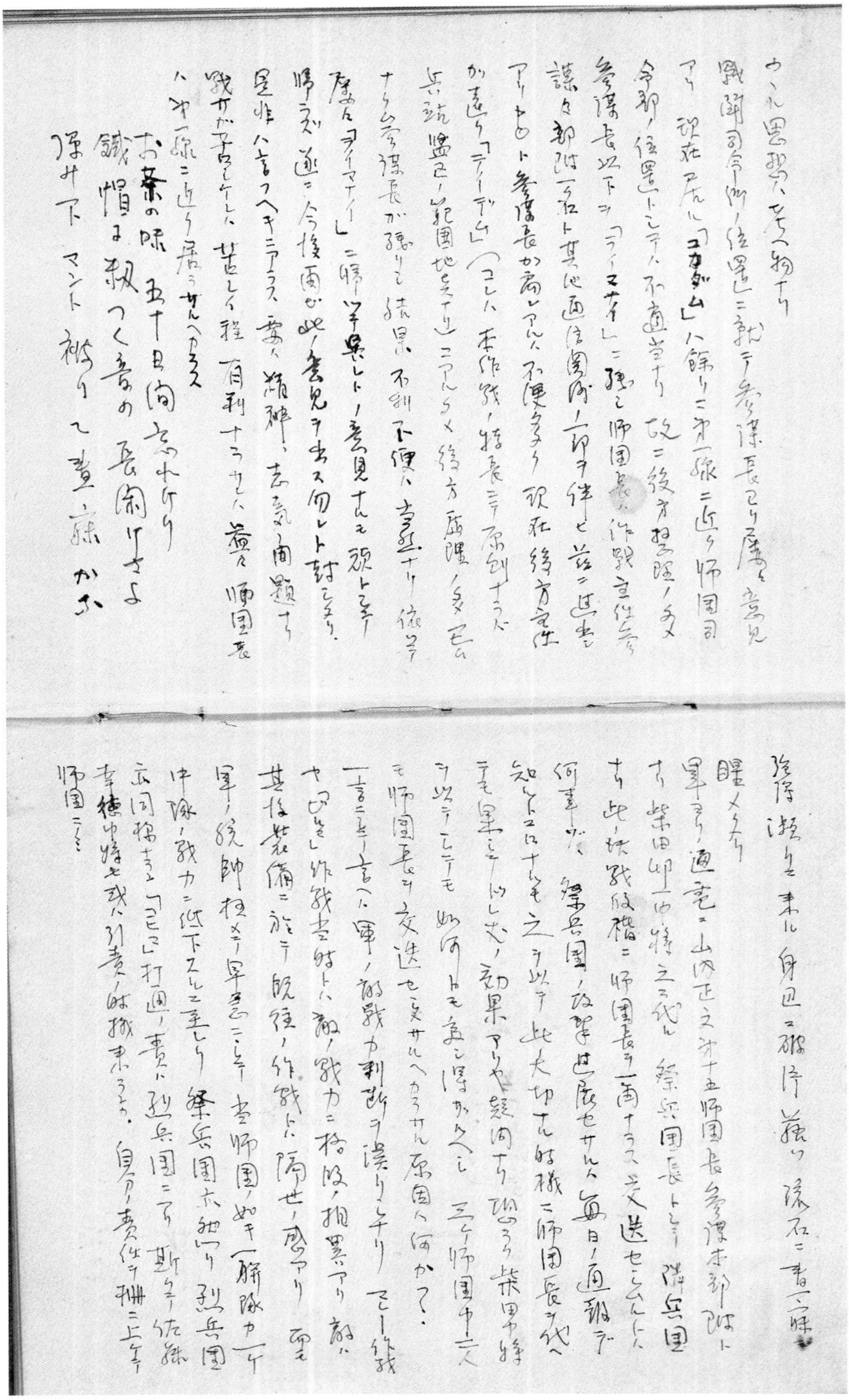

ウコトハ思想ハ、モノハ物ナリ
戦闘司令所ノ位置ニ就テ参謀長ヨリ屡々意見
アリ 現在居ル「ユカダム」ハ余リニ第一線ニ近ク師団司
令部ノ位置トシテハ不適当ナリ 故ニ後方相当ノ予メ
参謀長以下ヲ「ライマナイ」ニ残シ師団長ハ作戦主任参
謀ノ部附一名ト其他通信関係ノ部ヲ伴ヒ茲ニ進出シ
アリ 之ト参謀長ガ居レアルハ不便多ク 現在後方兵站
ガ遠ク「ティーデム」（コレハ本作戦ノ特長ニテ原則ナラズ）
兵站監部ノ範囲地区ナリ ニアルタメ後方座興ノ多忙
ナル参謀長ガ残リシ結果 不利不便ハ当然ナリ 依テ
屡々「ライマナイ」ニ帰リテ呉レトノ意見ナルモ頑トシテ
帰ラズ 遂ニ今後再ビ此ノ意見ヲ出ス勿レト封ジタリ。
是非ハ言フベキニアラズ 要ハ精神、志気ノ問題ナリ 師団長
戦ガ苦シケレバ苦シイ程 有利ナラザレバ益々
ハ第一線ニ近ク居ラザルベカラズ
お茶の味 五十日間 忘れけり
鉄帽は 叔つく音の 長閑けさよ
深み下 マント被りて 昼寝かな

強情張リ来ル自己ニ破綻 茲ニ張石ニ書ノ味
醒メタリ
軍ヨリ通電ニ山内正文第十五師団長参謀本部附ト
ナリ 柴田卯一中将之ニ代ル 祭兵団長トシテ 弓兵団
ナリ 此ノ状戦段階ニ師団長ヲ一両ナラズ更迭セラルルトハ
何事ゾ、祭兵団ノ攻撃進展セザルハ其日ノ面目ヲ
知レトハナルモ之ヲ以テ此大切ナル時機ニ師団長ヲ代ヘ
テモ果シテ如何ノ効果アリヤ疑問ナリ 恐ラク柴田中将
ヲ以テシテモ如何トモ為シ得ザルベシ 三ケ師団中二人
モ師団長ヲ更迭セザルベカラザル原因ハ何ゾヤ。
一言ニシテ言ヘバ軍ノ敵戦力判断ヲ誤リシナリ 而シテ作戦
ヤ「ひきし」作戦ト当時トハ敵ノ戦力ニ格段ノ相異アリ 敵ハ
其後装備ニ於テ既往ノ作戦トハ隔世ノ感アリ 而モ
軍ノ統帥極メテ早急ニシテ 当師団ノ如キ一箇大隊カ一ケ
中隊ノ戦力ニ低下スルニ至レリ 祭兵団亦然リ 烈兵団
亦同様ナリ 「コヒマ」打通ノ責ハ烈兵団ニテ 斯クテ佐藤
幸徳中将モ或ハ引責ノ時機来ルカ。 自分ノ責任ヲ柵ニ上ゲテ
師団ニミミ

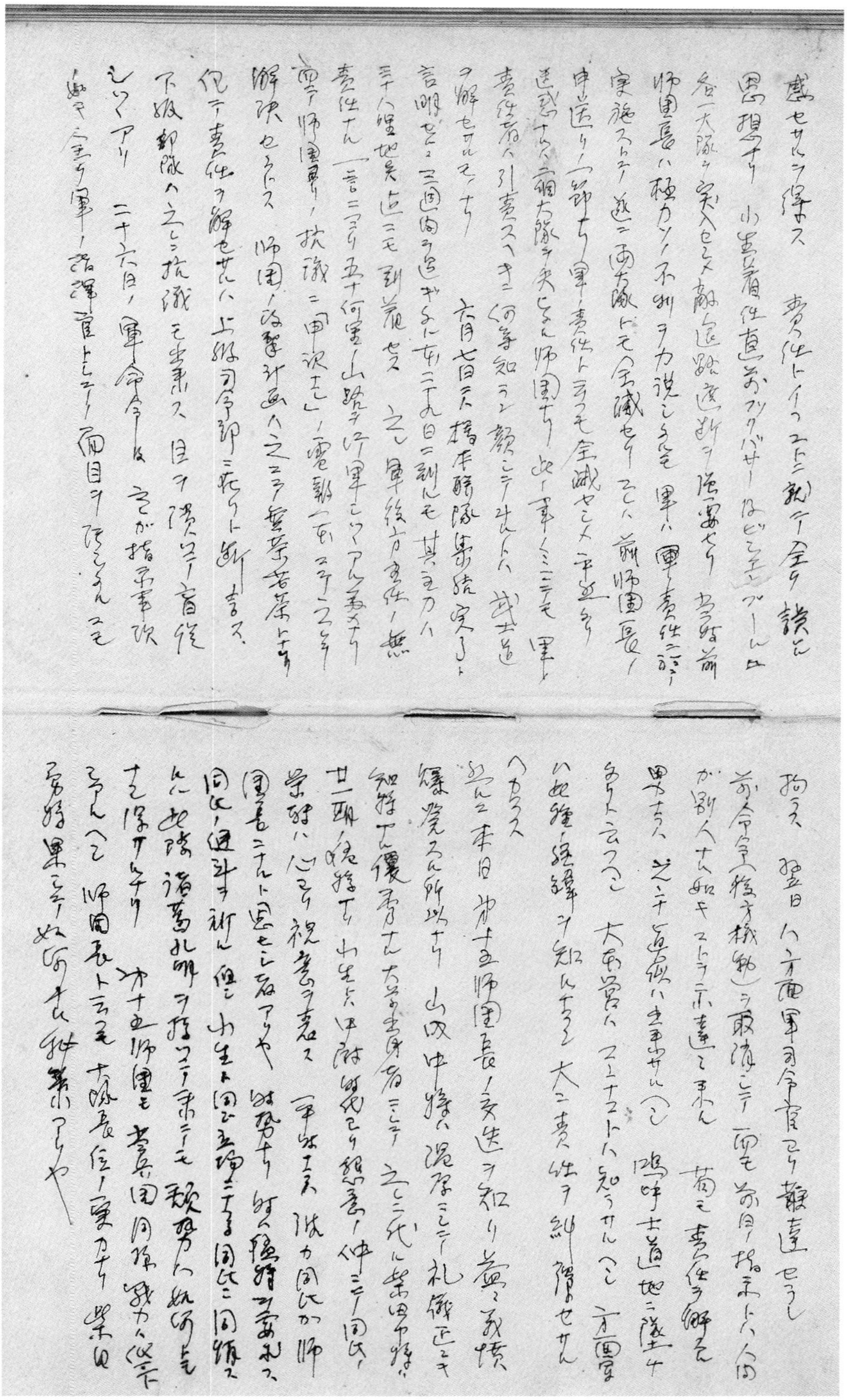

感セサルヲ得ス　責任トイフコトニ就テ全ク誤ヒ
思想ナリ　小生着任直後ホフツクバサーノ[illegible]マブール山
各一大隊ヲ突入セシメ敵退路遮断ヲ企図セリ　当時前
師団長ハ極力之ノ不利ヲカ説シタルモ軍ハ軍ノ責任ニ於テ
実施スルニ至ツ遂ニ両大隊トモ全滅セリ　之レハ前師団長ノ
申送リノ一節ナリ　軍ノ責任トテフモ全滅セシメ[illegible]
逝去ナキ二個大隊ヲ失ヒタル師団ナリ　此ノ事ハ之ニ於テモ軍ノ
責任者ハ引責スヘキニ何等知ラヌ顔ニテ居ルトハ　武士道
ヲ解セサルモノナリ　　六月七日ニハ橋本聯隊[illegible]
言明セルニ三日内ヲ過ギタルニ於テ二十九日ニ到ルモ其ノ主力ハ
三十八里地点ニモ到着セス　之レ軍後方責任ノ無
責任ナル一言ニツキリ五十何里ノ山路ヲ行軍シツツアル兵ナリ
當テ師団長ノ抗議ニ「申訳ナシ」ノ電報ハ有ルナレドモ
解決セラレス　師団ノ攻撃計画ハ之ニテ無茶苦茶トナリ
依テ責任ヲ解セサルハ上級司令部ニ在リト断言ス
下級部隊ハ之レニ抗議モ出来ス　且ツ[illegible]　盲従
シツツアリ　二十六日ノ軍命令ハ　之ガ指示事項
如キ全ク軍ノ諸参謀トシテノ面目ヲ失ヒタルモノ

拘ラズ　翌日ハ方面軍司令官ヨリ難違セラレ
前ノ命令（[illegible]機動）ヲ取消シテ而モ前日ノ指示トハ全
ク別人ナルガ如キモノヲ示達シ来ル　苟モ責任ヲ解スル
男ナラハ　之ニテ[illegible]ナラン　嗚呼士道地ニ堕チタ
タリト云フヘシ　大本営ハコレナルコトハ知ラサルヘシ　方面軍
ハ此種ノ経緯ヲ知ルナラン　大ニ責任ヲ糾弾セサル
ヘカラス
然ルニ本日第十五師団長ノ更迭ヲ知リ益々義憤
爆発スル所以ナリ　山内中将ハ温厚ニシテ礼儀正シキ
紳将ニ優秀ナル大学出身者ニシテ　之レニ代ル柴田中将ハ
廿一期ノ猛将ナリ　小生只中将時代ヨリ懇意ノ仲ニテ同氏ノ
栄転ハ心ヨリ祝意ヲ表ス　（平時ナラバ）　然カ同氏カ師
団長ニナルト思ヒシ者アリヤ　此ノ勢ナリ　此ノ際猛将ヲ要セス
同氏ノ健斗ヲ祈ル但シ　小生ト同シ立場ニナル同氏ニ同情ス
ル此ノ際諸葛孔明ヲ招キ来ルニテモ　此ノ形勢ハ如何トモ
為シ得サルナリ　第十五師団モ　豊兵団同様戦力ハ皆無
ナルヘシ　師団長ト云フモ大隊長位ノ実力ナリ　柴田
勇将果シテ如何ナル秘策アリヤ

六月三十日 晴 時々雨

統合戦力ノ発揮ハ言フ迄モナキコトナガラ中々実施ノ出来ザル
モノナリ 宜シク英断ヲ以テ善後ノ行キ掛リヲ棄テ、断行
ノ要アリ

現在ノ兵力ヲ以テ 斯クノ如キ態勢ヲ持続スルハ 前師団
下ノ部署ヲ小生着任前ニ後退セシムルコトハ 精神的ニ士気ガ
ヤスクナラズ 戦線整理トシテモ苦境ニアル第一線ヲ後退セシ
ムルハ士気ニ及ボス影響アリ 況ンヤ将来ノ攻勢上有利
ナル地歩ヲ棄テルニ忍ビズ 今日マデ其儘ニシタル所以ナリ
然シコレハ一般戦術ノ思想ニ捉ハルルモノニシテ攻勢戦力ナキ
部隊ヲ如何ニ有利ナル態勢ニ置クモ 実際ノ役ニ立タズ「ヌエガン」
ニアル作間部隊ガ聯隊ノ力ナクシテ一中隊トナリシ今日 果シテ
捨石ニシテ到ルトコロニ攻撃戦力ナキ配備トナル ノ愚ニ於テ
コレマデ打通セシ列兵団ヲ「パレル」方面ニ転用
シタル現況ニ鑑ミ思ヒ切ッテノ戦線ノ整理ヲナスコトトセリ
軍ヨリモ其命令アリ早速実施スルコトトセルモ其ノ実行
ハ敵ト近ク対峙シアル関係上中々至難ノ業ナリ 作間大佐
ノ手腕ニ俟ツトコロ多シ 師団トシテモ特ニ此ノ兵力転用ハ之ヲ
重視シ 其ノ任務ノ付与ニハ特ニ便ヒ 先ヅ林高地ノ東西ヲ
命シ 次テ「タイレンポク」工兵隊ノ「サンカ」ヲ目指シ命ジ 更ニ
林高地ニ対スル陽攻トナル部隊ノ特進ヲ命セリ コノ兵ハ
戦術、実兵指揮ノ味フベキトコロナリ
由来態勢ヲ有利ニスルコトニ急ニシテ 要兵先取ノ戦術ノ
着眼ノ如キ傾向アリシモ 敵ノ意志ヲ察セル合 地上ノ包囲ヲクヽニテ
ハ敵ハ退却セズ 5846高地ノ密林地帯ニ於ヘ物量投下ヲナシ
ツヽアリ 攻撃ヲ受ケ作戦上ト兵力不足ノ関係上自己ノ戦力
微弱ナル国ナリ 無理ナ攻撃部署ヲ取リ 蛇蜂取ラズトナル
図上ノ研究ナラバ 循環ト云フタルカモ知レズ「兵ハ勢力ナリ」トノ
予ノ信条ニ反スル処置ナルモ「気」ノミニテハ詮ナシ
元来今次ノ作戦ノ未発兵ヲ勝ツニ 日□ハ気一点張リ
ナリシニ 前参謀長小畑信良少将ハ「力」ヲ重視シ
マヽニ意見ノ対立ヲ見、参謀長ハ着任二十日ニシテ

交迭トナル「気」素ヨリ大切ナリ、然レトモ「力」ガ伴ハ
ザレハ必敗ハ無理ナリ 今ニシテ亦畑参謀長ノ意見ノ
尊重スヘキヲ悟リシナラン 現在ノ補給関係ガ如何ニ窮策
ナルカヲ知ルヘシ 烈ノ兵団ヨリ軍ニ宛テ「作戦以来一粒
ノ米ノ補給ヲ受ケス」ト電報セル其ノ例ナリ
当兵団ノ補給ヲ見ルモ弾薬モ糧秣モ師団自体ノ努力
ニテ辛フシテ今日ニ到ルモ 既ニ糧秣ハ附近ノ部落
ヨリ徴集スル 敵ナク一方弾薬ノ見込ナキ苦境ナリ
患ニ損耗甚シキ今日遠ク山路ヲ越ヘテノ弾送ハ不可
能トナリ 又ノ事ヨリシテモ戦線整理ノ必要ガ生セ
ナリ 後方ノタメニ作戦ヲ左右云々ト云フ向モ 第一線ハ
然ノ一二月四月ノ一定量ヨリ三月ノ一定量トナリ 十日間ニ
全ク塩ナク況ンヤ調味品ナク 野草ニヨル外ナカリ
シナリ 司令部サヘ参謀長以下ガ顔ヲ見レハ空腹ヲ訴フ
状況ナリ 統合戦力ナル第ニ国土ノ形ノミナラス 戦士ノ
腹ノミトモ意味ス 弾薬ニ於テ特ニ然リ 補給難ノ
結果 弾薬ナクル部隊ヲ如何ニ有利ナル態勢ナレハ
モ其ノ効果ナシ

更ニ第一線ノ統合戦力ノ発揮ニ就テ述ブレハ 奪取セントスル
陣地ニハ何ナル火器ヲ集中発揮スルコトガ必要ナリ 陣接
部隊ノ重火器ヲモ一時之レニ充当スヘシ 然ルニ特ニ特科ノ損耗
甚シキ今日之レヲ使ヒコナス人ナキヲ以テ師団司令部附ノ
適任者ヲ臨時重火器補佐官トシテ聯隊長ニ配属セリ
菅頭中尉ハ其ノ一例ニシテ同中尉ノ努力ニヨリ三ノ桶陣地
モ探山モ美事攻略セリ 然ノ如ク迫力アル情勢ニハ 重兵器
ニ向ヒ師団全力ヲ以テ総掛リトナリテ上下一体化シテヤラサルヘカラス
幕僚中語ヲカヘテ云フ「師団ガ第一線ヲヤルナトニ余リ力ヲ入
レ過ギルタメ第一線聯隊ノ実行力ヲ阻害シ全団心ヲ減ス
ニ至ルベシ」ト 近頃ノ若イモノハ言フコト丈ハ言フモ負カ
机上室ナリ 理論倒レナリ 聯隊ノ実状ハ聯隊長一人ガ戦力
ノ九分九厘ナリ 補佐官モナク大隊長皆倒レ中隊長
ノ生存者皆無ナル現状ニ於テ聯隊長ヲ助ケテヤル
コトハ師団ノ責務ナリ 諄々ト訓ヘテ幕僚其非ヲ悔ヒ
シモ 一年時如何ナル方ヲ以テシテハ今日ノ意ニ反シ得ザルヘシ
統合戦力発揮ノ為ニハ上級指揮官ノ現地指導ハ

殊ニ不安ナリ 幕僚ノ才ノ操ハ切要ナリ 皆ニテ励ヘ大ニ
緊要ナリ 実際ニ即スル真剣ナル教育ヲ切要トス

平時教育ト実戦ニ就テ

橋本部隊長先行シ両日自ラ之ヲ随行シ才ノ様子ヲ巡視
シ具サニ現況ニ即スル教育ヲナシ参謀長以下ヨリモ大々
具体的実例ヲ挙ゲテ指示スル所アリシニ拘ラズ 稲陣地
ノ攻撃ハ成功セルモ飛行ノ砲爆下優勢ナル敵ノ逆襲ニ
遂ニ陣地ヲ奪回セラレ大隊長以下二百十六名ノ死傷ヲ出セリ
此ノ部隊ニハ特ニ国軍参謀ヲ派遣シテ実ニ攻撃準備間従事
ノ経験ニ鑑ミ指導セシメタルモ工事ハ膝位ノモノヲ作リシノミ
ニテ実行不充分ナリ 警戒心薄ク 密林内デモ炊爨セシ
不覚ヲトリシナリ 炊爨スルニモ火光ハ煙ニ対スル関心乏シ
敵ニ看破セラレタル如シ 沖一毎日空襲ヲ食ヒツツ戦斗
スル度ハ不可ナリ 陣部隊ハ今ハ三分ノ一定量ナルニ同ジ戦線
ニアリモノガ将来ノ補給ヲ考ヘズ 持ツテ居ルカラ食フト云フ
如キ非実戦的思想ニテ戦フ故ニ失敗スルナリ
五ルニ橋本部隊長ハ攻撃開始前十五ニ諸ルニ当部隊ハ

昨秋動員以来野営地ニ於テ鋭訓練ヲ実施シ旺盛ナル
実砲ノ訓練ニハ自信アリ 出征前山田教育総監来場セラレ
際同騎隊ノ講評ナリシガ 随行ノ柴野大佐ハ演習後
殊ニ騎隊長ニ「之レカラ大丈夫」ト賞セラレタル程 満々タル自信
ヲ以テ騎隊長自ラ仲大隊ノ攻撃ヲ指導シ実ニ実戦ノ経験
豊富ナル軍参謀ヲ派遣シテ同騎隊攻撃準備ノ都合上
特ニ攻撃開始ヲ一日延バシタル程ナルニ 結果ハ失敗ナリ
国軍参謀ノ報告ニヨルニ 同騎隊ノ将兵ハ戦場ノ雰囲
気ニ一致セズト 敵飛行機ノ集中火ナク茫然自失スル
モノ多ク 就中将校ハ役ニ立タズ 却テ曹長級ニ勇敢ナル
者アリシト 平時訓練ハ如何ニ発揮セラレテモ 実戦的段
ニテ為シハ 畳上ノ水練~~[illegible]~~タルニ堅ハ上手ナルモ
真剣勝負ニ負ケルハ勿論ナリ 茲ニ平時教育ノ実戦
化ヲ要望テ止マズ 小生ノ直接目撃シタルトコロニテモ 此ノ
騎隊ノ将兵ノ敵機ヲ恐ルルコト 独歩ニシテ兵団隷下部隊ニ
同日ノ比ニアラズ 之レ平時教育ニ重大ナル指導ヲ与
フルモノナラン

同聯隊長到着ト共ニ初メヨリ屡次三号対空射撃ヲ
強調シタルニ同隊長ハ答ヘテ曰ク「此兵ハ充分教育
シアリ御安心アレ」ト然ルニ事実ハ全ク反対ナリ
現在生存シアル者ハ何レカト云ウト第十三アラス 戦場生キ
残リノ勇士トモ言葉アルモ当師団ノ如キ連続苦戦ヲナシ
戦斗ヲ継続シアリテハ大部ノ勇士ハ戦傷シアリ多クハ追及
者カ現存兵カナリ 而モ此兵テモ新来ノ到着部隊ト
比較スレハ確カニ後続部隊カ見劣リスルハ否ミ得サル事実
ナリ ソコニ実戦体験ノ尊サカアリ 速急ナル攻略ヲ要請
セラルル作戦上 此ノ後続部隊ヲ駐ツテ直ニ戦場ニ突キ
込ミタルハ状況已ムヲ得サル次第 実際ヲ云ウト充分戦地
ノ現地教育ヲシテカラ戦線ニ加入セシムルヲ可トスルハ当然
ナリ 曽テ第六十師団編成担任官トシテ従来ノ混成
旅団ニ新タニ内地ヨリ到着セシ補充大隊ヲ加ヘ歩
六六旅団長トシテ討伐ヲヤリシハ昨年ノ丁度今頃
ナリ 一年前[illegible] 回顧シ新来部隊カ戦力ニ於テ
落伍兵ノ大隊ニ 比シ 劣ルノ感アリ ヘキ バカリヤル
ノ六 女トシテ 終始 其大隊ニ於テ戦至ヲ指導

シタリ 内地教育ハ実戦ニハ斯クモ差アルモノカト言ウ様
驚キシコトヲ想起シ 今亦同ジ事ヲ痛感スルハ悄ニ慨
入ルナリ 今カラデモ遅クナシ 新来部隊主力到着セス
教育ノヤリ直シヲナサザルヘカラズ 笹原聯隊ニ対シ毎夜
二組ノ敵陣地奪取挺進隊ヲ出スコトヲ命シ聯隊ハ苦難ヲ
排シ之ヲ実行シアルモ未タ成果ノ見ルヘキモノナシ 聯隊長
ハ自ラ挺進兵ニ対シ教育ヲナシ出発セシメツツアルモ 本日ハ更
ニ堀場参謀ヲシテソノヤリ方ニ関シ色々手段方法ヲ指示セシメ
タリ 百戦ノ兵ニ対シテサヘ然リ 新来ノ部隊ニ対シ挺進
突撃・潜伏地点・攻撃法・近接時期等ニ爆薬ノ用法ニ
就テハ予習訓練ヲ現地ニ於テ教育セサレハ成功セズ 対戦車
攻撃亦然リ 各種資材モ実物教育ヲナササレハ役ニ
立タズ
聯隊長時代 小林兄カ軍参謀長タリキ 教育畑ノ
同少将ニ戦地教育ノ重要性ヲ説キ 同氏ノ教育総監部
第一部長就任ノ時 是非教育令ヲ改メヨト力説セシ事アリ

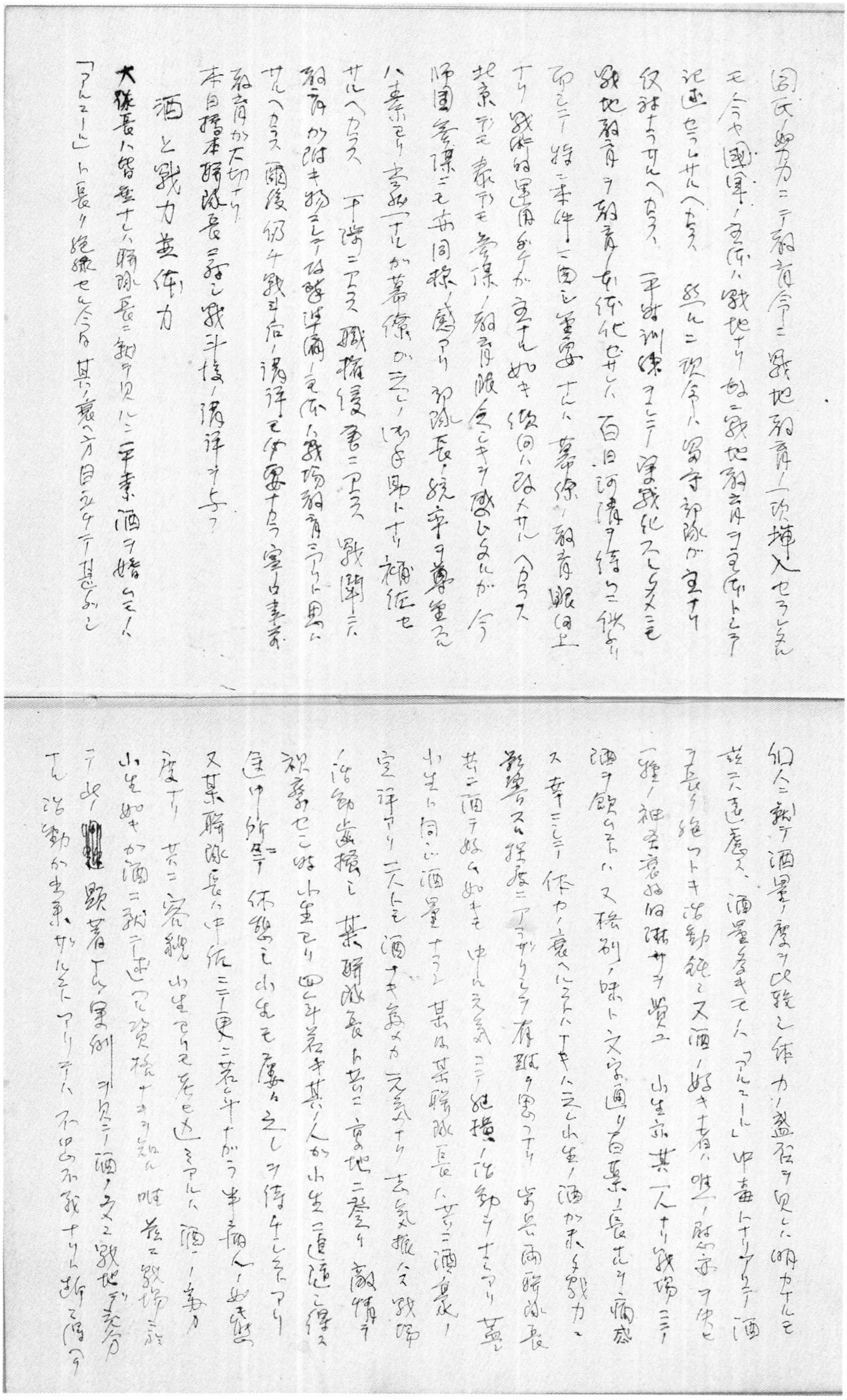

同氏ノ努力ニテ教育令ニ戦地教育ノ一項挿入セラレタル
モ今ヤ国軍ノ主体ハ戦地ナリ故ニ戦地教育ヲ主体トシテ
記述セラレザルベカラズ 然ルニ現今ハ留守部隊ガ主ナリ
役ニ立タザルベカラズ 平時訓練ヲ以テ実戦化スルタメニモ
戦地教育ヲ教育ノ主体化セザレバ百日河清ヲ待ツニ似タリ
師ニテハ特ニ本件ニ留意シ重要ナルハ幕僚ノ教育眼目上
ナリ戦術的運用ガ主ナル如キ傾向ハ改メザルベカラズ
北京デモ泰デモ参謀ノ教育眼目ニキヲ感ジタルガ今
師団参謀ニモ亦同様ノ感アリ 部隊長ノ統率ヲ尊重スル
ハ素ヨリ当然ナルガ幕僚ガ之レノ清手助トナリ補佐セ
ザルベカラズ 干渉ニアラズ 職権侵害ニアラズ 戦闘ニハ
教育ガ附キ物ニシテ此ガ準備ノ主体ハ戦場教育ナリト思ハ
ザルベカラズ 而後仍チ戦斗后ノ講評モ必要ナリ 宣ト書ス
教育ガ大切ナリ
本日橋本部隊長ニ対シ戦斗後ノ講評ヲナサシム

酒と戦力並体力

大隊長ハ皆無ナルハ部隊長ニ就テ見ルニ平素酒ヲ嗜ムモノハ
「アルコール」ト長ク絶縁セル今日 其ノ衰ヘ方目立チテ甚ダシ
個人ニ就テ酒量ノ摩ヲ比較シ体力ノ盛衰ヲ見レバ明カナルモ
茲ニハ遠慮ス 酒量多キモノハ「アルコール」中毒トナリアリテ酒
ヲ長ク絶ツトキ活動鈍ク又酒ノ好キ者ハ唯一ノ慰安ヲ失ヒ
一種ノ神経衰弱的傾向ヲ覚ユ 小生亦其ノ一人ナリ戦場ニテ
酒ヲ飲ムトキハ又格別ノ味ト文字通リ百薬ノ長タルヲ痛感
ス 幸ニシテ体力ノ衰ヘルコトハナキモ之レ小生ノ酒ガ求メ戦力ニ
影響スル程度ニアラザリシヲ有難ク思フナリ 当時両部隊長
共ニ酒テ好ム如キモ中ル元気ニテ姑息ノ活動ヲナシアリ 某ノ
小生ト同ジ酒量ナラン 某ハ某部隊長ハ共ニ酒豪ノ
定評アリ 二人トモ酒ナキ為メカ元気ナク 志気振ハズ戦場
ノ活動鈍シ 某部隊長ト共ニ高地ニ登リ敵情ヲ
視察セシ時 小生ヨリ四五才若キ其ノ人ガ小生ニ追随シ得ズ
途中所々ニ休憩シ小生モ屢々之レヲ待チシコトアリ
又某部隊長ハ中佐ニテ更ニ若キナガラ半病人ノ如キ態
度ナリ 共ニ容貌小生ヨリモ老ヒ込ミアルハ酒ノ為カ
小生如キガ酒ニ就テ述ブルハ資格ナキヲ知ル 唯茲ニ戦場ニ於
テ此ノ顕著ナル実例ヲ見テ酒ノ為ニ戦地デ充分
ナル活動ガ出来ザルコトアリテハ不忠不義ナリト断言シ得ヘシ

自分ハ心ノ柵ニヨッテ之ニ従順ナランガ為メニ一言スルモノナリ
小生ハ晩年酒ヲ節シ大酒セズ 候補生時代ヨリ「定量」
ト宣言スルヲ例トセリ 宴会ノ時若イモノガ杯ヲ貰ヒニ来ル
時「既ニ定量」ト述べ之ヲ辞退シ来レリ 東亭時代ハ
強飲スル種類ノ若キ士官ハ中々承知セザリシモ相当頑張
ニテ定量以上ハ遠慮サシタリ 其ノ定量トハ 二合ナリ 自分
独リデハ一合デ可ナリ 但シ親シキ友ト会飲スルトキハ時ニ程ヲ越スコトアリ
此ノ「定量」ニ就テハ酒ノ好キデ随分悪口ヲ聴キシモ常ニ「酒ニ強
クナルモ戦サデ強クナカルベカラズ」ト訓ヘタリ 今酒ニ強キ
モノガ体力ノ意味デ戦サニ強カラザル事例ヲ見テ此ノ言葉ヲ思ヒ
出シテ知ル 作戦本ハ体力ナリ 酒ハ止メ間接或ハ直接ニ
体力ヲ弱メルモノト同様ニ或ハ其レ以上ニ活動力ヲ鈍ラスモノト
アリテ其ニ不可ナリ 戦ハ体力ガ基ナリ 参謀デモ知力モ
モノ言フモ体力強健ナルモノガ戦場ニテハ頭モ良ク 戦ハ智デ戦
フニアラズ 精神力ナリ 持久力ナリ 不眠不休ノ活動ハ体力モ
為ス 司令部内ニテモ 大部分ハ病人ナリ 此ノ非衛生的ナル又
無理ナ生活ヲ長時日連続スルハ 病気ニナルノガ当リ前
ナラン 之レヲ克服スルトコロニ 精神力ト体力ガアリ 其処ニ
戦力ガ生ズル

戦敗ト責任感

アル兵ガ後送サレル戦友負傷兵ヲ見テ羨ミテイルト洩セ
ルモノアリ 君ハコレデモ 面倒臭イカラ敵砲弾デモ当レ ト云フ
気ニナルコトナキニアラズ 之ハ無責任モ甚シク 公言スベキコト
ニアラネド 時ニハソンナ気ニナルコトモアリ 之ハ決シテ勇敢ニハ
アラズ 一種ノヤケ気味ナリ 戦車ニ射撃サレテ無計画ニ
飛出ス心理モ同様ニシテ 一ツハ肉薄攻撃ニアラズシテ
「没法子」心理ナリ 小生ノ友人デ「ガナ」戦場ニ赴任セル
四高職員ノ戦況ニ全ク盲目ナリ 自害セシ例アリ 故人ノ
行動ヲ是非スルニ忍ビズト雖モ もう一寸頑張レバ生命
アリシコト惜シムベキナリ 此ノ種観念ガ大切ナリ 戦場ニテハ生死ノ
問題ハ軽ク扱ハレ 原則ヲ見テモ平時トハ感ジガ
違ヒ 自分自身ノ死ノ問題モ平常トハ大差アリ
死ヲ軽視スル結果 兎角死ヲ急ギ勝ナル傾向ナシトセズ
師団戦斗司令所ガ敵ノ砲撃ヲ受ケ自身ニ砲弾落下
スル場合 副官ハ避難ヲ防空壕ニ入レト促スモ師団長ガ
ニ先ニテ待避スルハどうかト考ヘ悠々ト沈着ヲ装フ

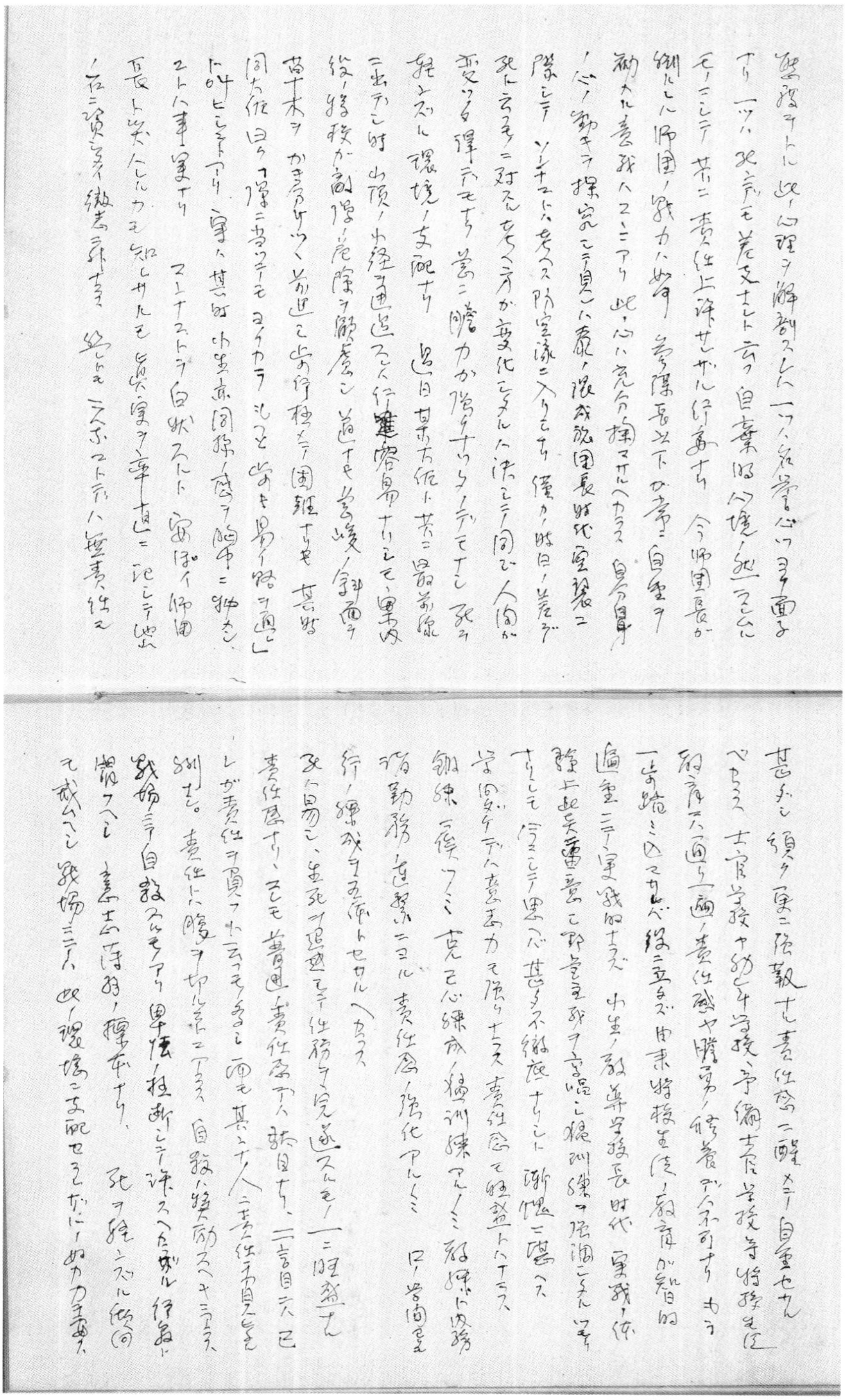
無理ナトル此ノ心理ヲ解剖スレバ一ツハ名誉心ツヨキ面子
ナリ一ツハ死ヲモ辞セズトスルト云フ自棄的心境ノ然ラシムル
モノニシテ共ニ責任上許サレザル行為ナリ 今師団長ガ
斯ルトキハ師団ノ戦力ハ如何 参謀長以下ガ常ニ自重ヲ
勧ムル意義ハ茲ニアリ 此ノ心ハ充分掴マザルベカラズ 自分自身
ノ心ノ動キヲ探究シテ見レバ最ノ頃ハ旅団長時代空襲ニ
際シテ ソノナエニハ考ヘズ防空壕ニ入リタリ 僅カノ時日ノ差デ
死ト云フモノニ対スル考ヘ方ガ変化シタルハ決シテ同ジ人間ガ
変ツタ理デモナク 甚ニ膽力ガ弱クナツタノデモナシ 死ヲ
軽ンズル環境ノ支配ナリ 過日某大佐ト共ニ最前線
ニ出テシ時 山頂ノ小径ヲ通過スル往ハ容易ナリシモ帰路
後ノ将校ガ敵陣ノ危険ヲ顧慮シ道ナキ崖ノ斜面ヲ
草木ヲカキワケツツ前進シ先行セシメテ困難ナリキ 甚ダシ
同大佐曰ク 弾ニ当ツテモヨイカラ 此ノ先ヲ歩キ易イ路ヲ通レ
ト叫ビシコトアリ 実ハ其時 小生モ同様ノ感ヲ胸中ニ抱キシ
コトハ事実ナリ マシナルコトヲ白状スルト 要ボイ師団
長ト笑ハレルカモ知レザルモ 真実ヲ率直ニ記シテ置
ク 右ニ述ベタ微妙ナル所ナリ 然シ乍ラ 一兵卒ニテハ無責任ニ

甚ダシ 須ク軍ニ服務スル責任念ニ醒メテ自重セネ
ベカラズ 士官学校ヤ幼年学校、予備士官学校等将校生徒
教育ハ上ヲ下ヘノ責任感ヤ勝負ノ修養デハ不可ナリ もう
一歩踏込マネバ緒ニ立タズ 由来将校生徒ノ教育ガ知的
偏重ニテ実戦的ナラズ 小生ノ教導学校長時代 実戦ノ体
験上此ノ点ヲ留意シ野営ヲ主タル宿営トシ猛訓練ヲ強調シタル次第
ナリシモ 尚シテ思ヘバ 甚ダ不徹底ナリシト慚愧ニ堪ヘズ
学問ヲ知ルデハ意志力モ強クナラズ 責任念モ補益トハナラズ
鍛錬ニ俟ツベシ 克己心練成ノ猛訓練アルベシ 教練ト内務
指導勤務ト連繋ニヨル 責任念ノ強化アルベシ 口ノ学問モ
行ノ練成モ不徹底トセザルベカラズ
死ハ易シ、生死ヲ超越シテ任務ヲ完遂スルモノ一ニ旺盛ナル
責任感ナリ、之モ普通ノ責任感デハ駄目ナリ 一言目ニハ己
レガ責任ヲ負フト云フモノ多シ 而モ其ニナル人ニ責任ヲ負ハセ
訓ナシ。責任トハ腹ヲ切ルコトニアラズ 自殺ハ奨励スベキニアラズ
戦場ニテ自殺スルモアリ 卑怯ノ極断ジテ許スベカラザル行為ト
謂フベシ 書生的ノ模範ナリ 死ヲ軽ンズル傾向
モ戒ムベシ 戦場ニテハ此ノ環境ニ支配セラルルガ如キノ如カ力ヲ要ス

然レトモ厚顔無恥、当然切腹シ罪ヲ謝スヘキ場合
恬トシテ恥ヂナキハ道徳ノ破壊者ニシテ言語同断ナリ
サル精神異常者モナキニアラス　某大隊長戦場ニ於テ
行動適当ナラサルヲ以テ軍法会議ニ附スヘク憲兵分隊長
ニ護送ヲ命シ後方ニ帰還セシム、憲兵ハ本人ノ自殺ヲ
憂ヘテ軍刀、拳銃ヲ預リタル折「武士ノ情ケナリ
自殺セシメヨ」ト指示セリ　本人ニモ良ヨ、戦場ノ怯者トシテ
軍律ニ触レ　あゝく帰レルヤ否ヤカヽル場合ニツイ自決スル
ガ道ナリ　又自決セシムルガ情ケナリ　然ルニ諾々トシテ
軍刀拳銃ヲ渡セルヲ見テ一抹ノ哀レヲ感ゼリ　而モ此ノ少佐ハ士官
学校出ニテ八期生ナリ、其ノ他停職トナリシ某少佐、某中尉
縁相当者アリ　着任以前ノ事ナルモ十六大目ニ見タル某小隊
某中尉ノ逃走的行為アリ、幸ニシテ某中尉ハ師団長
ノ訓戒ノ当夜　三ツ瑞陣地ニ突入シ莅ニシテ戦死ヲ遂ゲタリ
若キモノハ感激性アリ　一度ノ失敗ヲ以テ其ノ人ヲ殺スヘカラス
上官トシテハ本人ノ責任ヲ感知セシメ禍ヲ転ジテ名誉挽
復ニ死ノ道ヲ与フルコトガ本人ヲ活カス所以ナリ　某小佐ハ
小生着任後不覚ヲトリシコトガ戦斗ノ退却三度

其人ヲ訪ネ激励スルタメカ　着任後ノ戦斗ニハ三度
トモ立派ナリ、元来此ノ人ハ気ノ弱キ性格ナルモ戦斗前ニ毎度、
直前師団長ガ然ルニ本人ニ会セテ激励スレバ勇猛ナリ
超越シテヤルモノナリ「勇怯ノ差ハ小、責任感ノ差ハ大」ノ
言葉通リ責任ヲ感ズレバ気ノ弱キ人モ決死ノ奮闘ヲナス
ハ此ノ実例ナリ　仍テ隊長ハ責任感ハ必至ノ修養トシテ
終始心掛クベキト共ニ上官トシテハ部下ニ対シ個人的ニ絶ヘズ
「活」ヲ入レ注射ヲ施スコト必要ナリ　而テ此ノ「活」ハ会ヒ
マシカラ攻撃前迄ト云フ時機ガ最モ効果多シ　二十日ノ
攻撃開始ノ前夕笠原大隊長以下ニ与ヘタル訓示（富永訓話）
ハ聴クモノ原隊長ニ聯隊長ハ涙ヲ流セリ「しっかりやります」ト
声涙下ル為メニ言葉ガ不明瞭ナリシハ　言フモノモ聴クモノモ悲痛
ナル感激ニ打タル　小生ハ元来清濁併呑ノ訓話ハ不得手ナリ
然レトモ師団長トシテ部下ニ対シ激励ノタメ第一線ヲ巡視
巡回セハ必ズ其後ノ成果アリ　戦闘ノ至道ガ此辺ニ
事実ヲ証明ス　惜シイ哉　責任感ガ部下ノ隊長ニ以テ
ば必ズ移ルナリ　決死ノ覚悟ヲ揮ヒテ戦死シ已マス任務ヲ
全ウセシメトシテ隠蔽ナク責任感ト云フ

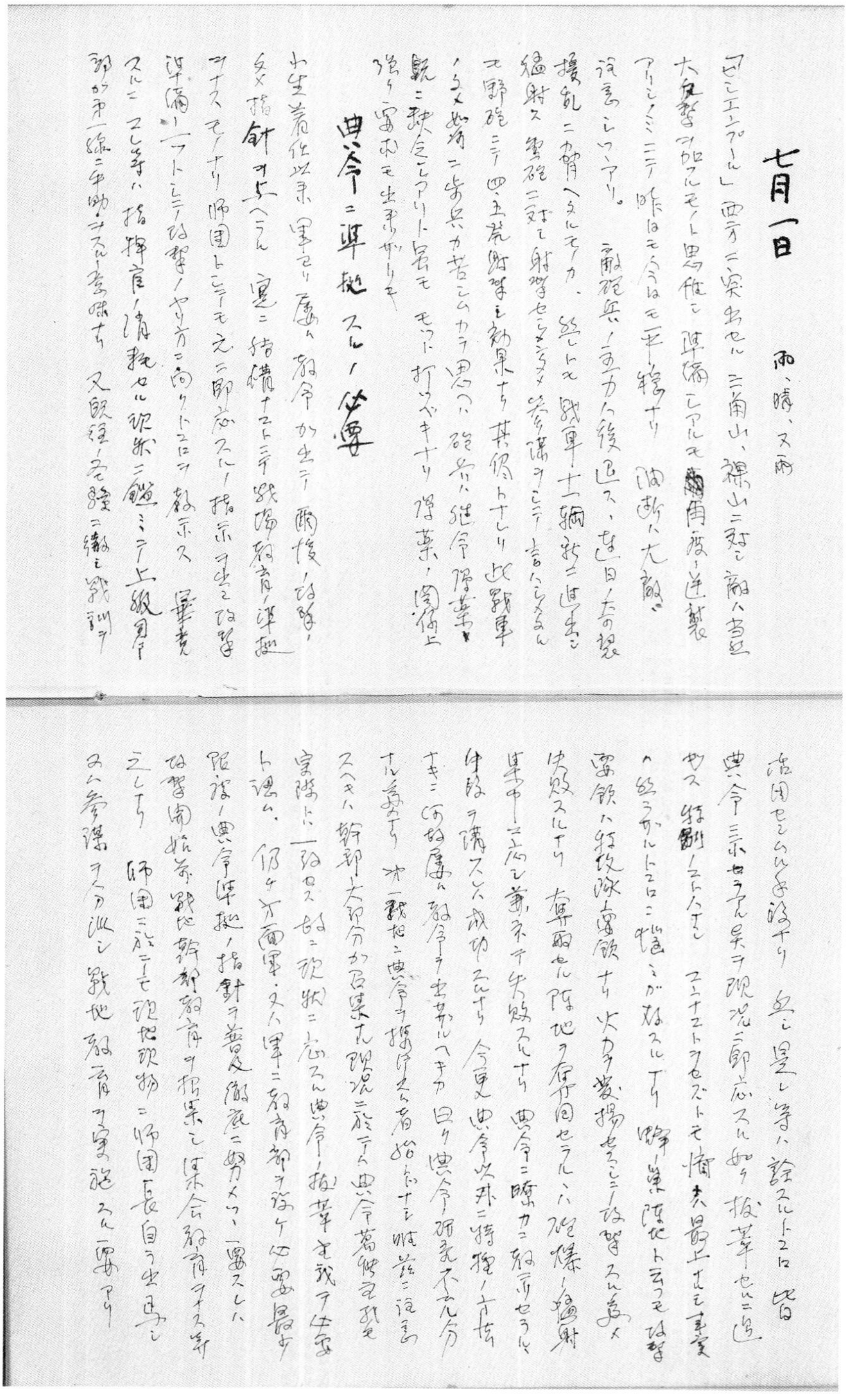

七月一日　雨、晴、又雨

「ゼヒエンブール」西方ニ突出セル三角山、裸山ニ対シ敵ハ当然
大反撃ヲ加フルモノト思惟シ準備シアルモ雨夜ノ逆襲
アリシノミニテ昨日モ今日モ平穏ナリ　油断ハ大敵
注意シツヽアリ。　敵砲兵ノ主力ハ後退ス、昨日ノ大の規
擾乱ニ狼狽ヘタルモノカ、終ヒトモ戦車十一輌我ニ近迫シ
猛射ス　野砲ニ対シ射撃セシメシメ参謀ヲシテ言ハシメタル
モ野砲ニテ四、五発射撃セル効果ナリ其ノ偵トナレリ　此戦車
ノタメ如何ニ歩兵カ苦シムカヲ思ヘハ砲兵ハ従令弾薬
既ニ缺乏シアリトスルモ　モツト打ツベキナリ　弾薬ノ関係上
強ク要求モ出来ザリキ

典令ニ準拠スルノ必要

小生着任以来軍ヨリ屡々教令カ出テ爾後ノ攻撃ノ
タメ指針ヲ与ヘラル　実ニ結構ナコトニテ戦場教育ノ準拠
ニナスモノナリ　師団トシテモ之ニ即応スルノ指示ヲ出シ攻撃
準備ノコトヽ攻撃ノヤリ方ニ向ウトコロヲ教示ス　畢竟
スルニ之レ等ハ指揮官ノ消耗セル現状ニ鑑ミテ上級司令
部カ第一線ニ手助ケスル意味ナリ　又戦経ノ経験ニ徹シ戦訓ヲ
活用セシムル手段ナリ　然シ是レ等ハ論スルトコロ皆
典令ニ示セラレ居ヲ現況ニ即応スル如ク抜萃セルニ過
ギズ　特別ノコトハナシ　コレナルコトヲセズトモ何夫最上ナル事実
ハ然ラザルトコロニ悩ミガ存スルナリ　此ノ陣地ト云フモ攻撃
要領ハ特攻隊要領ナリ　火力ヲ発揚セシニノ攻撃スル為メ
失敗スルナリ　奪取セル陣地ヲ確保セラルハ砲爆ノ猛射
集中ニ応シ兼ネテ失敗スルナリ　典令ニ嘘カニ教示セラル
手段ヲ講スルハ成功スルナリ　今更典令以外ニ特種ノ方法
ナキニ何故屡々教令ヲ出サヾルヘキカ　巳リ典令研究不充分
ナル為メナリ　第一戦地ニ典令ヲ擦ゲタル者始ンド十ヒ
スヘキハ幹部ノ大部分カ召集ナル現状ニ於テハ典令若然
実際トハ一致セズ　故ニ現状ニ応スル典令ノ抜萃ヲ欲シテ
ト謂ム、仍チ方面軍・又ハ軍ニ教育部ヲ設ケ必要最少
限度ノ典令準拠ノ指針ヲ普及徹底ニ努メツヽ要スレハ
攻撃開始前戦地幹部教育ヲ指導シ集会教育ヲナス等
之レナリ　師団ニ於テモ現地現物ニ師団長自ラ出馬シ
テ参謀ヲ分派シ戦地教育ヲ実施スル要アリ

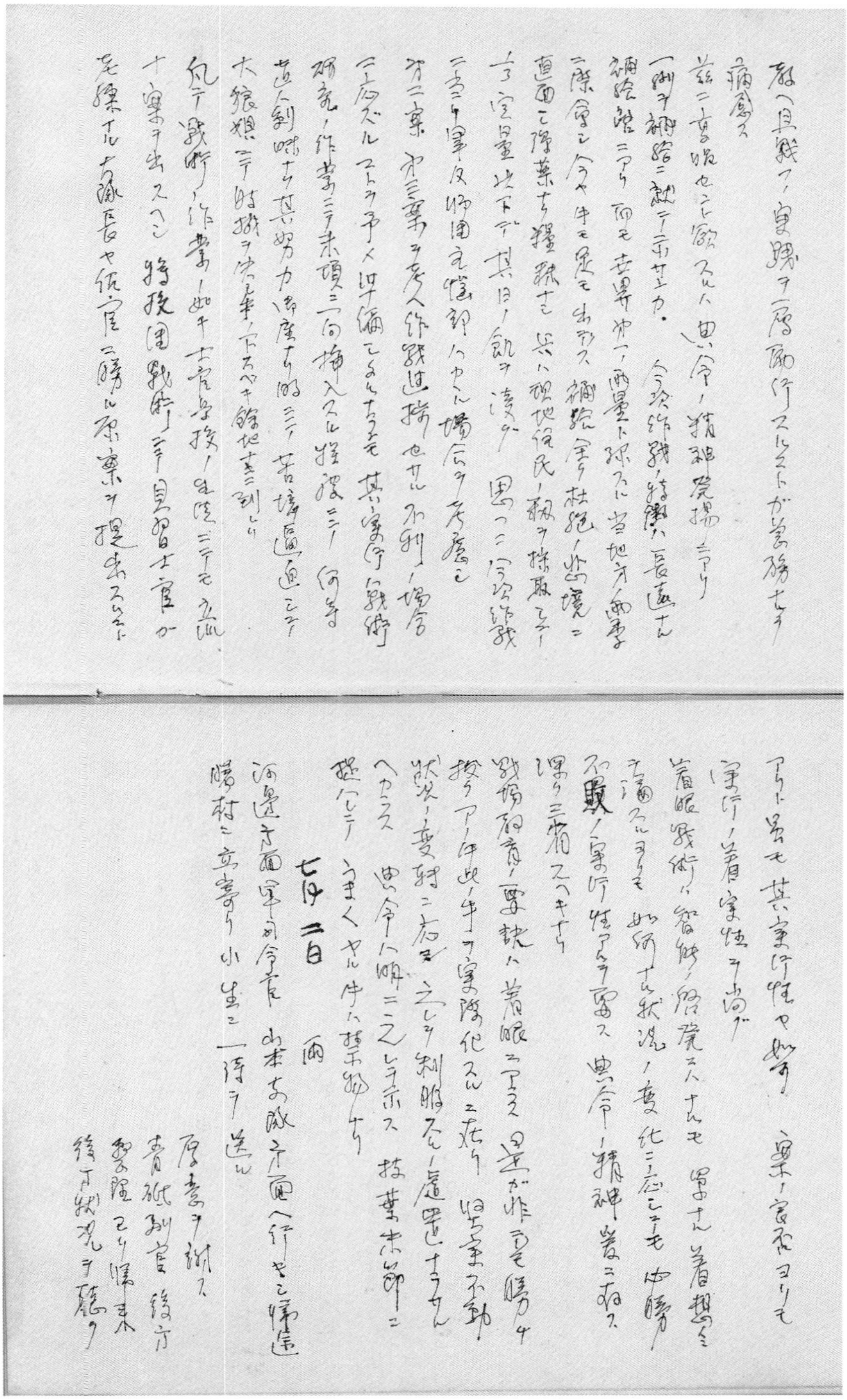
我ハ且戦ヒノ実践ヲ一層励行スルコトガ急務ナリ
痛感ス
茲ニ高唱セント欲スルハ 軍命ノ精神発揚ニアリ
一例ヲ補給ニ就テ示サンカ。 今次作戦ノ特徴ハ長遠ナル
補給線ニアリ 而モ世界第一ノ雨量ト称スル当地方ノ雨季
ニ際会シ今ヤ牛モ象モ出テス 補給全ク杜絶ノ悲境ニ
直面シ弾薬ナク糧秣ナシ 兵ハ現地住民ノ籾ヲ採取シテ一
日定量以下デ其日ノ飢ヲ凌グ 思フニ今次作戦
ニ当リ軍及師団ハ慎重ナル場合ヲ考慮シ
第二案 第三案ヲ考ヘ作戦進捗セザル不利ノ場合
ニ応ズル コトヲ予メ準備シアルナラモ 其実行ノ戦術
研究ノ作業ニテ末項ニ内挿入スル程度ニシ 何等
真ノ判断ナル其努力御座ナリニシテ 苦境遭遇ニテ
大狼狽シテ時機ヲ失シ手ノ下スベキ余地ナキニ到レリ
凡テ戦術ノ作業ノ如キ士官学校ノ生徒ニテモ立派
ナ案ヲ出スベシ 将校団戦術ニテ見習士官ガ
老練ナル大隊長ヤ佐官ニ勝ル原案ヲ提出スルコト
アルモ其実行性ヤ如何 案ノ良否ヨリモ
実行ノ着実性ヲ尚ブ
着眼戦術ハ智能ノ発露ナルモ 単ナル着想ヲ
論スルヨリモ如何ナル状況ノ変化ニ応ジテモ必勝
不敗ノ実行性アルヲ要ス 軍命ノ精神茲ニ存ス
深ク三省スヘキナリ
戦場指揮ノ要訣ハ着眼ニアラズ 是ガ作戦ヲ勝チ
抜クアノ件此ノ手ヲ実際化スルニ在リ 日常不動
状況ノ変移ニ応ジ之レヲ判断スルノ処置ナラサル
ヘカラス 軍命ハ明ニ之レヲ示ス 枝葉末節ニ
捉ハレテ うまくヤル件ハ枝葉ナリ

七月二日 雨

河辺方面軍司令官 山本大佐方面ヘ行キ帰還
勝村ニ立寄リ 小生ニ一停シテ送ル
厚意ヲ謝ス
青柳副官 後方
撃隆ヨリ帰来
後方状況ヲ聴ク

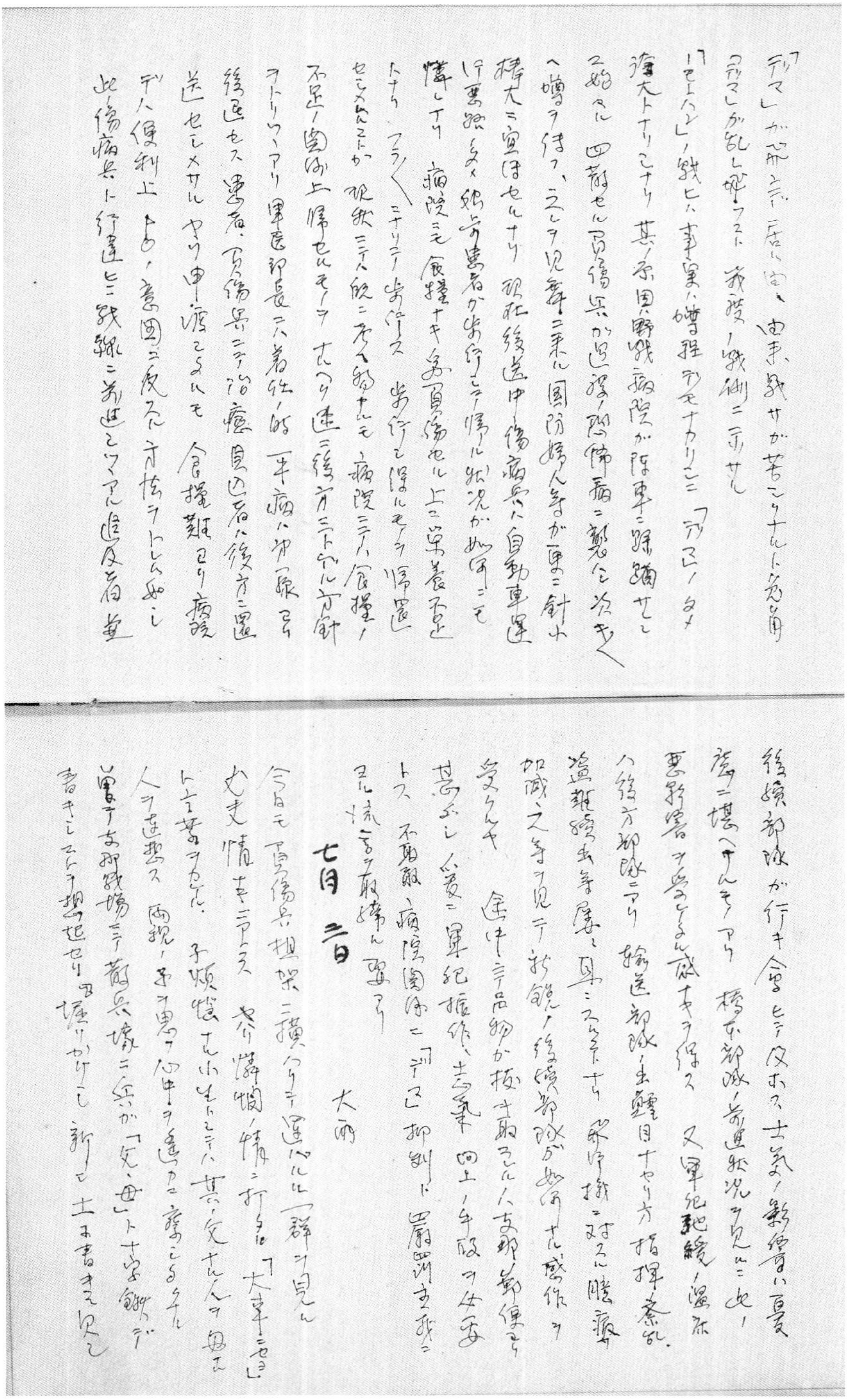

「デマ」ガ戦ニテ居ル内ハ、由来、戦サガ苦シクナルト兎角
「デマ」ガ乱レ飛ブモノ 我役ノ戦例ニ示サル
「モヒハン」ノ戦ヒハ事実ハ嘘程デモナカリシニ 「デマ」ノタメ
誇大トナリシナリ 其ノ素因ハ野戦病院ガ陸軍ニ躊躇セシ
ニ始マル 回前セル負傷兵ガ退路ノ恐怖感ニ襲ハレ泣キ
ヘ増ヲ待ツ、之レヲ見舞ニ来ル国防婦人等ガ更ニ針小
棒大ニ宣伝セルナリ 現在後送中傷病兵ハ自動車運
行悪路多メ絶ヘズ患者ガ歩行シテ帰ル状況ガ如何ニモ
憐レナリ 病院ニモ食糧ナキ為負傷セル上ニ栄養不足
トナリ フラフラニナリテ歩行ス 歩行シ得ルモノヲ帰還
セシメルコトガ現状ニテハ既ニ不可能ナルモ 病院ニテハ食糧ノ
不足ノ為可成上帰セルモノヲ 成ルベク速ニ後方ニト云ル方針
ヲトリツツアリ 軍医部長ニハ着任ノ時 一年病ハ沖縄ヨリ
後送セス患者、負傷兵ニテ治癒見込者ハ後方ニ還
送セシメサル やり申渡シタルモ 食糧難ヨリ病院
デハ便利上 ヨウノ意図ニ反スル方法ヲトレル如シ
此ノ傷病兵ト行違ヒニ戦線ニ前進シツツアル追及兵並

後続部隊ガ行キ会ヒテ及ホス士気ノ影響ハ憂
慮ニ堪ヘザルモノアリ 様々部隊ノ前進状況ヲ見ルニ其ノ
悪路悪条件ノ為メ隊伍ナキヲ得ズ 又軍紀弛緩ノ混乱
ハ後方部隊ニアリ 輸送部隊ノ主要目ナヤリ方指揮紊乱
道離続出等屡々耳ニスル所ナリ 斯ル状態ニ対スル勝敗
加減、之等ヲ見テ新鋭ノ後続部隊ガ如何ナル感作ヲ
受クルヤ 途中ニテ品物ガ抜キ取ラルルハ支那苦力使用ヲ
甚ダシ 人員ニ軍紀振作、士気ノ向上ノ手段ヲ考案
トス 不取敢病院関係ニ「デマ」抑制ト厳罰主義ニ
ヨル措置ヲ取扱フ要アリ

七月二日　大雨

今日モ負傷兵担架ニ横ハリテ運バルル一群ヲ見ル
丈夫情無ニアラズ ヤハリ憐憫ノ情ニ打タル 「大事ニセヨ」
ト言葉ヲカケル 子煩悩ナル小生トシテハ其ノ父ナル人ヲ母ナル
人ヲ連想ス 両親ノ子ヲ思フ心中ヲ遥カニ察シタルモ
嘗テ支那戦場ニテ敵兵墳ニ兵ガ「父、母」ト十字銘ヲデ
書キシアルヲ想起セリ 西塚リガケシ 新シ 土ニ書キテ見シ

父と云ふ字と母と云ふ字を凸 感傷的ト云フ也
此ノ孝心アリテコソ立派ニ戦ヒヘアルナリ 吾ヒトシテハ
故郷ノ父母ニ対シ御預リシタ兵ヲ立派ニ働カセタイ
決シテ犬死ハサセタクナイト日夜心ヲ砕クナリ
六月三十日調ベニヨルト師団ノ戦死傷ハ七千、戦病五千
計一万二千余 70%ナリ 軍医部カラ毎日如雅
ノ報告表ヲ持チ来ル毎ニ心ヲ痛メ断腸ノ感ナキ能ハズ
勿論皆立派ニ戦ツテ居ル 唯恐ルル指揮官ノヘマノ多キ也
ノ戦力ヲ無駄ニ消耗シテハ相済マズ 旅順口ノ戦況
遅滞セシ時乃木将軍ノ留守宅ニ石ガ飛ビ、浦塩艦
隊ノ跳梁時上村司令官ニ対スル悪口ハ今モ尚耳朶ニ
アリ浮世ノ毀誉ハ敢テ意ニ介スル要ナシト雖モ親身
トナリテ大切ナ他ノ息子ヲ犬死サセタトアリテハ申訳ナシ
「人情部隊長」ナル言葉ハ不同意ナリ 人情ナキ部隊長
ノアル筈ナシ サレド アマリ人情ニ過ギルト戦ハ出来ヌモノ
ナリ 時ニハ人情ヲ殺サザルベカラズ 心ヲ鬼ニシテ戦ツテコソ
勝ツナリ 勝ツテコソ始メテ戦死ガ浮ブベシナリ

勝タンガタメニハ損害ヲ意トセザル必要モアリ「犬死」
ナド云フ言葉ハ指揮官ノ心構ヘトシテハ差支ナキモ批判
的ニ用フベキニアラズ 皆大東亜戦ノ人柱ナリ 悠久ノ
大義ニ生キルタメ身ヲ献ゲツツアルナリ 唯指揮官トシテハ
其ノ忠勇ナル将兵ノ大精神ヲ戦力ノ総和トシテ大ナル
戦果トナサシムル如ク努カムルベシ
着任時ノ訓示ニ「師団ハ崩テ全滅ヲ辞セズ」ト示シタ意
ハ以上ノ趣旨ニ外ナラズ
最近玉砕ト云フ言葉流行スルモコレハ危険物ナリ「アッツ」島ノ
玉砕ハ天晴レナリ アノ場合ハアレヲ最上トス。然レドモ玉
砕デモ更ニ積極果敢ニヤル必要アル場合、玉砕前ニ血祭
ヲ招キ一敵ヲヤッツケル方法アル場合早急ニ玉砕スルハ
一種ノ自滅ノ自殺行為ニシテ敢闘ナル責任感ニ缺ケル
モノトス 指揮官ノ意志ハ鐘ノ如ク堅確敢闘ナラザルベカラズ
全滅覚悟ニ戦フ決意ト玉砕主義ト混同スル向キ、損害
ヲ意トセズ 任務ニ邁進スルコトガ大切ニシテ直ニ玉砕ヲ
許スル如キハ悲鳴語キ言ナリ、玉砕ニ瀕シトモ云フ部隊ニ玉砕ヲ例セ

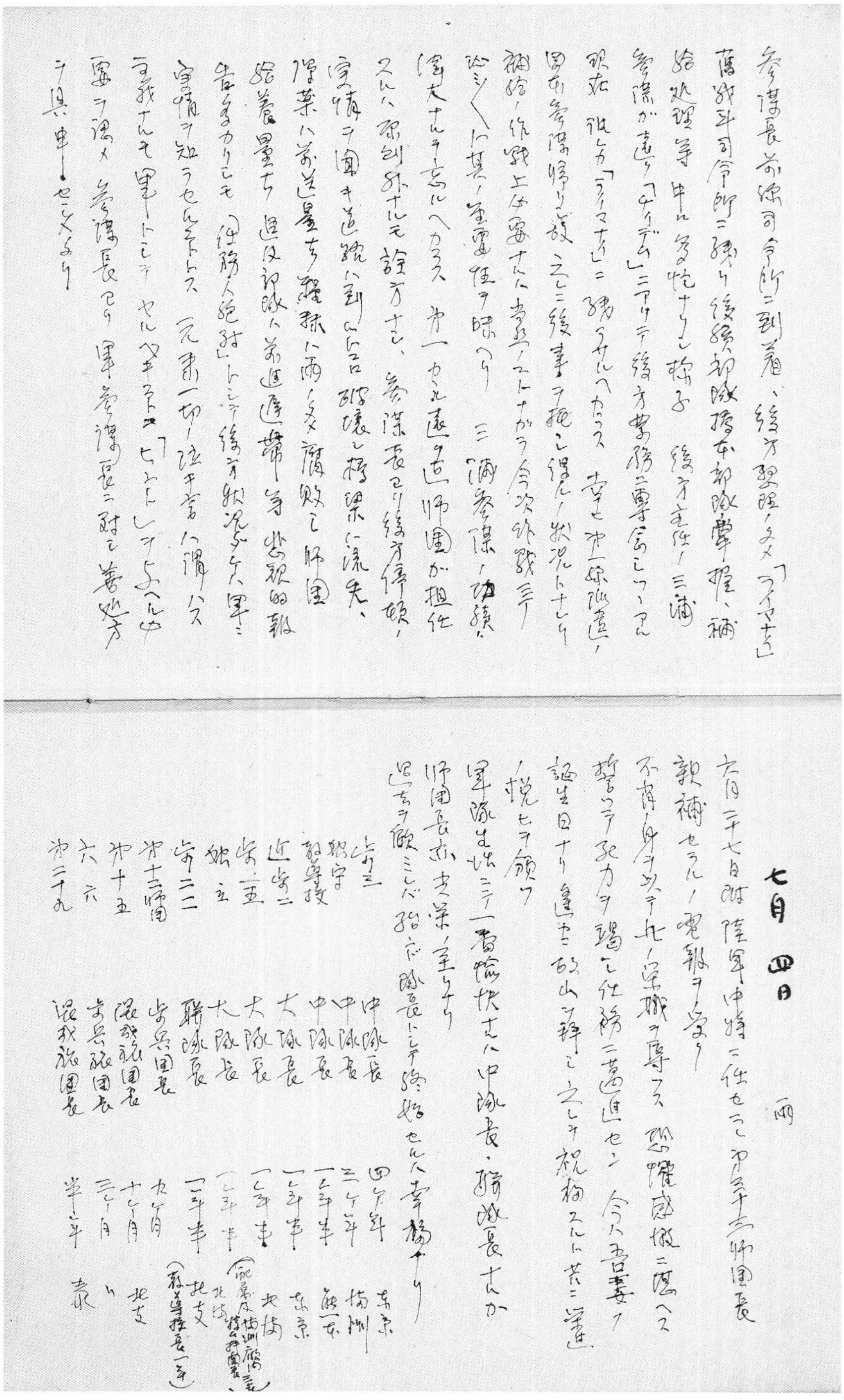

参謀長前線司令所ニ到着、後方整理ノ為メ「ライマナイ」
蒲戦斗司令所ニ残リ後続部隊掩護部隊掌握、補
給処理等中ル多忙ナリシ様子 後方主任ノ三浦
参謀ガ遠ク「チンドウィン」ニアリテ後方業務ニ専念シツツアル
現在 他ニ力「ライマナイ」ニ残ラサルヘカラス 若シ第一線部隊ノ
同方参謀帰リシ故 之レニ後事ヲ託シ得ルノ状況トナレリ
補給ノ作戦上不安ナル当然ノコトナガラ今次作戦ニテ
恐シクハ其ノ重要性ヲ味ヘリ 三浦参謀ノ功績ハ
偉大ナルヲ忘ルヘカラス 第一カル遠ク古ク師団カ担任
スルハ原則外ナルモ 詮方ナシ、参謀長ヨリ後方停頓ノ
実情ヲ聞キ道路ハ到ル所破壊シ橋梁ハ流失、
弾薬ハ前送量少ク糧秣ハ雨ノ為腐敗シ師団
給養量少ク 且又部隊ハ前進停滞等 悲観的報
告多カリシモ 任務ハ絶対ナリトシテ後方状況ノ如キハ軍ニ
実情ヲ知ラセルモノトス 元来一切ノ泣キ言ハ謂ハス
主義ナルモ軍トシテヤルヘキモノ「セントナシテ」ナスヘキ
要ヲ認メ 参謀長ヨリ軍参謀長ニ対シ善処方
ヲ具申セシメタリ

七月四日 雨

六月二十七日附 陸軍中将ニ任セラレ第三十一師団長
親補セラルノ電報ヲ受ク
不肖ノ身ヲ以テ此ノ栄職ヲ辱フス 恐懼感激ニ堪ヘス
誓ッテ死力ヲ竭シ任務ニ邁進セン 今日ハ吾妻ノ
誕生日ナリ 遙カニ故山ニ拝シ之レヲ祝福スルト共ニ前途
ノ悦ヒヲ頒ツ
軍隊生活ニテ一番愉快ナルハ中隊長、旅団長ナルカ
師団長亦其ノ栄ノ至リナリ
過去ヲ顧ミレバ指示隊長トシテ終始セルハ幸福ナリ

歩三	中隊長	四ケ年	東京
総字	中隊長	二ケ年	豊橋
教導校	中隊長	一ケ年半	麻布
近歩二	大隊長	一ケ年半	東京
歩五	大隊長	一ケ年半	北満
姫六	大隊長	(一ケ年半	(飛島及満洲…) 北満
歩二二	聯隊長	一ケ年半	北支 (教導隊長一年)
第十三師団	歩兵団長	九ケ月	
第十五	混成旅団長	十ケ月	北支
六六	歩兵旅団長	三ケ月	〃
第二十九	混成旅団長	半ケ年	泰

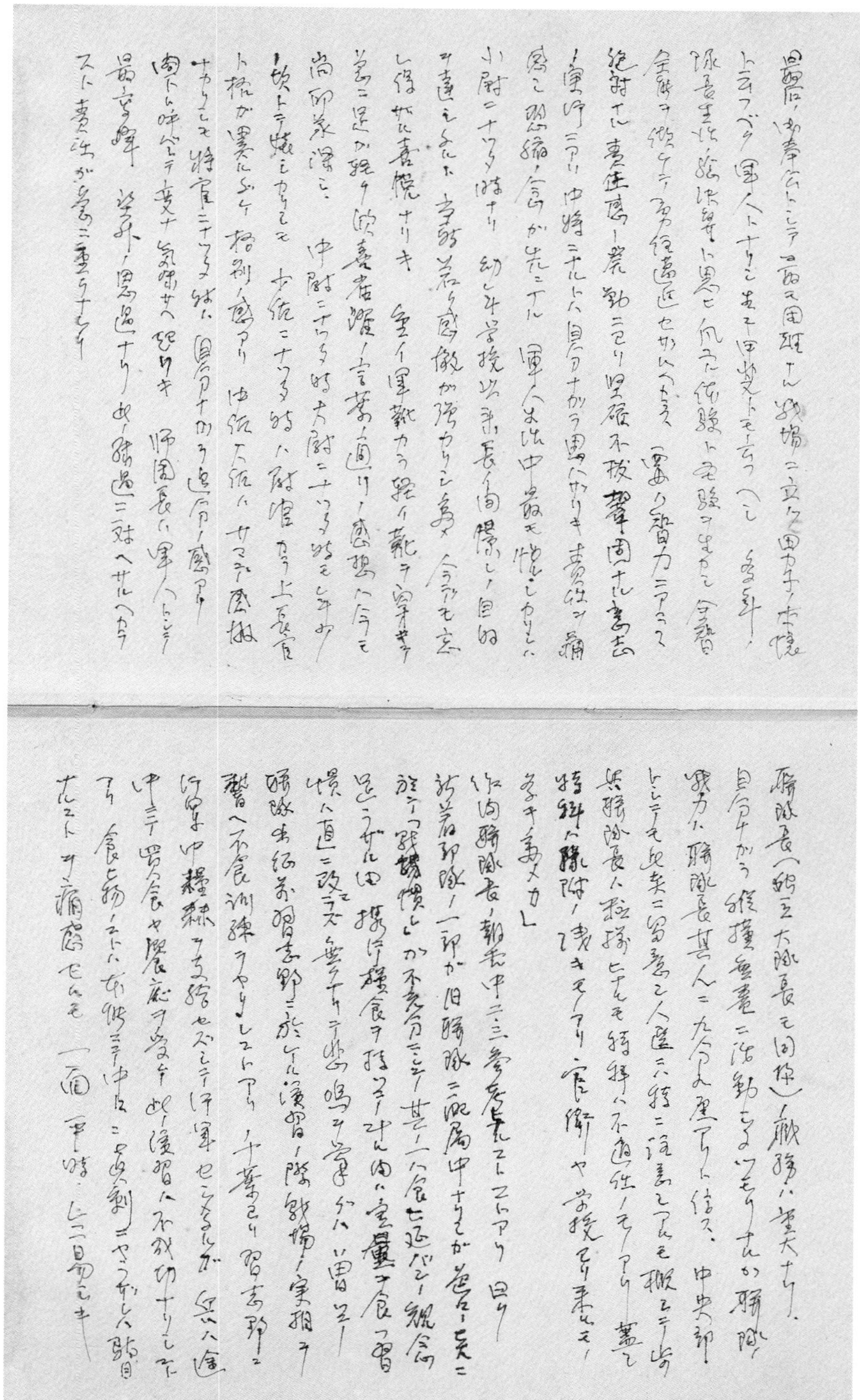

最后ノ御奉公トシテ一番困難ナル戦場ニ立ツハ男子ノ本懐
トスヘク軍人トナリシ甲斐アリト云フヘシ　多年ノ
隊長生活ノ経験ト思ヒ凡テノ体験ト実験ヲ生カシ今暫
全能ヲ傾ケテ努力邁進セサルヘカラス　要ハ智力ニアラス
絶対ナル責任感ト精勤ニヨリ堅確不抜鞏固ナル意志
ノ実行ニアリ　中将ニナルトハ自分ナカラ思ハサリキ　責任ノ痛
感ニ恐縮ノ念ガ先ニナル　軍人生活中最モ愉快シカリシハ
小尉ニナリシ時ナリ　幼年学校出身ノ長ク同僚ノ目的
ヲ達シタルト青春若キ感激ガ強カリシ為メ　今デモ忘
レ得ザル喜悦ナリキ　全ク軍靴カラ軽イ靴ヲ穿キテ
真ニ足ガ軽ク歓喜雀躍ノ言葉ノ通リノ感想ハ今デモ
尚印象深シ　中尉ニナリシ時大尉ニナリシ時モ左ホト
一段トテ嬉シカリシモ　少佐ニナリシ時ハ尉官カラ上長官
ト格ガ異ルノデ格別ノ感アリ　中佐大佐ハサマデ感激
ナカリシモ将官ニナリシ時ハ自分ナカラ意外ノ感アリ
閣下ト呼バレテ変ナ気味サヘ起リキ　師団長ハ軍人トシテ
最高ノ名誉　望外ノ恩遇ナリ　此ノ殊遇ニ対ヘサルヘカラ
スト責任ガ愈々重クナレリ

聯隊長（師団長モ同様）ノ職務ハ重大ナリ、
自分ナガラ縦横無尽ニ活動シタツモリナルガ聯隊ノ
戦力ハ聯隊長其人ニ九分ノ重アリト信ス、中央部
トシテモ此点ニ留意シ人選ニハ特ニ注意シアルモ概シテ出身
兵聯隊長ハ粒揃ヒナルモ特科ハ不適任ノモノアリ　蓋シ
特科ハ聯隊ノ浅キモノアリ　官衙ヤ学校ヨリ来ルモノ
多キ為メカ
竹内聯隊長ノ朝会中ニ三参考トナルコトアリ　曰ク
新着部隊ノ一部ガ旧聯隊ニ配属中ナリシガ苦シイ点ニ
於テ「戦場慣レ」ガ不充分ニシテ　其ノ一ハ食ヒ延バシノ観念
足ラザル由　携行糧食ヲ持ツテ行ク内ハ全量ヲ食ヒ習
慣ハ直ニ改ラズ　無クナリテ腹ヲ鳴ラス者アリハ曽テノ
聯隊出征前習志野ニ於ケル演習ノ際戦場ノ実相ヲ
贅ヘ不食訓練ヲヤリシコトアリ　千葉ヨリ習志野ニ
行軍中糧秣ヲ支給セズシテ行軍セシメタルガ　兵ハ途
中ニテ買食ヤ農家ヲ漁リ　此ノ演習ハ不成功ナリシコト
アリ　食ヒ物ノコトハ平時ニテ中々ニ真剣ニヤラセナクバ駄目
ナルコト　ヲ痛感セルモ　一面　平時　止ムヲ得ザリキ

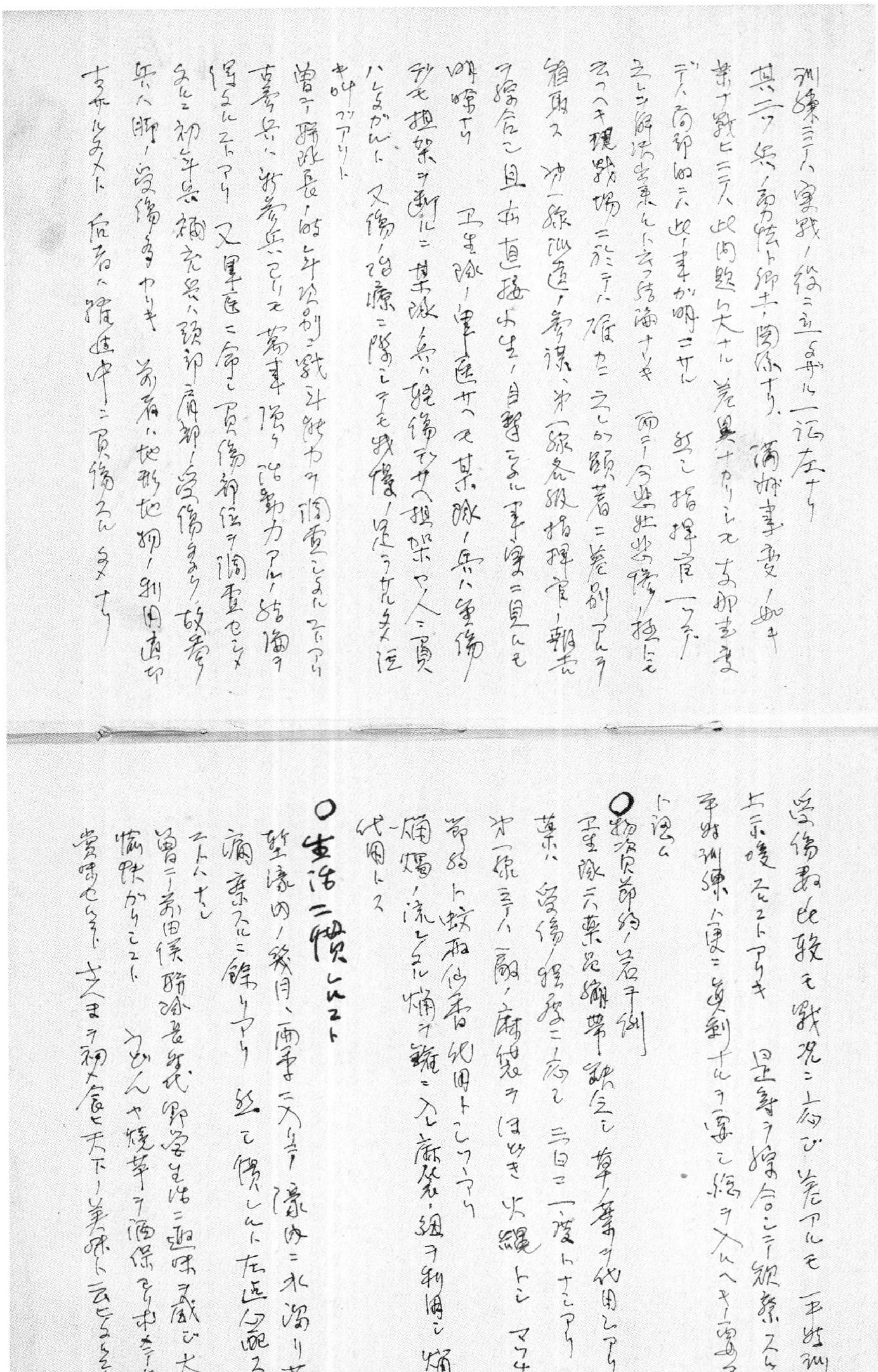
訓練ニテハ実戦ノ役ニ立タザル一証左ナリ
其ニツ兵ノ努力ト御大ノ関係ナリ、満洲事変ノ如キ
突ナ戦ヒニテハ此ノ問題ハ大ナル差異ナカリシモ支那事変
デハ局部的ニハ此ノ事ガ明ニサレ　然シ指揮官ノ一ツデ
之レヲ解決出来ルト云フ結論ナリキ　而シテ今迄壮烈悲惨ノ接トモ
云フヘキ現戦場ニ於テハ僅カニ之レガ顕著ニ差別アルヲ
観取ス　第一線巡邏ノ参謀、第一線各級指揮官ノ報告
ヲ綜合シ且ツ直接小生ノ目撃シタル事実ニ見ルモ
明瞭ナリ　工兵隊ノ軍医サヘモ某隊ノ兵ハ重傷
デモ担架ヲ断ルニ某隊ノ兵ハ軽傷デモサヘ担架ヤ人ニ負
ハレタガルト　又傷ノ治療ニ際シテモ我慢ノ足ラザル多シ
キ叫ブアリト
曽テ聯隊長ノ時ノ年次別ニ戦斗能力ヲ調査シタルコトアリ
古参兵ハ新参兵ヨリモ萬事優リ活動力アルノ結論ヲ
得タルコトアリ　又軍医ニ命シ負傷部位ヲ調査セシメ
タルニ初年兵補充兵ハ頭部肩部ノ受傷多ク故参
兵ハ脚ノ受傷多カリキ　前者ハ地形地物ノ利用適切
ナラザルタメト　后者ハ躍進中ニ負傷スル多キナリ
受傷者比較モ戦況ニ応ジ差アルモ一平時訓練
ト示唆スルコトアリキ　是等ヲ綜合シテ観察スル時
平時訓練ハ更ニ真剣ナルヲ要シ給ヲ入ルヘキ要アリ
ト認ム
○物資節約ノ若干例
工兵隊ニテハ薬品繃帯欠乏シ草ノ葉ヲ代用シアリ
薬ハ受傷ノ程度ニ応シ三日ニ一度トナシアリ
第一線ニテハ敵ノ麻袋ヲほどき火縄トシ　マッチ
節約ト蚊取線香代用トシツツアリ
蝋燭ノ流レタル蝋ヲ鑵ニ入レ麻糸・紐ヲ利用シ蝋燭
代用トス
○生活ニ慣レルコト
塹壕内ノ幾月、両手ニ入リテ塹壕内ニ水溜リ若
痛苦スルニ餘リアリ　然シ慣レルト左迄心配スル
コトハナシ
曽テ前田侯騎兵旅団長時代野営生活ニ趣味ヲ感ジ大ニ
愉快ガリシコト　うどんや焼芋ヲ酒保ヨリ求メテ大ニ
賞味セラレ　之レ天ノ初メ食ヒ天下ノ美味ト云ヒタルコト

思ヒ出サレ人間ハ生活環境ニハ順応性ガアルヲ知ル
内地ニテハ物資豊富ノ又家屋ナル生活ニ慣レツヽアルニ
贅沢ナル生活ハ亡国ヘノ道、一面カラ考ヘルト之ガ剛健
ナル国民精神ノ養成トナルナラン。斯ルコトニ[illegible]
[illegible]日本人ハ永久ニ浮バヌ国民ナリ 今此ノ戦線ニ
立ツ将兵ノ日夜ノ起居ハ内地ニ又トナキ良キ修養ニ
シテ四ヶ月モ此ノ生活ニ慣レルト僕自ラ見ル程内地
ニアレドアラズ 人間ニハ或ル範リヲ有ス 体内ニモ抵抗
カアルト共ニ体外ニモ抵抗力アリ 精神力ニヨリ或程度ノ
無理ヲ征服シ得ルモノナリ
食物ニテモ然リ 塩サヘアレバ有難シト思ヒ生活スル貴キ
本日 無線部隊長ヨリ 敵ノ落下傘ニテ投下セル物量
ヲ捕獲シタルモノアリ之ヲ小生ニ持チ来ル 内容
ハ実ニ贅沢ナリ「ウイスキー」「ビール」各種果物ノ罐詰
砂糖、油、コーヒー、ミルク、ビスケット等ニテ [illegible]
一又御馳走ニナリキ 参謀長以下全員ニ之ヲ頒ケシガ
考ヘテ見レバ コンナ贅沢ナモノヲ喰シテ居ル敵ハ弱キ訳ナリ

彼等ハ今ヤ我将兵ガ味ヒツヽアル辛棒ハ断ジテ
出来ズ 唯ニ食糧ノミナラズ 弾薬ニ於テ然リ 一日三千
四千ノ弾薬~~我軍ノ如~~ヲ費消シテ居ルガ故ニ戦ヒ
テアルナリ 弾薬ガ我軍ノ五倍十倍ニ低下セバ必ズ戦ヒ
ヲ断念スルハ必定ナリ 此ノ弾薬ノ差ノ下ニ戦ヒツヽアル
将兵ノ意気ヲ誰レカ知ル
飛行機ニ対シテモ慣レルトイフテモ中々重大ノ問題ナリ
斯ク云フ小生ニシテモ 戦線ニ立チテ 当初ハ飛行機ノ
音響ニテモ判断来ズ ~~[illegible]~~ 飛行機ト云ヘバ
爆撃ヲ直想セシモ 然ラズ 其ノ爆撃スルニハ 隊形変換
モアリ [illegible]ハ投下物ニテ音響ト目視ヲ適切ニ利用セバ
待避ノ時モアリ 又待避スルニ及バザルコトモアリ 射撃
準備モ時間充分アルモノナリ 之レモ慣レルコトガ学問ニテ
新ニ到着セル部隊ト前カラ居ル兵トハマヽニ大ナル差アリ
何ニデモ大事ナルコトハ体験ナリ 而シテ 苦キ体験ヨリ
貴重ナリ 自信力トハ此ノ苦キ経験ヨリ生ル [illegible]
常ニ事ノ眼ヲ以テスルコトガ萬事ヲ解決ス 之レガ[illegible]ナリ

陣中ノ配宿

師団長ト幕僚ト参謀長トハ離ナカラヌ様ノ出来ルコト必要ナリ　参謀長ト作戦主任ハ必要ナリ　昔ハ師団長ヲ神様扱トシテ何テ煩累ヨリ遠ケ冷静ニ在ルコトヲ必要ナリト聞キシガ　今ハソンナ時代ニアラズ　飛行機戦車ノ発達セル現代戦ハテンポ急速ナリ　一瞬ヲ争フコトアリ　団長ガ幕僚ト同居スルコトガ理想ナリ　幕僚ガ窮屈ガルヤウナソンナ水臭イ感ジデハ勝利ハ疑ハシ　一体トナラザルベカラズ　戦機ヲ把握スルコトガ必要条件ナリ

将来ハ軍ニ戦斗司令所ハ必要ナリ　一般ニモ応用スベキコトト思考ス　西伯利出征ノ時浦潮ノ軍司令部参謀室ハ由比参謀長ヲ中心トシ各幕僚以下書記ニ到ル迄一室ニテ仕事セリ　特別ニ軍機ノ秘密ニ関スルコトハ別室ニテ話スルハ可ナリ　将来増員多メ将来当司令部ハ斯クスベキヲ要求セリ

自身ノ安楽安逸ヲ犠牲トシテ必勝ノ一念ノ為メニ業断ヲ要ス

色々話ナクシテオル内ニ大事ナコトヲ思ヒツクモノナリ

静カニ考ヘル時ハ独リデ別室ニ行キ瞑想スルハ可ナリ

火野葦平氏来陣ス　此ノ砲火ノ中ニ単独ニテ沖縄ニ来ル意気ニ感謝ス

色々内地ノ様子ナド承リ　久振リニ銃後ノ力強キ国民ノ気合ヲ知リ愉快ナリ　丁度河辺将軍ヨリノ土産モアリ二ノ酒ヲ共ニ飲ム

此ノ日誌モ紙白残リナシ

丁度良キ機会ナルハ同氏ニ托シ内地ヘ送ルコトトス

茲ニテ最少限トスル戦陣生活ニテハ餘分ノモノハ一切携行セザルノ必要ニ迫ラレ　此ノ小冊子サヘモ荷厄介ナリ

部下カ敵ノ危険ヲ冒シテ採リテ来テ呉レタモノ
其厚意ヲ忘レザル為メ　ココニ添附ス

（囲）
陣地 [illegible]
南方に [illegible]
を利用し [illegible]
御届け申上ぐ
尚落下傘一個には [illegible]
[illegible]
田中中将閣下

青砥大尉カ後方ヨリ追及　看護退避ノタメ之レヲ推進シ
来レル努力中ハ天晴ナリ　甚タ能ク実行力旺盛ニ
敬服ニ値ス　濁流ニ飛ヒ込ミテ鉄舟ヲ処理セシコトナト
敵ノ投下セル時限爆弾ヲ処理爆破セシトカ、道路上ニ転落
セル「トラック」大ノ石ヲ爆砕シテ之ヲ排除セシトカ　色々
行動ヲ聴ク　皆ナ此ノ青砥大尉ノ如キ積極果敢ナラ
後方道路ノ悪條件モ多少緩和スヘキナルモ　一般ニ
没法子ノ如ナル消極的ナル如カカハ遺憾ニシ
第一線ノ惨状ニ乏シキ気分カ後方部隊ニ蔓延セルハ何処
ニ原因カアルヤ　要ハ指揮官ノ意気ナラシカ

七月五日　晴

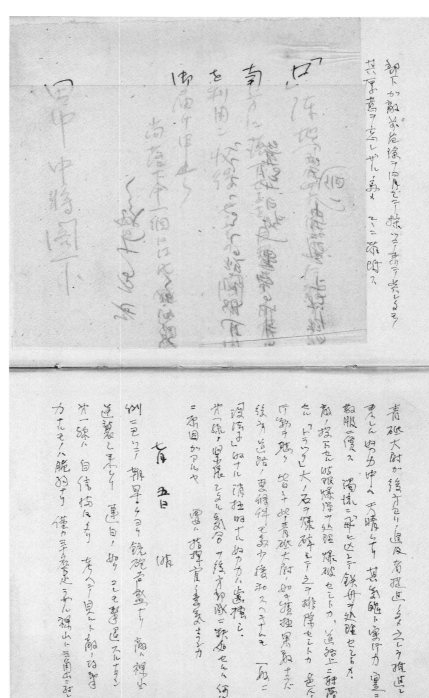

例ニ依リテ朝早クヨリ銃砲声盛ナリ　敵ハ裸山ニ
逆襲シ来レリ　連日ノ如ク之レヲ撃退スルナラン
第一線ハ自信揃ヒタリ　考ヘテ見レハ敵ノ砲撃
カナルモノハ脆弱ナリ　僅カ三十名程足ラサル裸山ニ三角山ニ対シ

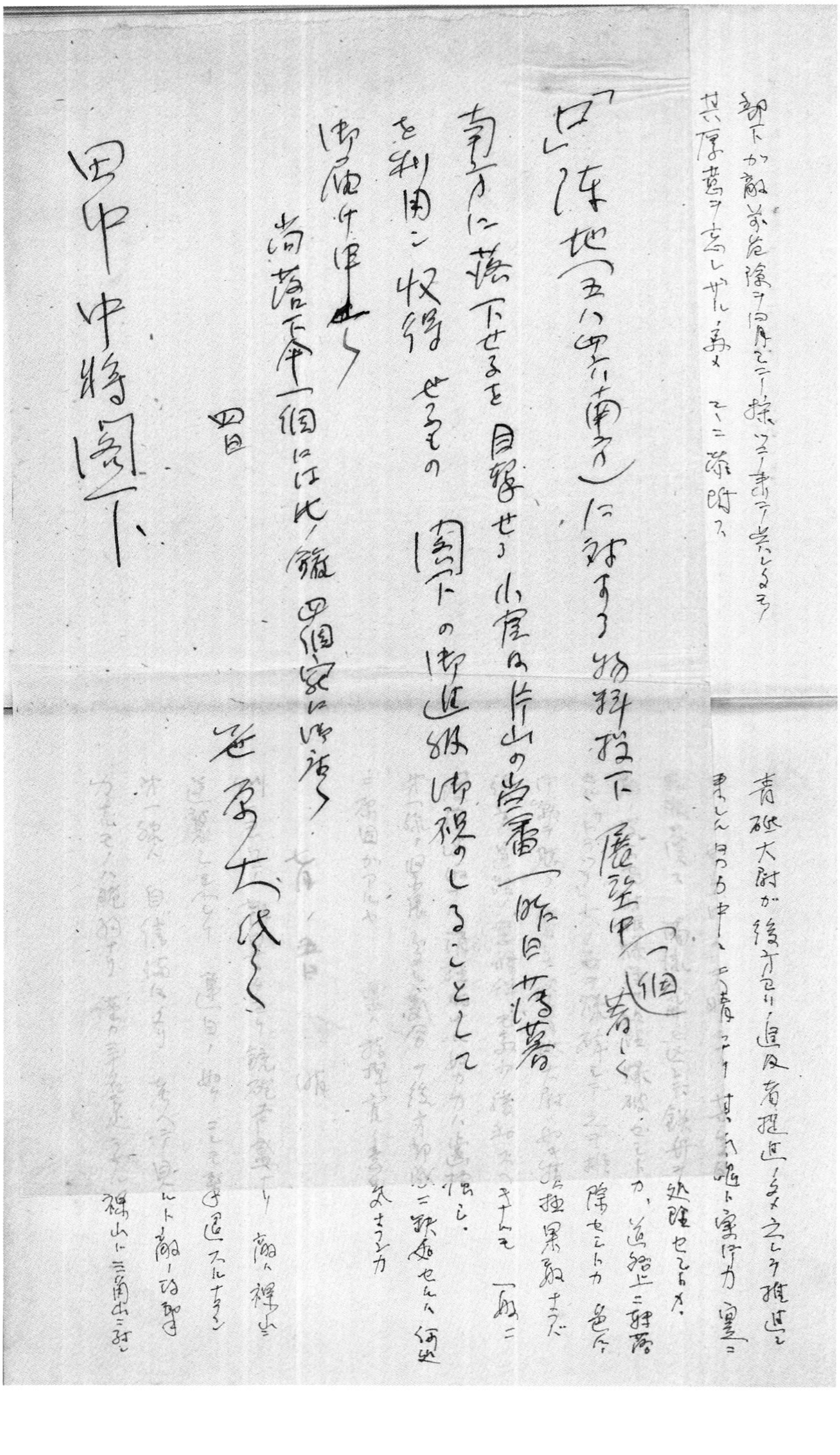

部下ガ敵ヲ治除ヲ何月マデニ操ツテ来テ呉レルヤ
其ノ厚意ヲ忘レザル為メ ここニ添附ス

青砥大尉が後方より追及者推進シタメ之レヲ推進シ

「ロ」陣地（五八四六南方）に対する物料投下 履歴中（一個）着く
南方に落下せるを目撃せる小屋は片山の当番一昨日落着
を利用し収得せるもの 閣下の御追級御祝のしるしとして
御届け申上ぐ
尚落下傘一個には此の罐四個宛に御座候
四日　笹原大佐
田中中将閣下

毎日逆襲スルモ撃退セザルコト十二　此ノ陣地ハ敵陣
地内ニ突入シアリ　然共敵ハ包囲セラレアルヲ以テ敵トシテハ
眼ノ上ノ瘤ナリ　逆襲ヲ繰リ返スモ当然ナカラ　敵ノ
攻撃カハ十日以上攻撃成功セズ其都度撃退ス
「コンソーユン」ニシテモ兵力ノ関係上僅少ナル兵力ヲ当テ
居ルニ過キズ　敵ノ攻撃力強ケレハ既ニ早ク突破セラレ
居ル筈ナルモ　事実ハ然ラズ
然ラハ何故ニ我陣地ノ逆襲成功セシカ　砲弾ノ砲爆ニ
対スル我工事ノ不充分ナルニ基因ス　工事サヘ完備セル
敵ノ集中火器ルニ堪ヘズ　是ヲ三角山・棕櫚山ハ連敵ノ
砲爆ニ曝サレツツアルモ　損害ハ軽微ナルニアラスヤ
然ニ半定量デモヨシ食糧ヲ与ヘ　敵ノ何分ノ一デモ
ヨシ弾薬ヲ追送セバ　同陣地ノ敵ノ如キ突破シ
得ルモノト確信ス　縦令補給状態ノマヽデモ突破スベ
突破シ得ベキモ　之レハ界ナル「努力」ニテ　アトノコトナ
考ヘレハ無責任ノ罪許サズ　気ハ焦セルモ憾ハユニ
アリ　難ニ陥ル・根[illegible]現態勢ヲ整理シ

必勝心ヲ期スヘキ條件ヲ充実スルタメ若干
時日ノ遷延ハ已ムヲ得ザルナリ　後方無線ヲ停頓
セル今日無理押シハ必勝ノ道ニアラス
小生ノ性格トシテ忍ビザル点ナルモ　師団長トシテノ責任ノ
重大性ハ此点ニアルヲ皆ヘ斯ク目ヲ閉ヅル場面ナ
大ニ伸ビンタメ屈スルニアラズシテ　椅本後続隊ノ掌握ヲ
待ツナリ
雨ハ結局我ニ幸セズ　軍ニ戦ツノモノハ雨ヲ利用シ得ヘキ
モ補給ガ作戦ノ重要部面ナル現状ニ於テハ之レニ禍
サルルコトノ如何ニ大ナルカヲ思ハザルヘカラス
然乙ノ「スチーリンガラード」繊返モ補給難　結果ナリ
「ガ」島「ニューギニア」ノ苦杯モ亦補給ノ障碍ナリ
未だ
勇猛果敢一臭張リテ戦ザルモ未来ルハ界缺ナリ
初メテ判ルコトナカラ　後方ノタメニ判断セラルルノ苦シミ
ハ今ヤ段階痛切ニ身ニ沁ミタルコトナシ
「インパール」ハ仕ス陥ス　七千ノ生霊ヘノ

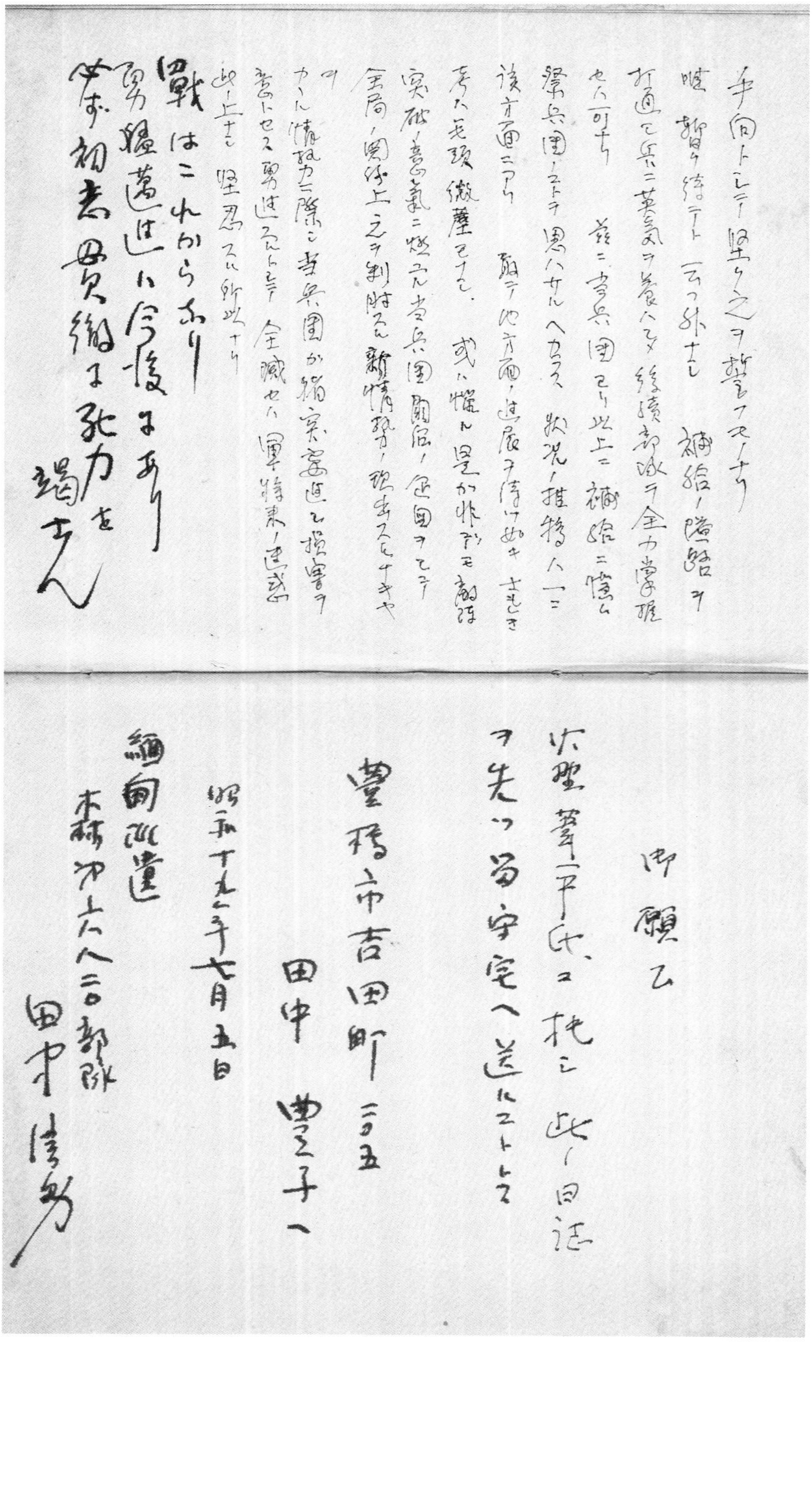
手向トシテ堅ク之ヲ警メテノナリ
唯皆々待テ居ト云フ外ナシ　補給ノ隘路ヲ
打通シ兵ニ英気ヲ養ハシメ後続部隊ヲ全力掌握
セバ可ナリ　茲ニ当兵団モ此上ニ補給ニ悩ム
緊兵団ノコトヲ思ハザルヘカラズ　状況ノ推移ハ一ニ
該方面ニアリ　翻テ他方面ノ進展ヲ待ツ如キ　甘キ
考ハ毛頭微塵モナシ。　或ハ悔ル是カ非ナルモ敵陣
突破ノ意気ニ燃ユル当兵団開始ノ企図ヲモテ
全局ノ関係上之ヲ判断スル新情勢ノ現出スルナキヤ
ヲ
カル情報カニ際シ当兵団ガ猶突進シ損害ヲ
蒙ルトセス男ハ進ムルトモ全滅セハ軍将来ノ遂戦
此上ナシ　堅忍スル所以ナリ
戦はこれからなり
勇猛邁進は今後にあり
必ず初志貫徹は努力を竭さん

御願ヒ
次ノ埋葬ノ平氏ニ托シ此ノ日誌
ヲ先ツ留守宅ヘ送ルコトトス
豊橋市吉田町一〇五
田中豊子へ
昭和十九年七月五日
緬甸派遣
森第六八二〇部隊
田中清勇

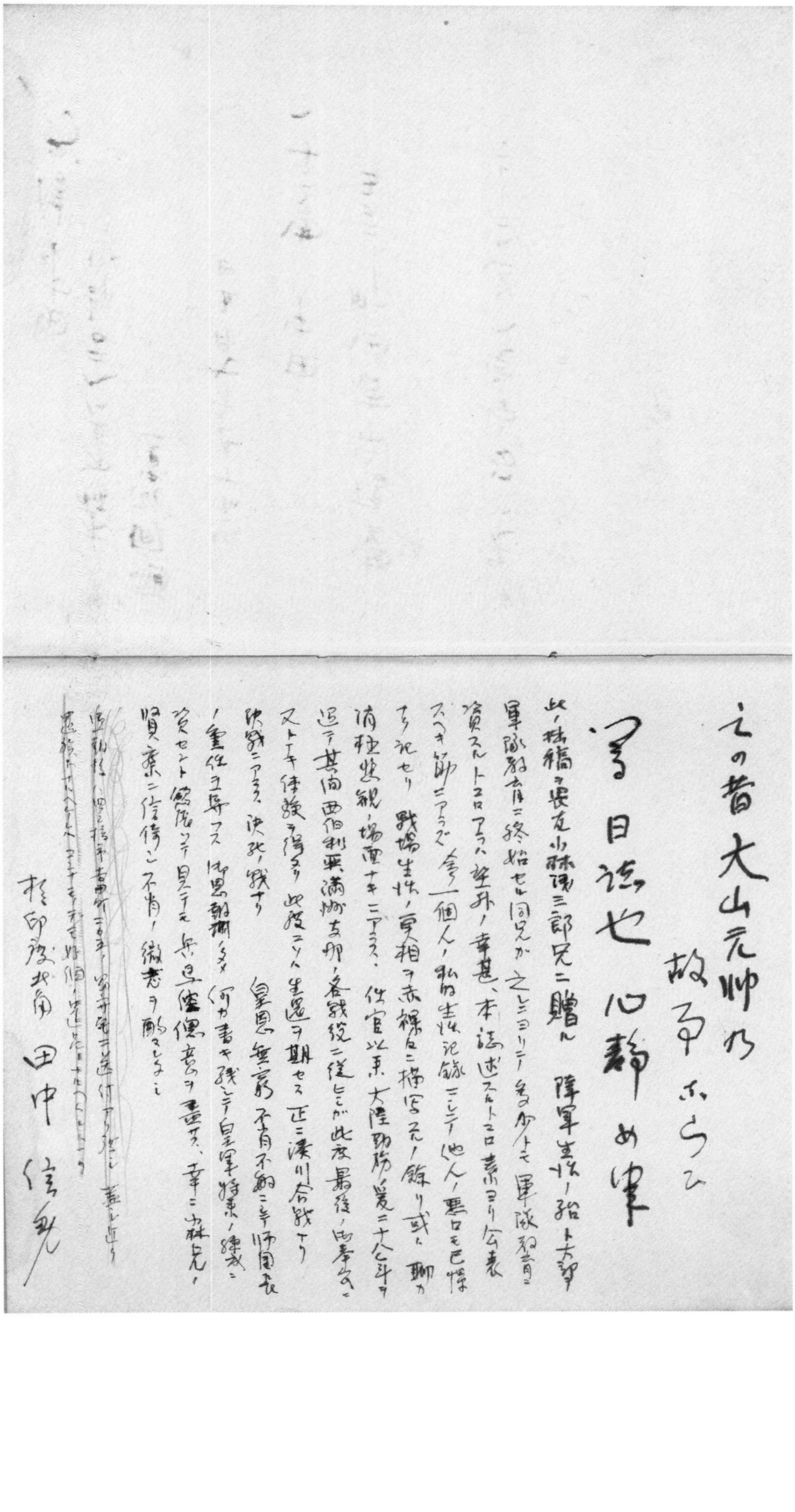
えの昔大山元帥乃 故事ならひ
駕日謡也 心静め漢

此ノ抜稿ヲ畏友小林隆三郎兄ニ贈ル 陣中生活ノ始ト大部
軍隊報告ニ終始セル同兄ガ之レニヨリテ多少ナモ軍隊報告ニ
資スルトコロアラハ望外ノ幸甚、本誌述スルトコロ素ヨリ公表
スベキ節ニアラズ 全ク一個人ノ私的生活記録ニシテ他人ノ悪口モ已悍
ナク記セリ 戦場生活ノ真相ヲ赤裸々ニ描写ス元ノ飾リ或ハ 聊カ
偏狭観ノ場面ナキニアラズ 任官以来大陸勤務實ニ十八年ヲ
過テ其間西伯利亜満州支那ノ各戦役ニ従ヒシガ此度最後ノ出陣ニ
又トナキ体験ヲ得タリ 此役ニツイ生還ヲ期セズ 正ニ湊川合戦ナリ
決戦ニアラズ 決死ノ戦ナリ 皇恩無窮 不肖不敏ニテ師団長
ノ重任ヲ辱フス 御恩報謝ノタメ 何カ書キ残シテ皇軍将来ノ練成ニ
資セント欲シテ見テモ 兵隊傳意ヲ盡サズ、幸ニ小林兄ノ
賢察ニ信倚シ不肖ノ微意ヲ酌マレタシ

桂印度北角 田中信男

翻刻

凡例

一、可能な限り原文通り翻刻した。

二、句読点がなく読みにくいところは一字空白をあけた。

三、判読できない箇所、不鮮明な箇所は□とした。

四、人物、部隊名などは、わかる範囲で注を巻末に施した

五、は軍司令部、は師団司令部、✡は旅団司令部、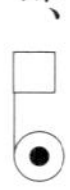は歩兵連隊本部、歩兵大隊本部をさす。

戦ひの記

昭和十九年　敵撃滅之一念

七月十三日　磐谷出発ニ方リ

五月十日北泰チェンマイニ於テ内命ヲ受ケ急遽帰任ノ途ニ就ク　迎ヘノ飛行機ノ関係ゴタくシテ十一日夕磐谷ニ帰リ軍司令官ニ申告シテカラ一刻千金ノ活動、公私出発準備ヲ大車輪ニテ片付ケ、自分ノコトハ幸ニ準備シアリシヲ以テ翌日出発シ得タルモ　旅団長トシテ整理ハ中々一人ダケノ問題ニアラズシテ翌半日ヲ要シタリ　挨拶廻リハ大使館・公使館ダケニシテ時間ノ余裕ヲトリ幕僚以下ト離別ノ会食ノ壮行会ニ列ス

五月十三日

七時起サレテ七時半出発、司令部職員、在郷軍人其他　玄関ニテ見送ヲ受ク
飛行場ニハ中村将軍[1]以下　山田中将[2]其他官民ノ見送花々シク九時稍前出航

機上ニテ

俺の死場所　インパールの山よ
泰の半歳　夢の跡

緬甸ニ入ル風物自ラ泰ト異ヒ悉ク栄養不良　町ハ爆撃デ廃趾　人ハ痩セ家ハ貧弱ナ茅小屋ナリ
蘭貢ニテ渡少将ニ申送ル　次テ方面軍司令部ニテ河辺司令官ニ申告、一般ノ戦況ヲ聴キタル折ノ感想トシテ
○幕僚が兵団長ニ頼ル通弊
○航空戦力劣勢下ニ於ケル攻撃要領
実際問題トシテ夜襲ニヨリ占拠セル地点ヲ奪回セラル、コト多シ

青木作戦主任[3]以下各参謀ヨリ説明アリ

教訓トシテ

○物資万能ノ敵ニ対シ敵ノ鉄量ヲ我部隊以外ニ吸収セシムルノ必要

○鉄量多キ敵ニ対シ工事ニヨル損害ノ減少手段ノ必要

○敵ノ懐ニ飛込ム噛ミツキ戦法　敵ヲシテ火器ヲ使用セシメサル攻撃法――白兵ヲ如何ニ使用スルヤノ手段

○敵ニ対シ手ヲ替ヘ品ヲ替ヘテ端睨ヲ許サヽル創意ノ向上

米英軍ト雖モ第一線ハ多クハ印度アフリカ人ナリ　智能ニヨリテ勝タサルヘカラス　飛行第五師団長ハ常ニ参謀長以下ト同室シ　為メニ意図ノ徹底良好、血ノめぐり速ナリト

○戦機把握、インパール平地ニ入ル迄ニ殲滅セシヲ遂ニ時機ヲ失セリ　第一線ニ見ル敵必殺ノ気魄乏シキ観アリ

堅固ナル陣地ニ入リシ以上コレヲ甲羅ヨリ引出シ誘導線ニ導ク要アリ

挺身急襲ノ要

要スルニ烈々タル敢闘精神昂揚ノ要

○給養ト戦斗ノ潮時

○戦力発揮カ主動ニアラス　膏薬張リ一局部ノ戦況ニ手当多シ

○雨季対策

其間ニ戦力増強

雨季ハ敵ノ方ガ困ルナリ

敵ノ飛行機ハ雨季モ同様活躍

印度国民軍ヲ指揮下ニ入ラシメル之レカ用法

軍司令部官邸ニ午餐、一田副長・青木・西野両大佐[4]等陪席、夕一八・三〇偵察機ニテ　シエイボニ飛ヒ直ニカレワ（曙村）ニ夜間車行、途中参謀長等ト会ス

五月十四日

途中再次ノ空襲並道路破壊ノタメ払暁前ニ「カレワ」着　三、四時間遅ル　偶々高山亀夫少将[5]及橋本参謀[6]ニ会スチエンマイ北方ノ山中生活と同様水少ク洗面セス、昼間屡々爆撃アリ　コレデ夜間運行ノ必要ヲ知ル
二、三十ノ小銃アレバ撃墜主義ヲ採ラサルヘカラス　一般に極度ニ飛行機ヲ恐怖シアル状ヲ認ム
暑サハ泰ヨリ少シ暑シ　加ルニ喝ヲ覚ユルコト甚シ
唯昨夕飛行機ガ低空飛行セシ　四、五十分ノ地熱ハ忘レ得ザル体験ナリ　地上ニ降リテ却ツテ涼シ
今迄ハ大東亜戦争ニ参加シトハ名ノミ　磐谷ニテ十数回空襲ニ遇ヒシモ大シタコトナク　空襲ノ恐シカラザルコトヲ知リシガ　昨日以来初メテ米英相手ノ戦場ノ人トナリ感スルコト多シ
一、贅沢ナ生活ノ癖ヲヤメヨ　磐谷ハ物資豊富　恐ラク東洋第一ナラン　茲ニ半歳ノ王侯生活ヲシテ今急ニ水ナク酒ナク不自由ナ戦陣生活ニ入ル
水浴（湯浴ハ勿論）モ出来ス洗面モセス　襦袢ハ三日間着ノミ着ノマ、　蚊取千香(ママ)アルデナシ
昨日マデノ磐谷ノ生活ト比較シ大変ナ相違、便所ノ紙モ節約、煙草モ元根マデ喫フ浅間シサ
自動車ノ中ノ水筒ノ水ノうまさが味　兵ハ須く野ニ放つべしノ語沁ミ〳〵ト解ル
二、吾輩如キガ特別ノ抜擢デ師団長トナル　皇恩無窮　唯恐懼ニ堪ヘス　此ノ上ハ生死ヲ超越シ期待ニ添ハンノミ　戦ヒハ意志ノ闘争　鉄石ノ意志ヲ以テ任務ヲ積極的ニ解決スルコトガ唯一ノ御奉公ノ道ト信ス　命令ニ対スル泣キ言、軟弱ナル意見具申ハ一切禁物……コレハ参謀長以下ニ能ク透徹セシムルノ必要アリ
若サハ力也　若返リテ烈々ノ闘魂ヲ発揮スルコトガ、大切ナリ　断シテ慎重ニ過クル勿レ　唯手ヲ替ヘ品ヲ代ヘテノ考案ハ必要ナリ　熟慮断行ノ必要アルト論スルト雖モ　断行ニ飽ク迄頑張コトガ更ニ必要ナリ
三、戦場ニ於クル教育ヲ励行セン　教ヘサルノ罪ハ戦力ニ影響ス　吾輩今後ノ統率ハ教育ニアリ
教ヘツツ戦フ努力ガ不肖不敏ヲ以テ重責ヲ全フスル所以ナリト信ス
戦場各地ニ残留ノ遊兵多シ　コンナ無駄ガ戦力ヲ最大限ニ発揮シ得サル原因ナリ

高山ヨリ聞クニ川並中将[7]ノ令嬢夫君ト共ニ台湾ヨリ帰途　潜水艦ニヤラレ　子ニ浮嚢ヲ結ヒ自分ハ死シ子供ハ助カリシト
母性愛ニ泣カサル

今日ハみどりノ誕生日　緬印国境ヨリ遥カニ幼児ノ健康ヲ祈ル

九時三十分出発　対空監視ヲナシツ、前進、途中四度空襲アリ「チェドウヰン」河渡航ノ直前敵ハ燈明弾ヲ点々投下シ爆撃セリ　幸ヒ其ノ直後渡河セルヲ以ツテ安キヲ得タリ
昼間モ数回夜間モ数回併セテ十回ニ及ブ空襲ニ夜間自動車運行予想以上ニ渋滞ス　然レドモ敵ガカ、ル無駄弾ヲ浪費スルハ馬鹿ナ話ナリ　贅沢ハ戦争ニモ禁物、沿岸点々自動車、戦車ノ遺棄スルヲ見ル　多クハ敵ノモノナリ　中ニ若干所謂「街道ゲリラ」ノ犠牲アル由　此ノ夜一睡モ出来ズ、二晩目トシテ聊カ疲ル

五月十五日

朝七時チンタンジニ到着、牟田口将軍[8]ノ居リシ茅屋ニ入ル　将軍ハ既ニ戦線ニ出発ノ跡ナリ　高崎連隊出身ノ徳永少佐[9]　大本営派遣参謀トシテ茲ニアリ　本夜小生ト共ニ戦線ニ向フト　良キ道伴アリシコト嬉シ
直ニ寝ニツキシニ数回ノ空襲ニ安夢ヲ破ラル　軍司令官ノ居室ハ熊井ヤ鈴鹿両部隊長ヨリモ劣ル
此ノ日出発以来始メテ「バナナ」一本ヲ給セラル　磐谷ノ贅沢三昧ヲ偲フ　酒ナク「アルコール」ト絶縁ス
午睡後瞑想ニ耽ル
航空勢力劣弱ナル皇軍ノ戦斗法ヲ如何ニスヘキカ　曰ク切込ミ戦法ナリ　焼打ナリ　一般戦術ノ型ヲ離レ玉椿ガ常陸山ニ喰ヒ下リタル如キ懐ニ飛ヒ込ミテ　敵ノ航空機ノ威力ヲ発揮セシメサル手段ヲ撰ヘザルヘカラス　敵ノ飛行場ヲ焼クコトガ大事ナリ
時ハ敵ノ戦力ヲ増強ス　戦機ヲ把握セサルヘカラス
「モ　（ママ）」ノ陣地然リ　「ビシエンプール」亦然リ　敵ノ陣地増強速度ハ意外ニ速シ　敵ニ時間ノ余裕ヲ与ヘルコトガ爾

後ノ攻撃ヲ困難ナラシム　此ノ様眼養成ガ幹部教育ノ急所ナリ　二八師団長ノ意図ヲ如何ニシテ戦場ニ於テ各級隊長ニ透徹セシムルカガ問題ナリ　虱潰シ陣頭教育ヲヤル以外手ナシ

高級参謀ヨリ今度ノ師団長異動ニ関スル経緯ヲ聴クニ　各戦場ニ於テ攻撃精神薄ク戦機ヲ逸スルノミナラス病的ニ消極的ニナリタルニ基因ス　之レガ為メ参謀長以下トノ人和ニ欠ケ　歩兵団長ハ軍直轄トナリシ由、戦場ニ於ケル一種ノ精神病カ神経衰弱ナリ　気ガ弱クナラサルコト老ヒコマヌコトガ肝要ナリ

十六日

昨日九時三十分　インタンジノ元ノ林集団戦斗司令所ヲ出発、新戦斗司令所ニ向フ　距離四百キロ　東京カラ京都ニ相当ス

其ノ間富士山ニ近キ高所ヲ越ユルナリ

一行ハ木下大佐[10]　白井中佐　高橋少佐[11]ノ各参謀ニ徳永大本営参謀ヲ加ヘ　三台ノトラックデ行ク　車上ニテ眠リツツ朝朝陣地跡ニ停車　丁度敵機頭上ニ来ルモ白雲深ク発見サレス、コレハアルプス山頂ニアルト同ジテ冷気ヲ覚ユ、林間ニ紅葉ヲ焚キ木下参謀携行ノ酒ヲ温ム　一パイ御馳走ニナリ英気頓ニ恢復ス　酒ハ百薬ノ長トハ此ノコトナリ

欝蒼タル高山植物ノ林間ニ青天上ヲ眺メツ、午睡、霧深ク夜間ノ出発ヲ早メ十七時前進ヲ起ス

一般ニ天候ヲ無視シ夜間運行ヲ墨守スルハ軍隊ノ行動ヲ鈍重ナラシム　又地形ヲ利用セハ昼間モ敵機ノ乗スルコトヲ封スヘシ　谷地ハ敵機ノ襲撃困難ナレハナリ　縦令敵来ルモ対空射撃セハ可ナリ　軍隊ガ飛行機恐怖病ニ罹リ受動ニ陥ルノ傾アリ

烈兵団ノ丸山連隊長[12]ガ百百（ママ）米以内ニテ射タサレハ処罰スルノ処置ハ同意ス

途中柳沢連隊[13]ノ一大隊前進スルニ遭フ　中ニ「校長閣下」ト呼ビテ走リ来ル者アリ　豊橋時代ノ教ヘ子ナリ　テイジムハ敵十七師ノ本拠ナリ　立派ナル兵営、水道マデ設備ス

敵陣地ニ遺棄スル兵器　弾薬　糧秣　数莫大ナリ　途中ノ道路ニ捨テタル戦車、自動車ノ数亦算ナシ　敵ハ爆撃ニヨリ道路ヲ破壊シ軍隊ノ行動ヲ妨害ス　独工ノ一小隊ガ辛ウシテ通過シ得ル程度ニ補修シテ引揚ゲタルハ消極的ナリ　蓋シ大局ヲ知ラス　爾後ノ転進部隊・後方関係ヲ知ラサル為メナリ　前ノ輜重車九苞早々見切リヲツケ過早ニ反転セルハ苦々シ

十七日

夜ト昼トノ反対行動ヲ連続スルコト四日　睡眠不足ナルモ内地初冬ノ気温ニテ身体緊張シ疲労ヲ覚ヘス　夜ハ寒気身ニ沁ム
途中自動車ノ故障アリ　昼間前進ヲ敢行シテ十一時シンゲル山上ノ松林内ニ憩フ、道路ノ立派ナルコト敵地ニ入リ嶄然明瞭
ナリ　御蔭デスピードヲ出シテ婉々タル長蛇ノ迂路ヲ走ル、標高八千呎ノ高山、富士ニ近キ一万ノ山ヲ超ヘテ作戦セル各部
隊ノ苦労ヲ偲フ、敵ハ我転進ノ徴ヲ知リテカ道路妨害ノ爆弾ヲ見舞フコト連日、橋梁ヲ破壊シ山腹道ヲ崩ス　此日シンゲル
北方千仭ノ断崖ヲ数十発ノ爆弾ニテ通過困難ナラシム
道ヲ作ツテ前進、半日行進ヲ渋滞セシメラル、後方部隊ハ道路破壊セラル、ヤ没法子ト諦メ後退ス
少人数デ少シデモ修理スルノ積極性ニ欠ケ、中ニハ噂ダケテ後退スルモノアリ　烈々タル闘志低調ナルヲ認ム
テイジム及シンゲル敵陣地ヲ見ルニ　所謂蜂ノ巣陣地ナリ
　　四周ヲ数段ニ無数ノ銃眼ヲ以テ被フ　之ニ対シ砲兵及重火器ノ銃眼射撃ヲ加フルト共ニ
　歩兵ハ手榴弾、火焔瓶ヲ投シテ其ノ銃眼内ニ突入スヘシ　之ヲ占拠スルコトナク山頂ニ
　　集ラバ必ズヤ敵ノ追撃砲ノ集中火ヲ蒙ルヘシ　此ノ歩砲協同ガ大事ナリト信ス
途中工兵ノ連絡下士ニ会ス　ビシエンプールノ敵戦車ノ反撃ニ　中田連隊長戦死云々　悲観的ナル戦況ヲ聴ク　従来ヨクア
ルコトニシテ下士官ガ誇大ナル悲報伝ヘタルコト屡々ナリシニ　今日モ亦之ヲ聴ク
山腹道ヲ修理了ツテ前進シ雨中ヲチュラチャンプールニ到ルヤ
松木輜重兵連隊長[14]ニ会ヒ　北方五キロノ隘路ニ三百ノ敵ノ待伏アリ　橋梁ニドラム缶ヲ重ネタルニ先頭車突進スルヤ　追撃
砲、重機ノ猛火ヲ蒙リ処置ナク後退スト

十八日

チュラチャンプールニ待機シテ前進ヲ阻止スル敵ヲ攻撃スヘクI/67i ヲ招致ス　既ニ戦場内ニ入ルモ手兵ナキヲ如何セン
着任直ハ戦モ出来ス手持無沙汰ナリ　密林内ノ休憩ハ蚊多キニ苦シム
某参謀ハ携行ノ小型蚊帳ヲ張リテ悠々寝入ル　陣中必須ノ要品ナリ　但シ白色ハ敵機ニ対シ不可

トルボン隘路ヲ扼セシ敵　二、三百ノ如キモ追撃砲ヲ有シ終日射撃ス　加フルニ敵機　之ニ協力シ
一日中頭上騒ガシ　屡々近ク爆弾炸裂ス
夜半瀬古大隊（Ⅱ/67i）[15]来着　直ニ攻撃ニ前進ス

十九日

敵ノ後方遮断部隊トルボン隘路扼止ノタメ心ナラスモ36哩地点（トルボンヨリ四キロ、チュラチャンプールトノ中間）ノ密
林内ニ昨一日ヲ終リシガ今払暁ト共ニ　瀬古大隊ノ攻撃開始十一時頃マデ戦斗ノ砲声瀕ナリシカ　正午近ク戦ヒ終レル如シ
休憩ノ間ヲ利用シ　中村軍司令官[16]以下ニ書信ヲ書ク

二十日

前面ノ敵ハ山嶮ヲ扼シ加フルニ砲数門　追撃砲少クモ七・八門ヲ以テ中々頑強ナリ
瀬古大隊ハ大隊長中隊長共ニ戦死シ　五十ノ死傷ヲ出シ残存七十名ヲ以テ辛フシテ敵ト相対峙ス
其ノ後続隊追及マテハ戦況進展セス　幸ニ岩崎大隊[17]ノ先頭到着セルヲ以テ　瀬古大隊（現在一中隊）ノ線ニ逐次増加セシム
師団作戦主任堀場参謀[18]　徒歩ニテ予ヲ迎ヘニ来ル
今日モ亦空シク密林内ニ停止、磐谷出発以来　旬日ニ近ク　着のみ着ノママ　洗面モ水浴モセス
　此のシャツは　着のみ着のま、　何百里
　　都のかほり　肌に沁みつき
思フニ　師団長トシテ　敵中赴任　蓋シ空前ノコトナラン
　たゝかひつ　道を直しつ　赴任かな
密林内食フモノ欠乏、予定ヨリ時日遷延シテ　万事不自由
生活素ヨリ覚悟ノ上ナレド　顧ミテ磐谷ノ生活ニ比スレバ急転直下　どん底ノ起居ト云フヘシ
　泰の半歳　殿様くらし

今ぢや　ジャングル　山男

五月二十一日

敵依然頑強ニシテ中々道路啓開ノ見込立タス　依ツテ徒歩前進スルコトトス　六百呎ノ山頂ニ小径アリ　コレヲ迂回シテ「タロロック」ニ出スレハ　軍司令部ヨリ乗馬ヲ準備シ得ヘク　朝九時、軍ノ平井参謀、堀場師団参謀並ニ大本営徳永参謀[19]ヲ従ヘ　約四十名ノ小隊ヲ護衛トシテ山ヲ登ル、久シ振リノ行軍ナリ　昔　大隊長時代北満ニテ味ヒシ辛苦ニ比スレハ小規模ナリト雖モ　身体ニハ疲労却ツテ大ナルヲ覚ユ　山登リハ不得手ナレハナリ　幾度カ深谷ニ茅ヲ分ケ　幾度カ急坂ヲ攀ジテ頂ニ達スレハ　敵機跳梁遮蔽セサルヘカラス　斯クノ如クシテ忽チ二十一日は暮レタリ

二十二日

赴任ヲ急クアマリ　終夜行軍ヲ継続シテ一睡モセス　二十二日朝「タロロック」ニ到着、茲ニ児玉大尉迎ヘ来リ　乗馬ノ連絡ヲナス

乗馬来ル迄　三、四時間「トラック」運転台ニテ眠ル、十四時乗馬来リ軍司令部ニ到ル、牟田口将軍ニ申告シ　参謀長久野村中将等ト共ニ夕食ヲトリ　日暮ト共ニ師団戦斗指令所ニ前進ス

夜半漸ク着任ス

二十三日

柳田中将[20]ヨリ申送ヲ受ク　悉ク悲観論ナリ　戦況刻々不利ニシテ全滅ハ時ノ問題ナリト

前任者ハ士官学校ノ首席　陸大ノ軍刀組ナルモアマリニ神経鋭敏ナレハ　斯クノ如ク悲観的ニ物ヲ見ルナランカ？　頭ノ良キハ此種難局ニ際シ兎角弱気ガ出ルナリ

吾輩ノ如キ鈍才ハ　此際性来ノ呑気サヲ発揮シ　心配セサルコトトス

然レトモ前任師団長ノ云フ如ク　戦況ハ正ニ危機ナリ　師団戦斗指令所ノ前方六百米ニハ　敵既ニ陣地ヲ構ヘ間断ナク鉄砲

弾飛来ス　此日乗馬四頭倒ル　飛行機ハ毎日上空ヨリ爆撃、銃撃ヲ加フルモ位置秘匿ノタメ応戦セス　敵機ノナスマヽニ放任ス

二十四日

第一線連隊長ニ会ハントスルモ　敵ニ中断セラレ前進不可能ナレハ重砲陣地ニ到リ　真島連隊長ニ会ヒ、本夜　夜襲ニ出発セントスル砂子田大隊長[21]ニ直接激励ノ辞ヲ与フ
往復四里ニ足ラサルモ　急斜面ヲ数回上下シ疲労甚シ
本夜篠原大尉以下混成ノ編合部隊ヲ以テ　四回目ノ夜襲ヲ敢行セシム
航空戦力絶対的ナル敵ニハ夜襲ノ切込ミ以外　攻撃ノ手段ナケレハナリ

二十五日

朝　砂子田、篠原両部隊ノ夜襲ヲ聴クニ　砂子田大隊トハ連絡トレス状況不明ナルモ　篠原隊ハ幹部悉ク戦死シ夜襲失敗ナリト　敵ノ鉄条網ニ地雷アリテ之レニ触レタル由
笹原連隊[22]方面　敵ノ重囲ニアリテ戦況意ノ如クナラス　軍旗ハ爆焼ノ準備ニアリト
作間連隊[23]　森谷大隊[24]ハ「ビシエンプール」ノ一角ニ突入セルモ大隊長及最モ勇敢ナル松村大尉[25]戦死セリ　二九二六高地ノ末木大隊[26]亦終日敵ト格闘乱戦中、戦況進展　右ノ如キモ幸ニ「トルボン」隘路本朝九時啓開スルノ吉報アリ
作間連隊ノ追及部隊タル田中大隊ヲ速ニ　「ビシエンプール」ニ突入セシムルコトト　重砲弾薬ヲ招致シ之レヲ協力セシムルコトノミ師団ノ現況打開ノ唯一ノ道ナリ
砂子田大隊ノ夜襲ハ昨夜時機ヲ失シ本夜ヤルコトトナレリ　頼シカラサル大隊長トイフヘシ
然レドモ砂子田ト新来ノ田中ノミカ師団内ニ残ル大隊長ナリ　他ハ悉ク戦死ナリ　此ノ大隊長ノ戦死状況ヨリ見ルモ　如何ニ激戦ナルカガ判明スヘシ　笹原連隊ニハ中隊ノ人員僅カニ二名ナルモノ　七名ナルモノ　一大隊四十内外ノ人員ナリ　此ノ戦力ヲ以テシテハ如何ニ督励スルモ　戦況進展セサルコト明カナリ　笹原大佐ノ心中察スルニ餘アリ

悲観ハ禁物ナレト　師団ノ運命逆睹スヘキニアラス　此際トシテハ神経ヲ太クシ　難局ニ処シ最善ヲ期セサルヘカラス

唯自分一個トシテハ決死ノ肚ヲ定ム　素ヨリ死ハ易シ　任務ヲ完遂セスシテノ死ハ不忠ノ極ナレハ自重スヘキモ　覚悟ハ既ニ成リ

　　みいくさは　必ず勝てと
　　　祈りつゝ　　花と散りなむ
　　　　インパールの山

　　　五月二十五日　　於ビシエンプール西南高地

此ノ難局ニ処シ痛感スルハ　指揮官ノ尊フヘキモノ唯一ツ　曰ク剛毅堅確　飽ク迄勝ヲ信スルノ気魄アルノミ

　　　五月二十六日

砂子田大隊ハ昨夜クワイモールノ敵陣地突入　相当蹂躙セシモ　敵火ノタメ中隊長二名ヤラレ　三十八名ノ死傷ヲ出シ後退ス

昨夜掘場参謀ヲ後方処理ノタメ「タロイロック」ニ出ス　其ノ報告ニヨレハ隘路口ノ敵ハ退却途中　尚「モリラン」ニ抵抗中ナリト　折角啓開シタル連絡線モカクテ依然補給意ノ如クナラス

笹原連隊ノ戦力ヲ見ルニ　中隊三名又ハ四名　全ク戦斗力消耗シ尽セリト云フヘシ　唯連隊長ノ意志力ヲ以テ頑張リ抜キツツアル状況ナリ

此ノ二三日来　敵ノ爆撃減少シ銃撃多クナリシハ　敵モ爆弾消耗ノ兆カ　何レニセヨ敵ノ弱点ト見ルヲ得ヘク　何カノ弱点ヲ衝ク以外攻撃ノ方策ナシ

漸ク雨季迫ル　雨期ハ我ニ幸ヒヲ齎スヘシ

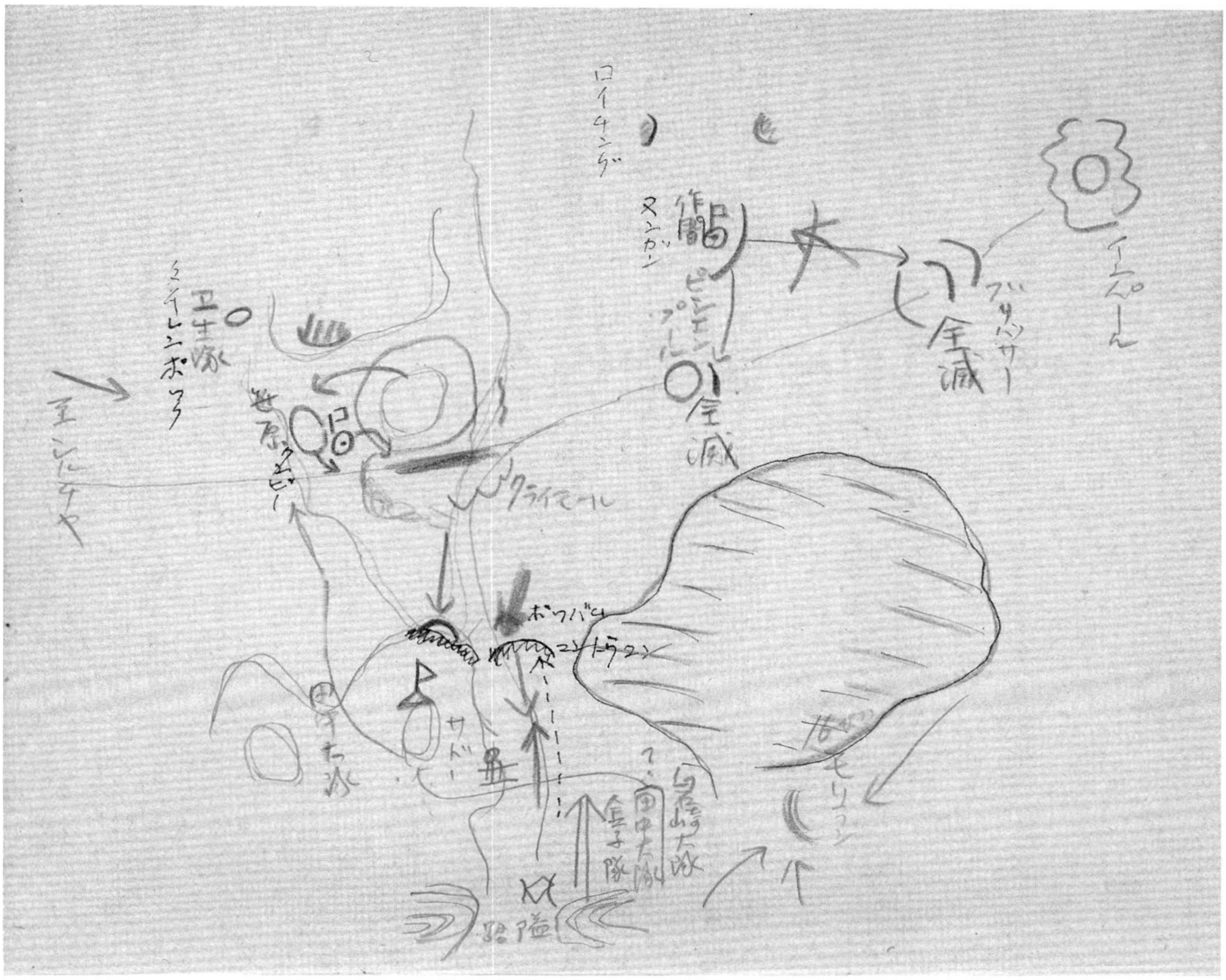
ロイムンダ
ビシェンプール
全滅
全滅
工兵隊
クライマール
サドー
田中大隊
金子隊

五月二十七日

連日ノ豪雨　音ニ聞ク緬甸ノ雨季来レリ　満州ノ雨季ヨリモ猛烈ナリ　幸ニ敵機活動活発ナラザルモ豪雨ヲ衝ヒテ飛行スルモノアリ　雨季ハ我長遠ナル補給路不如意トナルモ　又敵モ困ルコトハ同ジナリ　雨ニ打タレテ奮戦スル皇軍将兵ノコトハ泰ヤ内地人ノ想像モ及ハサル苦労ナリ

予　徒歩行軍ニテ赴任セル故着替モナク　終日寒サニ震ヘツツ天幕内ニテ体操シ寒サヲ凌ク　丸テ営舎内ノ起居ノ如シ

時計ハ十五日ヨリ故障ニテ　時計ナキ生活ニ不自由ナリシモ慣レレバ呑気ナモノニテ苦痛ヲ感セス

十二・三年北満ニテ味ヒシどん底生活ノ再来ナリ　同ジ師団長ニテモ　当時松木中将ノ豪勢振リ　今日　予ノ密林生活ニ比較セハ天霄ノ差アリ　当時ノ大隊長タリシ予ノ生活ガ今ノ師団長ナリ

君国ノ為何等意トセズ却テ一種ノ愉快ヲ覚ユルモ　当時ノ如ク呑気ナモノデハナク師団統率ノ責任ヲ痛感シツヽ　瞬時モ絶ヘサル敵機ノ跳梁ト六百米前方ヨリ間断ナキ敵ノ射撃ヲ受ケツヽ　平然トシテコノ起居ニ甘スルハ実ニ責任感ノ然ラシムルモノカ　生死ノ如キハ全ク超越セリ□○トシテ□⊙トシテ又✡トシテ幾度カ決死ノ境ヲ往来シタルモ　茲に更メテ死ト云フモノヲ考ヘルニ到ル　多年ノ体験カラ生レルノカ一向大シタ問題トモ考ヘス　唯此際死生ノ如キハ当然時期ノ問題トシテ敢テ深ク考ヘル程ニ取扱ハス　何時デモ死スル時ニハ立派ニ死ナントノ考ヘガ強クナリシノミ

愛児ノコト頭ニ往来スルナキニアラサルモ　鉄男モ既ニ十三歳、百合子モ十八歳ナレハ安心ナリ

みどりガ幼キシ美代子ガ可愛相ナルモ　クヨ〳〵考ヘル必要モナシ　此ノ点ハ曽テノ戦役ト比較シテ気ガ楽ナリ　人生五十ヲ既ニ四年モ余分ニ生キ長ラヘ　人生トシテ最モ恵マレタル過去ヲ有ス　豈安心立命セサルヘケンヤ　唯現在苦焦スルハ戦局ノ発展意ノ如クナラサルコトノミ

五月二十八日

豪雨晴レタルモ依然曇天・朝来敵機ノ飛フコト甚シ　隘路口ノ敵ハ「モリラン」に集リ抵抗ス　戦車連隊ガ急追セスシテ戦機ヲ逸シタルハ困ツタコトナリ　堀場参謀該地ニ進出シ督励中

着陣以来　茲ニ五日ヲ経過スモ戦局ニ曙光ヲ作リ得サルヲ愧ツ　第一線モ大ニ努力シアルヲ認ムルモ如何セン　戦力低下シ

中隊ノ兵力三、四名デハ処置ナシ　心ヲ鬼ニシテ督励スルモ遅々トシテ前途遼遠ナリ　田中大隊[27]ガ二十五日隘路口ヲ進発シテ以来　消息ナキハ不可解ト云フヘシ

軍参謀木下大佐来陣、隘路口附近敵ノ撃攘ニ八日ヲ要セシヲ詫ビタルモ　寧ロ当方ヨリ感謝スヘキ問題ナリ　瀬古大隊ハ大隊長以下死傷続出シ　四十名トナリ　岩崎大隊ハ大隊長負傷シ約百余名ナリト　本朝来「モイラン」ノ敵ヲ攻撃中木下参謀ト種々話合ヒ午前二時ニ到ル

五月二十九日

田中大隊漸ク到着、大隊長ニ対シ厳ニ注意シ戦意ノ昂揚ニ努メシム

二十五日以来三日間　密林内ニ彷徨セルハ驚クヘキ事実ナリ　直ニ軍法会議ニ附スヘキヲ　連隊長ニモウ一働キサセタル結果トスルコトトス　三十一日朝マデニ連隊長ノ許ニ至ラシム

木下参謀ト協議シ　二六二九高地玉砕セル現況ニアリテハ　根本的ニ建テ直シノ必要ヲ認メ　師団玉砕カ持久健在カノ岐路ニツキ色々研究ス　玉砕素ヨリ辞セサルモ師団全滅セハ軍は如何ニナルヤ軽々ニ決シ兼ヌル重大事ナリ

各部隊ノ戦力頓ニ低下シ唯気力ノミヲ以テ現状ヲ維持ス　森谷大隊玉砕シ　末田大隊[28]亦二六二九高地ヲ九日間死守シタルモ既ニ壊滅ノ悲運ニ迫ル　作間連隊ハ本部ノミ

一方笹原連隊ハ入江大隊百名ヲ唯一ノ戦力トシ　他ハ全ク戦力ナシ　之ニ漸ク田中大隊（二百）ノ追及ト岩崎・瀬古両大隊到着セルモ百五十ニ足ラス　之ヲ以テ攻勢を持続セハ師団玉砕アルノミ　依ツテ一時持久ヲ策シ　適時随所ニ敵砲迫ヲ奇襲シテ　爾後ノ攻勢ヲ準備スル以外手ナシ

最悪ノ悲況ニ直面シテ愈々攻撃精神ヲ旺盛ニスルノ要アリ

作間連隊ハ之ヲ後退セシムルコトトナリ現位置ヲ確保シ「サドウ」高地ノ拠点ヲ強化シ　平地方面ハ岩崎大隊ヲシテ「ニントウコン」を死守セシムルコト、セリ

木下参謀ニ遺言ヲ托ス　多年ノ恩誼ヲ感謝スルノ赤誠ヲ妻ヘ、姉ニハ繁兄ノコトデ遺族ヲ将来苦シメサルコト　又木村将軍ニ従来ノ恩顧ヲ謝スルノ一句ヲ述ヘ　貯金帖及金子若干ヲ愛児ニ托ス

コレニテ胸カ晴々シタリ　安心立命ノ境地と云フヘキカ　真ニ何モノモ懼レサルナリ　敵迫撃砲ヲ十数発予ノ身辺ニ射撃スルモ泰然タリ得ルハ　此ノ運命観ノ然ラシムル結果ナラン

此日　時ニ少雨アリシモ晴雨ニ拘ラス敵機横行　頭上ニ爆音ノ聞エサルトキナキモ一向平気ナリ

雨ノ晴レ間ヲ見テ細涼ニ身ヲ洗フ　十三日磐谷出発以来　十七日目ナリ

砲撃のあひ間　晴間の　みそぎ哉

心身爽快ヲ覚ユ

師団司令所　敵ノ瞰制下六百米ノ巨離ニアッテ　砲撃銃撃絶間ナキヲ以テ　位置ヲ変更スルコトトセリ

新聞ヲ見ルデナシ　ニュースヲ聴クデナシ　唯一心不乱ニ敵ヲ撃摧セントスルノ一念ニ燃ユルノミ

任地ニ着シテ一週間ノ「ジャングル」生活夢ノ如シ　思ヘハ今迄ノ生活　勝手ナモノ　贅沢ナリシヲ覚ユ

五月三十日

軍司令官牟田口中将　小生ニ是非会ヒタシトノ電話アリ　戦ヒノ真最中　師団長ヲ後方ヘ招聘スルトハ奇怪千萬ト御断リセントセシガ　辞ヲ低クシテ御来陣ヲ乞フトノコト　四時出発　七時軍ノ戦闘司令所ニ到ル　悠々仮眠シテ十四時軍司令官ニ会フ　待ツコト二時間ト　副官矢ノ催促ナリシモ泰然トシテ行カス　激情爆発セントシタルモ苦戦中ニ　軍司令官ト師団長カ喧嘩シテハト忍従シテ喧嘩セサル肚ヲ決メテ会見ス　彼モ師団長招聘ヲ苦ニシテカ　軍司令官が師団長ノ許ニ到ル考ヘナリシモ河辺方面軍司令官トノ会見ノ都合上　原則ニ反シテ貴官ヲ煩シタト最初ニ断リタルヲ以テ事ナク済マセタリ

軍今後ノ大策ヲ示サル　コレデ肚モ定レリ

軍戦斗司令所ニ於テ青砥副官ニ会ヒ　行李一個ヲ受領ス　久振リニテ筆ヲ手ニスルノ機会ヲ得タリ

十八時「モロート」ヲ出発　三時間絶ヘス敵機横行下ヲ躍進シツ帰部　丁度戦斗司令所移転完了シアリ　新シキ巣ニ入ル

軍司令官ヨリノ御土産ノ酒ヲ温メテ　田中参謀長ト共ニ杯ヲ挙グ　田中鉄次郎大佐[29]ハ熊本教導学校時代ヨリノ戦友ニシテ其

後親交アリ　良キ参謀長ヲ得タルヲ悦ブ

五月三十一日

司令所ノ附近ニ爆弾十数発落下スルモ損害ナシ　爆撃ノ損害ハ僅少ナルモノト体験ス　爆音下　呉市ノ姉ニはがきヲ書キ兵団長就任ヲ墓前ニ報告ヲ依頼ス　尚　山崎清次少将[30]ニはがきヲ書キ　従来ノ友情ヲ謝ス

砲兵連隊長ニ指示スルコトアリ　山ヲ越エテ砲兵観測所ニ到ル　十数年来自動車ト馬ノミニ依リ　徒歩行軍ニ疎ナリシ為メ僅カノ山坂ヲ越ユルモ疲労大ニシテ牛歩遅々タリ　健康トハ病気セザルヲ云フニアラス　急峻ヲ登ルニ堪ヘサルヘカラス現代戦ニテハ　師団長は素ヨリ　軍司令官モ徒歩ノ時代トナル　行軍力　特ニ山地行軍ノ訓練ハ将官トシテ必須要件ナリトス　途中砲爆撃屡々近クニ来ルモ　地物利用ニヨリ損害ナシ　空軍絶対優勢　砲兵力亦優勢ナリト雖モ敵ハ無駄弾多ク　理論デハ優勢ナランモ実際ハ大シタコトナシ

砲兵観測所ヨリ敵飛行場ヲ眺メ　速ニ之ニ砲撃ヲ加ヘタキ一念ニ燃エ　又速ニ焼打挺進隊ヲ出シタキモノト思フ　敵飛行場ヲ覆滅セハ勝利ハ我ニ有リ　後方整理ノタメ青砥副官ヲ再ヒ出発セシメ　北畠、秋山両将校ヲ連絡ノタメ派遣シ　師団司令部ニハ殆ント将校ナシ　高級（ママ）官ハ陸地整備ヲ砂子田大隊長ニ申送リ　本夜帰ルヘク堀場参謀モ戦斗指導ヲ了リ　今夜半ニハ帰ルヘシ

田中参謀長ハ面十臂ノ活動真ニ敬服ニ価ス　愛馬敵迫撃砲ノ破片ニテ右前脚負傷ス　今迄色々ノ馬ニ乗リシモ今度ノ馬ハ最優秀ナリシモ惜シキコトナリ　速カニ快癒ヲ祈ル

六月一日

歩一五一連隊長橋本熊五郎大佐到着、軍旗ヲ奉スルニ大隊ノ来着ハ此際師団唯一ノ攻撃戦力ナリ

五・六日頃ニハ全部隊ノ集結ヲ見ヘシト爾後ノ攻撃ニ関シ種々指示ス　敵撃滅ノ一念愈々鞏ク必勝ノ信念益々旺ンナリ

軍医部長ノ報告ニヨレハ　小生ノ着任時約千五百　二十三日現在ノ当師団ノ損害
　三千五百名　内戦死　千二百名（将校　六名）ナリト

爾後　茲ニ一週間ニテ将校以下ノ戦死傷相当ノ数ナレハ或ハ四千名ノ損害ニ近シ　作間連隊　末田連隊ノ戦力ヲ見ルニ　中隊三名ノトコロ、五名・八名ニテ各中隊将校皆無ナリ　其他一大隊ニテ百名ヲ出デザルモノ多シ　新着ノ15/iハ緒戦ナレハ　初陣ニ損害ヲ出サヽル様　指揮官ニ於テ適切ナル指揮ヲ希念シテ已マス　連隊長ト共ニ展望地点ニ於テ詳シク地形ヲ見ル

参謀長ノ話ニ　今度ノ小生ノ転職ニ就テ軍参謀長久野村中将[31]ト木下高級参謀[32]ハ　手続ヲ誤リタル科ニヨリ夫々処分ヲ受ケタリト　蓋シ未聞ノ問題ナリ　仍チ五月八日　柳田中将ヲ交代セシメントテ大本営ニ軍ヨリ電報セシニ　九日ニハ転補ノ内命アリ　小生ハ十日ニ之ヲ受領セリ　惟フニ軍トシテハ方面軍ヤ南方総軍ヲ経由シテハ遅延スルノミナラス　途中デ異端生シ切迫セル戦機ニ投合セサルヲ憂ヒ　本筋ニアラサル非常措置ヲ講セシナラン　此際処分ノ如キハ勝敗ノ前ニハ問題ニアラス生死ヲ賭シテ真剣ナル行動ヲトレルナリ　サルニテモ東條陸相[33]一流ノ電撃的命課ト云フヘシ

前任者ノコトハ云フニ忍ビス　サレド国軍トシテハ大ニ考ヘル問題ナリ　学校ノ成績ガ最後マデ物ヲ云フ行キ方ハ是正スヘキ好範例ナリ　小生ノ如キ鈍物ガ師団長ニナリシハ全ク例外ニシテ　小生ノ悪運　如何ニ強キカ正シク幸運児ト云フ外ナキモ　全軍的ニ之ヲ見ルニ学才優レタルモノ必スシモ勇将タラス　幕僚トシテ優秀ナルモノ必シモ勇将タラス　此ノ難局ニ処シテ克ク之レヲ制服シ最後ノ勝利ヲ獲得スルモノコソ良将タルニ愧ヂス　小生ノ如キ呑気ナ親爺ガ案外巧ヲ奏スルヤモ知レス　否断シテ必勝セサルヘカラス　現在ノ如キ危局ニアリテハ知識ニアラス　胆力ト意志力ナリ

陸軍当局トシテ更ニ考ヘザルヘカラザルハ　人ノ見方ナリ　例ヘハ當参謀長ノ如キ前任者ハ　之ヲ不適任ト見、ナルヘク速ニ参謀長ヲ免スヘシト申送リタルモ事実ハ然ラス　立派ナ参謀長ニシテ此ノ悪戦苦斗ヲ克服スル　一ニ田中参謀長ノ手腕ニ俟ツコト甚タ大ナリ

萬一中央当局ニテ其ノ考科ヲ見テ其ノ人為ナリヲトセンカ　是レ師団長ト参謀長ノ性格ノ差異ヨリ来ル誤解ト云フヘシ　右ハ一例ナルモ全軍トシテ此種性格ノ差ヨリ不幸ヲ見タル悪例少シトセス

考科ヲ書ク人ト対照シテ一歩踏ミ込ミテ検討スルコト肝要ナリ

曽テ荒木将軍[34]　予ニ訓ヘテ曰ク

　尉官ニシテ誠ヲ知リ　佐官ニシテ断ヲ知リ　将官ニシテ裕ヲ知ル　ト

今ニシテ思ヒ当ルコト深シ　人ヲ用フルニ裕ナカルヘカラス
砲声段々爆音寸時モ絶ヘス　時々近距離ニ銃撃アルモ泰然自若　師団爾後ノ作戦ヲ練リ必勝ヲ期ス
胸中光風晴月ノ感涌ク　此度ノ戦ハ正ニ湊川ノ合戦に比スヘク成敗利鈍ハ眼中ニナク　全師団死ヲ賭して戦ハンノミ、死ハ易シサレド「インパール」ニ突入スル迄ハ死ンデモ死ニ切レス
願クハ　天ハ予ニ此任務達成マデノ寿命ヲ与ヘヨ　決シテ長ク生キントハ欲セス　アト十日ニテ可ナリ
六月十日ニハ少クモ「インパール」飛行場ニ十加ノ尖鋭弾ヲぶち込マントス
橋本連隊長ニモ本日現地ヲ指シツツ　アノ飛行場ヲ焼打スベク　アノ水源地ヲ占領セヨト命令セリ

わが母は　西の浄土に　待ちまさん
かちどきあげて　みそば近くへ

六月二日

将兵ノ容貌　髪髯伸ヒ放第　山男ソツクリ　二月作戦開始以来茲ニ百日ヲ出ツ　十五軍トシテハ三月八日行動開始ナルモ我師団ハ之ニ先テ行動セル為メナリ　百日食フモノモ碌ニナク栄養失調ノタメカ顔色蒼白、肥ヘタルモノナク皆痩セルダケ痩セ居リ　其ノ労苦到底銃後ノ人ノ想像外ナリ
新鋭ノ橋本連隊ハ一月中旬内地出帆　昭南デ五日休ミタル外　連続ノ輸送ナルモ尚顔色良シ
ニ・三日晴レタルモ　又々昨夕以来大雨　将兵ノ労苦思フヘシ　攻撃ノ考案成ル　断シテ必勝必成ヲ期ス　思ヘハ五月二十三日　予ノ着任シタル時ガ苦境ノどん底ナリシナリ　両連隊トモ全ク戦力消耗シ末田大隊の如キ僅カ四十名トナル　而モ敵ハ攻勢ニ転シ司令所ノ直前ニ殺到シ　輜重モ行李モ第一戦ニ出テ応戦　師団ニ一兵ノ予備兵力ナク加フルニ隘路口ハ敵ニ封閉セラレ　断薬糧秣ノ追送出来ス　215i ハ軍旗奉焼ト云フ段取ニ瀕セリ　蓋シ連隊本部ハ敵ノ重囲ニ陥リ手兵僅カ　二十名ニテ、軍旗ノ安全ヲ期シ得サリシ状況ナリシナリ　幸ニ各隊ノ奮戦ニヨリ此危向ヲ克制シ　次テ岩崎・瀬古両隊及戦車ノ北上ニヨリ隘路口ヲ突破シ　八日間ノ苦斗ニヨリ逐次敵ヲ北方ニ圧迫　漸ク三十一日夕「ニントウコン」守備ノ独工・田口隊35ニ連絡ス　田口工兵ハ連隊長田口中佐以下其ノ半数ヲ失ヒ　腹背敵ヲ受ケシモ　克ク十日間奮闘セルハ賞讃ニ価ス　斯クテ田

中大隊モ一日朝所属連隊ニ到着　森谷・末田両大隊ノ挺進奮闘ニ　大部ヲ失ヒシ其ノ戦力モ聊カ恢復シ　又笹原連隊ニモ追及者少シツツ到着シ　爪ニ火ノとぼる如ク戦力恢復セリ
病院ニアル小銃三十、弾千五百、手榴弾等ヲカキ集メ　病兵モカリ立テ、　第一線ニつぎ込ミタル苦衷ハ並大抵ノコトデハナシ　山砲大隊長三沢大尉ノ如キ松葉杖ニヨリ戦線ニかけつけタリ
其間弾薬ハ全ク尽キ　糧秣ハ住民ノ籾ヲトリ鉄兜ニテつきテ食フ　ジャングル野菜ト称スル野草ヲ噛ミツ、戦フ　皇軍ナラデハ出来ヌコトナリ
一昨日「モイラン」附近ノ敵ヲ撃破シ　敵ノ遺棄物品中ニハ贅沢ナル食糧多ク　戦車隊長ハ福の神ト笑ヒツツ　久振リニ御馳走ニ与リタリト　敵ハ輸送機七機ニテ物料ヲ投下セシナリ
今ヤ新鋭橋本連隊ノ外野砲大隊等　戦場ニ到着セントシツ、アリ　之レデ勝タサレハ何ノ面目ヤアラン　これ迄ガ陣痛ノ悩ミコレカラハ桃太郎ノ手柄話シトナルナリ
攻撃計画立案シタレハ　コレカラハ各部隊長ニ▷○ノ意図ヲ透徹セシムルト教育シツツ攻撃スルコトガ▷○ノ仕事ナリ
昨夕後方ヨリ消耗品及食料若干到着、今迄蠟燭一ツ欠乏シ所用ノ時ノミ点火シ　アトハ真暗デ瞑想ニ耽リツ、アリシヲ　コレデ夜間モ地図ガ読メル次第、特ニ嬉シキハ梅干ノ来タルコトナリ　梅干程戦地ニテ有難キモノハナシ「ジャングル」野菜ハ苦ク青臭ク已ムヲ得ス食シツ、アリシガ　梅干シ一ツデ食事ノ味ガ俄然好転セリ　こんな味ハ磐谷デハ想像モ出来ヌコト僅カ旬日ノ時間ノ差デ随分変化ノ大ナルコトヨ、ジャングル生活ニテ一ツ困ルコトハ大便ノ時　蚊軍ノ猛襲ナリ　其他ノ時ハどうにかナルモ此時バカリハ閉口ナリ　脱糞ノ後尻ニ三ツ四ツ必ス蚊ニ攻撃セラル跡掻シ　戦場生活ノ特異性ニ時計ノ問題アリ　小生ハ先月十五日以来時計用フルヲ得ス　時計ナクシテ生活シ来ルモ小生ノミナラス　多クノ者時計用ヲ為サス
36
即チ戦場テハ時計ガ役ニ立タヌモノトシテ凡テヲ律セサルヘカラス　曽テ北満ニテ樋口季一郎中将第九師団長タリシ時　東寧ニ来リ　一夜会談シタル際　歩砲協同ノ話アリ　突撃時期ヲ時間ヲ以テ規約スルトノコトニ　小生ハ戦場デハ時計ガ役ニ立タヌ旨ヲ述ヘタルニ　彼ハ「ソンナコトデハ駄目ダ」ト反対シタルコトアリ　今茲ニ当時ヲ想ヒ出シ　小生ノ意見ノ正シカリシヲ立証ス　作戦ガ短時日ナレハ兎モ角　百日モソレ以上ニ及ヘハ時計モ狂ヒ又ハ破損スルモノナリ
師団司令部ニ於テサヘ　時計ヲ用ヒツツアル者少キ現況ハ　机上ノ空論ヲ完封スルノ事実ナリトス

昨夜爾後ノ攻撃ノタメ若干戦線ヲ整理ス　飯島小隊ヲ側方ニ移動転進スルハ至難ノ業ナリシモ　舘野高級副官ノ指導ニヨリ無事ニ遂行セリ　優勢ナル敵ノ攻撃ヲ撃退シタル直後　転進セシハ可ナリ　転進ノ時ハ余程注意スルモノナリ

愈々「インパール」攻略態勢成ルヲ以テ各部隊ニ訓示ヲ与ヘ　師団ノ決意ヲ示シ勇戦奮闘ヲ誓ヘリ

此際信賞必罰ヲ励行スヘク慫慂ス　戦場ニテ退嬰消極ナルモノハ隊長ノ刃ニ馬謖ヲ斬ツテ断乎戦陣ノ血祭トセヨト猛訓ヲ指達セリ

田中稔大隊長[37]戦場到達遅延セルニヨリ連隊長ヨリ三十日ノ重謹慎ニ処シ　師団長ハ戦場ニ於ケル怯者ト認メ之レヲ軍法会議ニ附スルコトトセリ　一方田口独工連隊、諸岡師団工兵中隊及岸山砲中隊ハ長時日募兵克ク衆敵ヲ支ヘ任務ヲ遂行シタルニヨリ師団長ヨリ賞詞ヲ与ヘタリ

信賞必罰ノ英断ハ戦場ニ於ケル「活」ナリ

降雨瀬リナルモ敵機ハ良ク飛行ス　晴天ト殆ンド変リナク二四時間絶ヘ間ナシ　終日天幕内ニ在リテ瞑想ニ耽ル　曽テ支那事変ノ際　天野大隊ヲ五十五日間連続討伐セシメ　天野大隊長ハ閉口シテ憲兵ニ転科シタルコトアリ　当時予モ亦　心ヲ鬼ニシテ其ノ陣頭ニ立チツヽモ　聊カ気ノ毒トハ思ヒタリ　然ルニ之レヲ今日師団ノ現況ニ比較セハ物ノ数デモナシ　当時天野大隊ノ服ハ破レ　靴ハ損シ髯茫々トシテ一見愴キ感アリシモ今日師団ノ全将兵ハ此ノ数倍ノ労苦ニ耐ヘツヽアリ　桁違ヒナリ　況ンヤ激戦ノ深刻ナル敵飛行機ノ跳梁　敵砲弾ノ熾烈比較ニナラズ、マレー作戦ヤビルマ作戦当時ト較レハ飛行機ノ数ニ於テ格段ノ差アリ　英国ノ立直リト米軍ノ援助ハ当時ト隔世的ニ敵ノ装備ヲ強化セリ　敵ガ「ビルマ」反攻ノ準備ハ驚クヘキモノニシテ　此ノ高山地帯ニモ立派ナル自動車道路ヲ造リシダケヲ見テモ大シタ努力ナリ　彼等ハ凡テノ準備ガ完了スルマデハ攻勢ニ出デス

今次作戦ハ克ク敵ノ機先ヲ制シテ我ヨリ攻勢に出テタルハ　沙河会議ニ於ケル戦例ニ比スヘシ

然レトモ斯クマデ敵カ準備シタトハ思ヘサリシナリ　インパール平地迄ノ機動作戦ハ予期以上ノ進展ヲ見タルモ　四月初旬以来　平地ノ一角ニテ動キノ取レサル交絢状態ニ陥リシハ　此ノ戦力判断ニ誤謬ナカリシカ？　加フルニ「カーサ」附近敵ノ降下部隊一万ナリシト　「コヒマ」方面予想以上ノ敵兵団ノ猛攻撃　我カ判断ト喰ヒ違ヒアリシハ事実ナリ　素ヨリ百難ヲ排シテ之ヲ撃破スルハ　吾人ノ任務ナレハ兎ヤ角云フ必要ナシト雖モ　柳田前師団長ハ流石ニ情報勤務ニ多年ノ経験アル

丈ニ此ノ判断ヲ以テ　慎重ニ処セラレタルコトガ左遷ノ重因ナリ　判断ハ判断　実行ハ実行ト任務ニ適応スルノ処置ナカリシカ　惜シキ点ナリ　師団ノ戦力三分ノ二ヲ失ヒシ罪ハあながち前師団長ノ消極的指揮トノミ断スルヲ得ス　根本ニ於テ上級司令部ノ敵ノ戦力判断ニ欠陥アリシコトハ否ミ難キ事実ナリ　茲ニ於テ小生ハ此ノ戦ハ湊川ノ死闘ト云フナリ
師団長トシテハ上級司令部ノ判断如何ニ抱ハラズ最善ヲ尽スヘキノミ　若シ師団長トシテノ判断ガ上級司令部ト違ヘハ正ニ堂々意見ヲ具申スルモ　師団ノ戦闘指揮ハ軍ノ意図ニ絶対服従スヘキナリ
此ノ立場ヲ明カニシテ行動スルコトカ武将ノ道ナリ　さはさりながら事実ハ予期以上ノ困難性ナリシヲ認ムルモ兵ハ勢ナリ

忠勇義烈ナル皇軍ハ克ク敵ノ凡テニ優良ナル装備ト優勢ナル兵力ヲ制服シテ今ヤ勝利ノ曙光明カナリ　唯之ヲ支那事変ニ比較シテ到底比較ニナラヌ程度ノ苦闘ナルヲ銘記スヘキナリ
地図ヲ按スレハ　祭兵団ハ千七百キロノ行軍ヲ踏破セリ　十一月初旬磐谷ニテ山内師団長[38]ニ会ヒテヨリ半歳ヲ超エ　磐谷ヨリ「チェンマイ」迄ハ鉄路輸送ナルモ　ソレカラハ高山地帯ノ峻道ナリ
弓兵団ハ二月十一日行動ヲ開始シテヨリ四ヶ月間連続ノ作戦ナリ　踏破距離ハ六百キロ　冨士山ニ近キ高山地帯ヲ谷ヲ越ヘ山ヲ登リ来ル　其困難ハマレー作戦ノ比ニアラス　六百キロトハ東京ヨリ岡山辺ナランカ　東海道ヤ山陽道ナラハ易々タリ

日本アルプスノ連続ト見テ可ナリ　茲ニ決シテ泣キ言ヲ云フニアラス　作戦ノ実相ヲ記シテ後世ニ遺サントスル微意ナリ

而モ之レヲ踏破シテ黙々ト一切ノ不平ナク粗食ニ甘シテ　雨ニ濡レ寒サヲ凌ヒテ　勇戦スル将兵ノ姿ヲ見テハたゞ頭ノ下ルヲ覚ユルノミ　「インパール」攻略ガ世間ノ予想ニ相違シテ遅延セルハ皇軍ガ弱キニアラス　死力ヲ謁シテ尚且然ルハ何カアルナリ　見ヨ我師団ハ既ニ四千ノ死傷ヲ出シツツモ敢然トシテ連日休ムコトナク奮戦シツ、アルニアラズヤ　中隊ノ人員一名ノトコロサヘアリ　大隊長ニテ最初ヨリ戦ヒツ、アルハ　砂子田少佐一名ノミ　数日前軍司令官ニ招カレテ五里ノ道ヲ夜間其戦闘司令所ニ到ルトキ　師団長ノ護衛兵四名ヲ出スニ大騒キナリキ　師団ハ一兵ノ予備ナク衛兵中隊ハ二十日最前線ノ陣地ヲ守備シアリ　輜重ヤ行季ノ兵サヘ第一線ニ出シ　弾薬ハ臂力搬送ナリ　コンナコトハ平時的研究ニテハ想像サエ出来ヌ事実ナリ　「インパール」ニ　十万ノ敵アリ　夫レニ対シ我兵力ハ如何　皇軍ナレハコソヤリ貫シタルナリ

梅干に　ジャングル野菜　塩なきも
飯盒飯の　あたゝかきか那

毎日入浴シ果物ヲふんだんに食べ　毎晩宴会ヲ連続セル磐谷ノ生活ト現在ノジャングル天幕生活ト対照シ感慨無量　然シ愉快ナリ　決シテ負ケ惜シミニアラズ　真実愉快ナリ
三軍ノ指揮官トシテ衣食住ノ如キハ問題ニアラス　此ノ決戦死闘ニ如等ノ欲望ハ更ニナシ　唯僅カ旬日ノ間ニ斯クモ変化スルコトガ面白シ

六月三日　晴間アルモ概シテ雨

午前中　田口独立工兵連隊及 9/33A （岸中隊）ニ表彰状ヲ書キ　師団衛生中隊ニ賞詞ヲ書ク　田口工兵連隊ハ二十四日ニントウコン守備ニ任シ　二百ノ内連隊長田口中佐以下百二十三名死傷セルモ　六十名ノ生存者ニテ平地進出ノ掩護ヲ完フシタルナリ　西連隊ニハ中隊ノ生存者一名ノミノトコロ其他三・四名ノトコロ多キモ　之ハ連隊長ヨリノ申請ヲ俟チ詮議ノ上表彰セン
曽テ北京ノ混成旅団長時代　十七年十月十六日磐山ニテ栃内少尉以下一小隊全滅ノ悲運アリ　次テ坪田見習士官ノ斥候壊滅セル時　旅団長トシテ責任ヲ痛感シ岡村軍司令官ニ御詫ノ手紙ヲ出シ　乃木将軍ノ心畢ヲ理解スト述ヘタルコトアリ　又十八年正月八日　八達嶺ノ麓大村ニテ小松文夫中尉以下十一名全滅シタル時モ心痛ノ余リ現地ニ馳ケツケタルコトアリ　部下ヲ失フノ悲哀ハ連隊長時代屢々之レヲ味ヒタルトコロ　今モ昔モ変ラネド今度ノ戦ハソンナコトニ　一々クヨくシテハ師団長ノ重責ヲ果シ得ス　人情ヲ殺シ冷静　鬼心トナラサルヘカラス　一方益々乃木将軍ノ心事心境ガ明トナル　過般赴任ノ途
蘭貢ニテ河辺方面軍司令官ニ会ヒシ時　石黒中将[39]ガ独リ息子ヲ戦死サセ之レデさっぱりシタト述懐セル由　氏ノ心モ良ク解ルナル　吾人トシテハ幾千ノ生霊ヲ価値アラシムヘク最後ノ努力ヲ以テ之ニ酬ヒサルヘカラス
愈々雨季トナリシカハ後方補給ノコトカ心配ノ種ナリ　三浦参謀[40]後方主任トシテ大ニ活動シアルモ　道路ハ日ト共ニ不良トナリ　此ノ長遠ナル補給路ヲ如何ニ克服スルカ　独立工兵ヲ後方ニ還シ補修工事ニ任セシムルノ要アリ　小生着任以来茲ニ十二日ニナルモ未ダ一回モ前線ニ糧秣ヲ送ラス　送リシハ弾薬ノミ　第一線部隊ノ空腹ヲ思ヘハ断腸ノ念ナカルヘカラス

　腹時計　はかるは　廻る日の影に

師団戦闘司令所ニアリテサヘ腹時計ニテ大体ノ時ヲ判定シアリ　太陽ノ日影ヲ拝ムコト少キ雨季トハ云ヘ大体ノ時計ハ解ルモノナリ　現在ノ如キジャングル生活ニテハ時計ナキモ大シテ痛痒ヲ感セス　唯世界ノ戦局ハ如何ニ進展シツツアリヤ　太平洋方面ノ戦況ハ如何ニナリツ、アルヤ等　浮世離レノ山奥住ヒナガラ　気ニカ、ルコトハ依然気ニカ、ルモノナリ

山本少尉ガ追及兵三十名ヲ率ヰ十九日　36哩ノ隘路口救援ノタメ前進シタルニ敵ノ砲撃ヲ受ケ四散潰乱シ　本三日僅カ七名ヲ率ヰテ帰ル　建制ノ小隊長ナレハ当然厳重処分スヘキモ　寄セ集メノ追及者ヲ駆ツテ救援セシメタル師団ノヤリ方ニモ一考ヲ要スル点アリ　処分ハ大目ニ見ルコトトシタルガ　皇軍ト雖モ臨時編合ノ部隊ハ斯クノ如くだらしナキコトヲ体験スアトノ兵ハドコニ匿レアリヤ　十日ヲ過グルモ消息ナシ　慨嘆ニ堪ヘザルト共ニ今後兵ノ運用ニハ或ル指唆ヲ教示シタルモノト云フヘシ

一般ニ遊兵問題ハ大ニ考ヘザルヘカラス　師団ガ作戦ノ進捗意ノ如クナラサルニ到リ　後方ノ遊兵ヲ整理シタルニ実ニ千五百名ヲ捻出シタルナリ　牟田口将軍ノ言ニヨレハ後方ヨリ軍司令官ニ菓子ヲ送リ来レルヲ以テ誰レカ作リシカト問ヒシニ弓兵団野戦倉庫ニテ作リタリトノコト「ソンナ菓子ヲ作ル兵ガ居ルナラ直ニ第一線ニ出セ」トノ鶴ノ一声ニ遊兵処理トナリ

當弓兵団ノミニテ千五百ヲ捻出スルニ到レリ　然ルニ後方残置ノ遊兵ノミナラス戦場ニテモ掌握シ得サル遊兵アルコト甚タ多シ　現ニ山本少尉ガ三十名ノ内七名ノミ連レテ帰リ　他ノ二十三名ハ既ニ十日以上ヲ経テ行方不明ナリ

軍命令来リ愈々3/D　15Dヲ以テ「インパール」北方ヨリ主攻ヲ　當弓兵団ハ助攻トシテ南方ヨリ攻撃スルコトトナル　由来助攻方面コソ大事ナリ　軍・六月十日攻撃準備完了迄　師団ハ果敢ナル攻勢ニヨリ軍ノ主攻ヲ容易ナラシメサルヘカラス成算吾ニ在リ　断シテ負托ノ重任ヲ完フセン

六月四日　雨

攻撃開始五日ト予定セルニ　準備ノ関係上六日ニ改ム　波部隊ノ弾薬ト糧秣ヲ更ニモウ一度補給シタル上　元気ヲツケテヤラスコト並ニ「サドウ」北方ノ敵ニ対シ火力ヲ展開シタルノミナラス　充分確信アル射撃ヲナササシムル為ノ諸準備　念ニハ

念ヲ入レテヤル為ナリ　然レトモ我部隊方面ニハ　二日夕以来　一千ノ敵　十二門ノ砲ヲ以テ猛攻シ来ル徳義ハ戦力ナリ友軍ノ急ヲ救フタメ攻撃準備未完了ヲ敢テ突進スヘキガ本当ナリ　唯実行部隊ガ其気ニナラサルヲ如何ニ焦ツテモ成功セサレハ却テ失敗ニ終ルヘケレハ　目ヲ潰ツテ一日延期スルコト、セリ　コレガ戦術ト異ル点ナリ　実行部隊ノ現状ヲ基礎トスルコトハ図上戦術ニテハ味ハレザル点ナリ　平素ノ教育訓練・指揮官ノ素質・兵ノ消耗　平時机上ノ研究ニテハ不問ニ附セラル、コトガ　実戦ニテハ重要ナ問題トナル　況ンヤ将兵ガ空腹デフラくシテ居ル現況ノ如キハ　到底戦術ノ研究デハ研究出来ザル事項ナリ　先ツ腹ヲ作ツテ戦ハスコトガ現下緊急ノ問題ナリ

本朝　戦車連隊長井瀬大佐[41]来ル　迎ヘノ馬トハ行キ違ヒニナリシ由、馬ヲ出ストキ注意シタルモ　中々思フ様ニ行カヌモノナリ　重砲連隊長眞山大佐[42]モ来リケレハ　携ヘテ敵陣地ヲ展望シツ、今後ノ攻撃ヲ指示ス

展望地点ニテ驚キシハ　兵ノ下痢状況ナリ　到ルトコロ脱糞ノ跡アリ　悉ク水便ナリ　連日ノ雨ニ腹ガ冷ヘ腸ヲ害セシナラン　御苦労トハ正ニ現在用フル言葉ニテ　平時訓練ヤ北支ヤ泰デ「御苦労」ノ連発ハ考ヘ物ナリ　大隊長時代　馬占山ノ討伐ノ時ハ多少苦労ナリシモ之レトテ　敵ノ飛行機ナク砲撃モ　ほんの御しるしナリシガ　現在四六時中ノ爆撃ト砲撃下ニアリテ長時日食フモノモ食ハス奮戦スル将兵ニコソ真ニ御苦労ト叫ヒタクナルナリ

今迄ノ戦役ニテハ味ハレヌ苦労アルコトヲ痛感ス

六月五日　晴多シ

本朝　攻撃ヲ開始スル予定ナリシモ　215i ノ攻撃準備完了セス　明六日ニ改ム　着任以来始メテノ攻撃ナレハ牛刀主義ニヨル

但シ牛刀ト云フモ正面砂子田大隊[47]ノ
白兵ハ　一中隊　一七名
　　　　一中隊　三五名
之レニ工兵二十名ノ突撃兵ノミ師団ノ指図スル重点トシテハ貧弱ナルモ　連隊砲大隊砲及重砲ヲ集メテヤルトコロニ重点形成ス

従来ノ遭遇戦的攻撃ヲ改メ　教育的ニ充分準備ヲ整ヘ諸兵ノ火力ト突撃力ヲ発揮スルトコロニ面目ヲ一新セシナリ　是非トモ必成必勝セサルヘカラス

師団長トシテ第一線ヲ鼓舞スルタメ　最前線ニ進出シ直接指導ス　途中敵砲撃ヲ受ク　砂子田大隊長ニハ過般ノ夜襲ノ時モ

出発前直接訓示シ激励シタルモ成功セス　今度ハ二度目ナリ　決死成功ヲ期スル旨ヲ厳ニ指教ス

五月三十一日調査ノ師団ノ損害

戦死　将校　一〇三　準官以下　一、二〇七

戦傷　将校　一五五　準官以下　二、四〇七

計　三、八七二

山本支隊[43]　戦死傷　二、〇三六

将校　一〇四　五、九〇〇名

凡テヲ通算シ　六千ヲ越ユ（戦病者総計　一万一千名）

戦病　三、五四四（入院　二、五〇〇）

山本工隊　一、三九〇　計　五千名

幸ヒ後方ヨリ追及者　千五百着々追及シアルヲ以テ　明六日ヨリノ攻撃ニハ多少戦力増強スヘキモソレデモ大隊ノ突撃兵力ハ四、五十程度ナリ　晴間ヲ利用シ毛布携行品ヲ乾ス　皮具類ハ悉ク「カビ」生ス　将兵ノ服ハ破レ靴ハ損シ　辛シテ鹵獲品ヲ以テ代用スルモノ多キニ比スレハ黴ハ当然ナリ

六月六日　雨

愈々攻撃開始、師団長トシテ着任以来十五日　局部的攻撃ハ絶ヘス実施シ断シテ受動ニ陥ラサリシモ本六日ヲ期シ　師団現戦力ヲ以テ総攻撃ヲ開始ス　縦令突撃兵力ハ少キモ（砂子田大隊　白兵五〇）断シテ必勝ヲ期ス　十五日ノ間チビく弾薬ヲ補充シ兵力ヲ整理シタルナリ

笹原連隊ノ岡本大隊[44]ノ攻撃発起ガ黎明ナリシハ　前夜之レヲ統制セントノ参謀長ノ意見ナリシカ　時期既ニ遅ク実行部隊ニ一任セリ　果シテ成功セス

再三ノ突撃　三十名ノ戦死傷ヲ出シ一銃眼ノタメ頓挫ス　ヤハリ銃眼ヲ潰シテヤル砲火ノ威力発揮ヲ待ツヲ可トス　之レニ

反シ砂子田・末木両大隊[45]ハ山砲連大隊砲ニテ銃眼ヲ潰シテ突入シタルタメ戦死傷僅カ四名ニテ成功ス　良キ教訓ナリ　将来
▷○トシテ断乎統制スルノ必要アリ　重砲ハ中ニ命中確実ナリ　是レモ長時日準備ノ賜物ナリ　凡テ準備ナキ攻撃ハ失敗
ス　準備中特ニ必要ナルハ現地教育ナリ　昨夕砂子田大隊ヲ視察シ必ス勝ツトノ確実ヲ持チシモ岡本大隊ノ方ハ準備不十分
ナレハ不成功ノ予感アリ　果シテ予感ハ適中セリ
次ハ弾薬ノ準備ナリ　連大隊砲及山砲半日ノ戦闘ニ残弾ナシ　勿論諸種ノ事情上　準備弾薬ノ補給意ノ如クナリシモ本日ノ
戦闘ニテ熟々弾薬ノ準備ノ必要ヲ今更ノ如ク痛感セリ

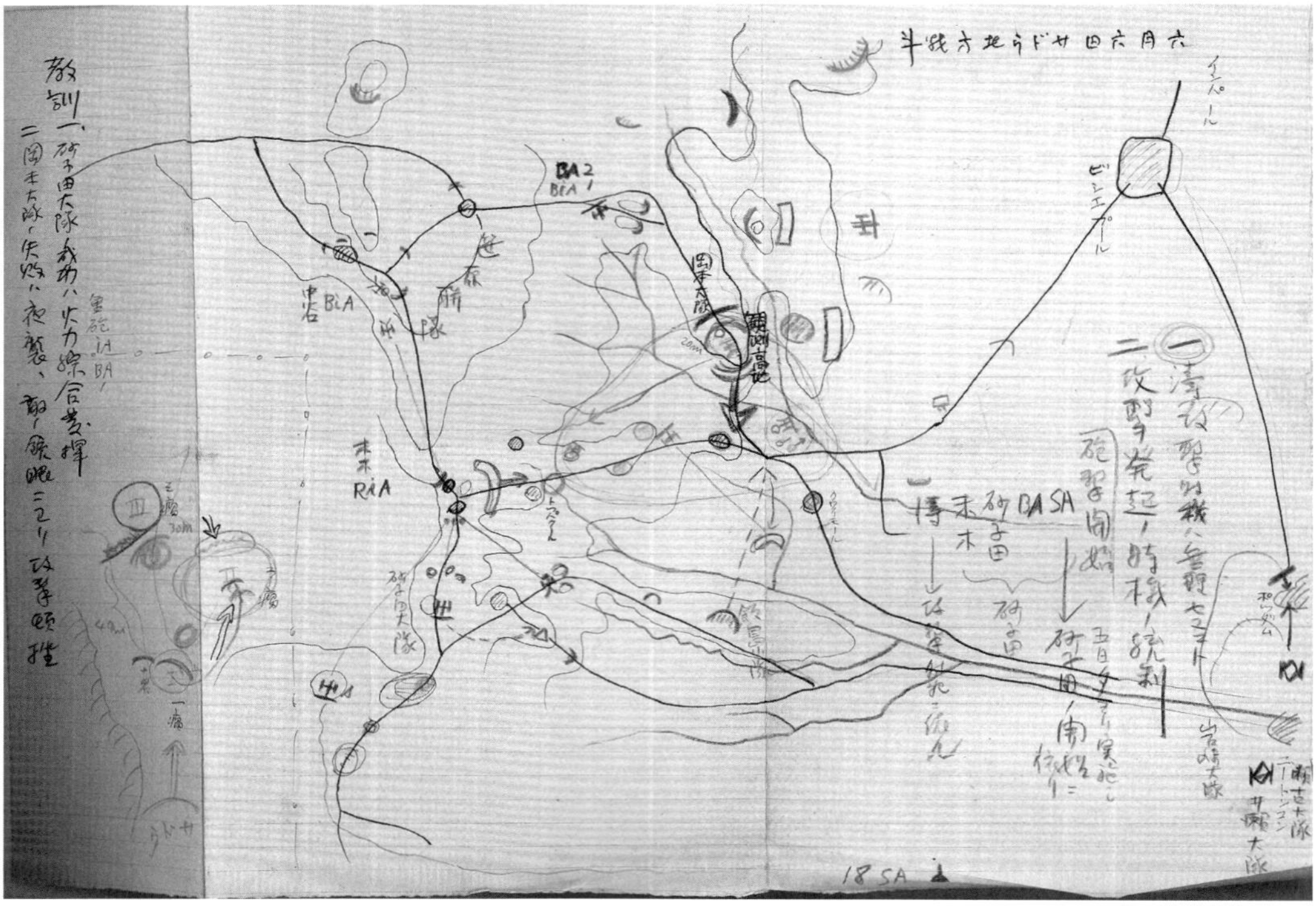
BA 2
B1A
R1A
BASA
18 SA

教訓一、砂子田大隊ノ成功ハ火力総合発揮
　二、岡本大隊ノ失敗ハ夜襲、敵ノ銃眼ニヨリ攻撃頓挫

十九時四十分「サドウ」北方ノ三ツ瘤ヲ完全ニ占領　追撃ニ移レリ　斎藤小隊（山本追求小隊ヲモ含ム）ヲ砂子田大隊ニ増加　戦果拡張ヲ推進セシム

予ノ着任以来ノ緒戦ハ成功セリ　愉快此ノ上ナシ　成功ノ主因ハ砲火ノ準備ヲ周到ニシタル結果ナリ　軍司令官要望ノ綜合戦力ヲ発揮シタルナリ　攻撃時期ヲ後続部隊タル15/iノ到着ヲ待タスシテ決行セルコトハ弓兵団ノ名誉ノタメニ祝スヘシ

戦ヒノ一日ハ暮ル、幸ヒ雨天ナリシタメ敵機比較的横行セス　将兵雨ニ悩ムトハ云ヘ一面敵機ノ妨害少シ、多忙ナリシ攻撃第一日ハ刻々ノ情報ト戦闘指揮ニ夢ノ如ク去ル

六月七日　曇

九時四十分　岡本大隊ハ遂ニ旧観測所高地ヲ奪取セリ　又岩崎大隊[46]ハ六時ポッタムノ西側一角ヲ占拠セリ　砂子田大隊ハ「トッパクール」ニ進出セリ　斯クテ「クワィモール」附近ノ敵ハ　三方ヨリ包囲セラレ壊滅ノ危機ニ陥ル　然レトモ敵モサルモノ　中々頑強ニシテ「ニントウコン」ニハ未タ掩蓋五個、戦車二ヲ以テ抵抗ス　「クワィモール」ニモ敵存在シ　砂子田大隊ノ前進意ノ如クナラス　コレガ編成整備完全ナル大隊ナレハ　スラくト進捗スル筈ナルモ　砂子田大隊ハ大隊長一名ノ外将校悉ク損傷　一名モ居ラス　兵力モ百名ト云フモ元気ナモノハ全部死傷シ　退院シタバカリノ兵・荷物監視等ニテ後方ニ残置セルモノヲカリ出シテ　頭数ヲ揃ヘタト云フ程度ナレハ　無理押シニ推進セシメツヽモ　実ハ大隊ノ戦力上已ムヲ得サル点アリ　歯掻キコト甚シキモ　コレガ戦場ノ実相ト云フヘシ

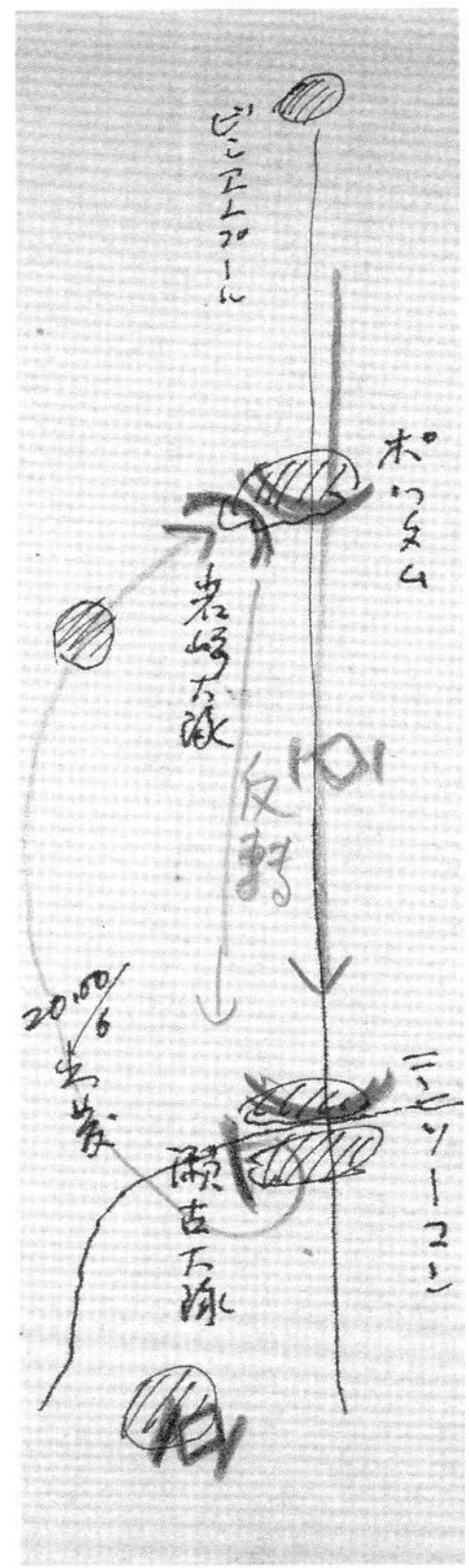

ポツタムヲ占領シタリト雖モ　其ノ西ノ一角ヲ占領シタルノミニテ敵戦車ハ「ニンソーコン」ニ増加スル状況ナリ　「ニンソーコン」北側ノ敵ヲナンデモナク考ヘタルガ誤リニシテ地道ニ一歩一歩堅実ニ浸透的攻撃ヲナサレバ各個ノ戦闘トナリ成功セス　従来ノ戦術思想ハ現状ノ如キ戦力消耗セル部隊ニハ適用出来ズ

第一意外ナルハ戦車ノ行動ナリ　昼間ハ敵機ノ銃撃ヲ受クルタメ密林内ニ隠レ夜間ノミ攻撃スルコトナリ　今直ニ戦車ヲ全滅サセラハ決戦ノ時用フル故　戦車ノ云フ如ク夜間ノミ戦闘セシムルコトトスルモ　敵機ノ横行スル戦場ニ於ケル戦車ノ価値ヲ初メテ知リ唖然タリ　コンナ戦車ナレハ後方ノ警備位ガ関ノ山ナリ

此ノ日一ツ愉快ナルハ36哩隘路口ニテ輜重ノ「トラック」ニ対シ　敵機ガ銃撃ヲ加ヘタルニ　一下士官ガ一発デ撃墜セシメタルコトナリ　一般ニ飛行機ヲ恐レ消極退嬰ナルコトハ心外ナリ

部隊トシテ行動スル時ハ撃墜主義ニ徹底セサルヘカラス、自動車トカ小人数ノ行動ハ別トスルモ夜間運行ノ思想ガ一般ニ浸潤シ過キタル怨ミアリ

砂子田大隊ニ対シ　十数機ノ数回旋回飛行ニヨル銃撃ヲ目撃シタルガ　地上ヨリ射撃スルモノナカリシハ遺憾ナリ　調査セシメタルニ損害ハ全クナカリシト　飛行機銃撃ノ案外威力ナキヲ如実ニ体験セリ

連日ノ雨ト寒気ノタメ下痢ヲナセルモ幸ヒニ　二日ニテ恢復セリ　又泥濘ト湿気ノタメ水虫ガ再発ス　水虫ニハ閉口ナリ

第一線巡視ヲ妨グ

六月八日　　雨、暴風雨トナル

「ニントウコン」北部ニ頑強ニ抵抗スル敵ノタメ　瀬古大隊八十名ノ内六十名ヲ失ヒ戦闘力ナクナル　井瀬戦車連隊長悲鳴ヲ挙グ　岩崎大隊ハ「ポッサンバム」ニ進出セルモ孤立無援　「ニンソーコン」ヲ完全ニ占領セサレハ爾後　平地方面ニ癌ヲ残ス　已ムナク岩崎大隊ヲ反転攻撃セシム　戦車ハ歩兵ノミニ攻撃セシメ　密林内ニ対空安全第一主義ヲトルコトガ間違ナリ　連隊長ニ対シ電話ニテ厳戒ヲ加フ　騎兵的攻撃ニテハ成功セス　歩砲工戦ノ総合戦力ヲ発揮シ敵ノ銃眼ヲ虱潰シニ壊滅スルニアラサレハ　損害ハ多ク攻撃力ヲ失フ　特ニ現下ノ幹部ハ下士官ガ中隊長ナレハ　戦場現地ノ教育ヲ行ヒツヽ攻撃セサルヘカラス

トツパクール及クハイモールノ敵退走シ午前中ニ壹端一帯ヲ占領セリ　斯クテビシエンプール攻略ノタメ有利ナル地歩ヲ確保スルニ至ル　思ヘハ五月十九日敵ノ攻勢ニヨリ　サドウ北方一帯ニ換入セル敵一千ノタメ如何ニ苦シミシカ　仍チ師団主力タル作間・笠原両連隊ト師団司令部及残部ハ中断セラレタルナリ

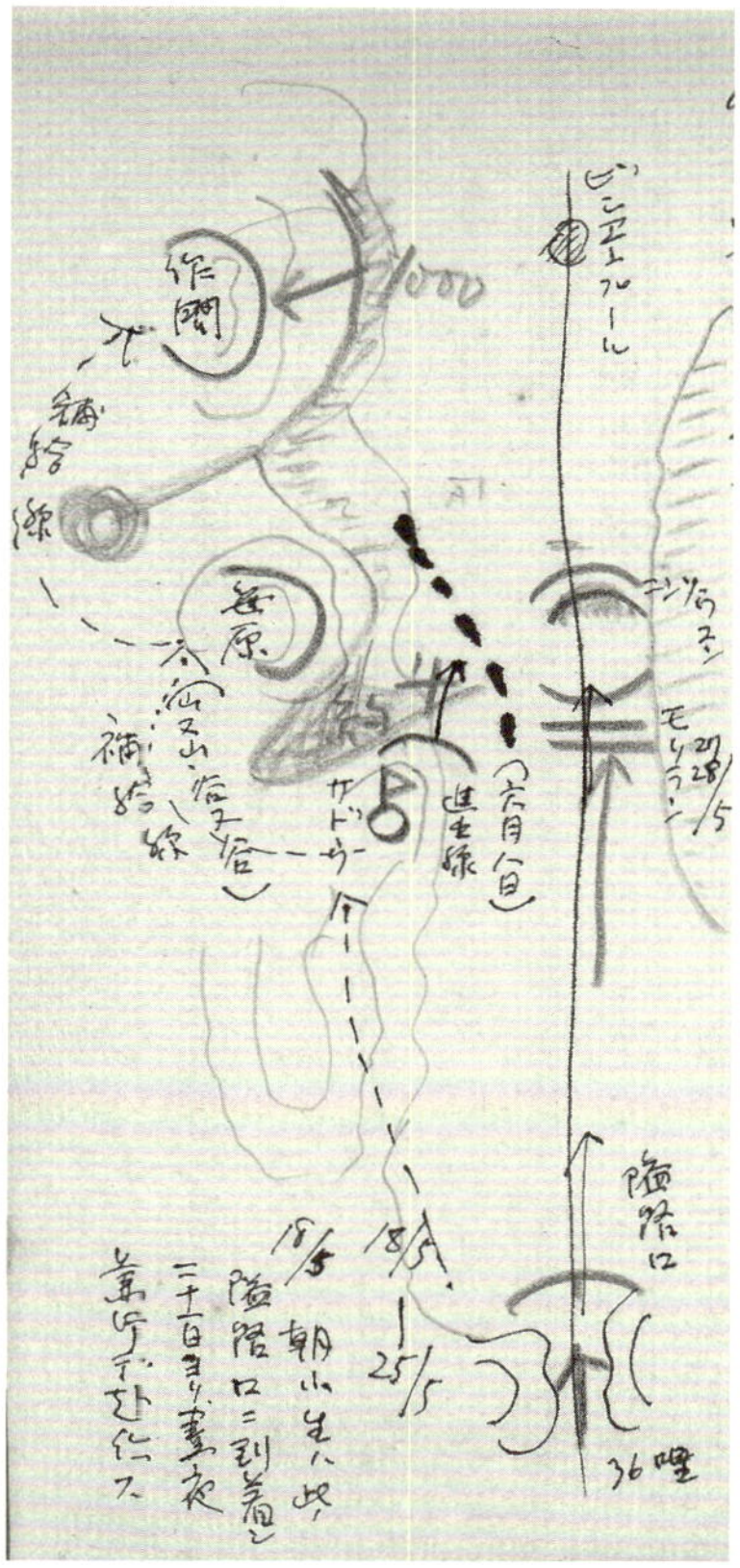

18/5　朝小生ハ此ノ隘路口ニ到着シ　二十一日昼夜兼行デ赴任ス

此ノ二十日何ヲ見テ居タカト云フ質問ニ対シテハ　戦力消耗ノ極ニ達シ後方ノ補給不如意ナル苦境ヲ克服シ　攻撃ヲ準備シ

タルノミト答フル外ナキナリ　此ノどん底ニ着任シ実ハ処置ナカリシモ幸ニ黎明ハ来レリ　第一ノ悦ビハ両連隊ニ対シ直通ノ補給路啓開セラレタルコトナリ

六月九日　　晴後雨

二時出発　笹原連隊ノ位置ニ前進ス途中三ツ瘤陣地ヲ通過ス　死屍累々　久シ振リニ屍臭ヲ味フ　敵陣地堅固ナリト云フモ鉄条網ハ一線ニシテ　掩蓋モ粗造ナリ　歩兵砲ダケテ充分吹キ飛シ得　本間中将□○代理トシテ三叉路ニアリアンテナ高地ニ対シ要地確保シアリ　敵ハ此ノ大隊砲　目ガケテ連続射撃ス　小生ノ前進中モ砲撃シ先方ニ行キシ兵一名脚ヲ飛ハサル

夜暗ノ射撃モ馬鹿ニナラズ　五時半連隊本部ニ到ルヤ将校ノ伺候式アリ　月下砲撃ヲ受ケツ、訓示ス　一生ノ思ヒ出ナリ曽ツテ連隊長時代　敵前ニテ命深布達式ヲ実施シ印象深キモノアリキ　今師団長トシテ敵ノ砲撃ノ最中ニ伺候式ヲ受ク　訓示モ自ラ悲壮トナルハ当然ナリ　蓋シ劇的場面ト云フヘキカ　直ニ軍旗ヲ奉拝シ必勝ヲ祈ル

終日ヲ爾後ノ攻撃準備ノタメ地形偵察ニ費シ　夕刻敵ノ砲撃下ヲ「クワィモール」方面ヲ経テ帰途ニツク　第一線ニハ思ハヌ御馳走アリ　「バナナ」ヲ久振リニ口ニス　山ノ中ニモ「バナナ」ガアルナリ　又戦闘后トテ敵ノ遺棄セル食料ヲ鹵獲シ「チーズ」「バタ」「ミルク」等戦闘ノ余徳ニ與ル　連隊長ノ土窟ニ憩フ「ゴム」ノ蒲団アリ（空気蒲団ナリ）コレモ敵ノ大隊長ノ遺棄シタルモノ毛唐ノ贅沢サニ驚ク　第一線将兵ノ起居ヲ見ルニ全ク気毒ナリ　コレデ既ニ三ヶ月　最近ハ連日ノ雨ニ携帯天幕一ツテ凌ク　中ニハ敵ノ嬬絆ヤ毛布、天幕等ヲ利用シアルモノアルモ　並大抵ノ苦労ニハアラズ　唯注意スヘキハ　敵機ニ対シテモ砲撃ニ対シテモ慢性トナリ生命ノ危険感麻痺セル為メ大切ナル高地上ニ佇立スルモノ　敵機ニ遮蔽スルコトナク行動スルモノ多キコトナリ　コレデハ益々被害多クナル訳ナリ

帰途砂子田大隊奮戦ノ新戦場ヲ見ルニ　敵ハ我匍匐近迫ヲ虞レ　竹ノ棒ヲ植ヘ居タリ　コ、ニモ　敵ノ死屍散々路傍ニ見受ク　今迄戦場ノ跡ヲ屡々見タルモ　今度ハ敵ガ斯ク迄防戦ニ努タルカト驚クハ敵砲兵ノ打殻薬莢ノ多キコトナリ　一ケ所ニ数百モアリ　ヨクモコンナニ多数ノ砲弾ヲ準備セルカヲ思ヘハ　敵ノ「ビルマ」反攻ノ準備ノ時間長キヲ悟ルベシ

夜半指令所ニ帰リ　参謀長ヲ呼ヒ偵察ノ結果　決意シタル攻撃ノ大綱ヲ示シ　之ニ基キ部署ヲ命ス

正馬傷キ副馬ニ乗リシガ　前脚弱ク屡々雨後ノ坂路ニ転倒セリ　馬品ヨリ脚ノ強キガ良シ
15/iノ先須中隊ヤット到着、七日ニハ全部集結トノ軍ノ指示ニ反シ　全部ノ集結ハ一週間後ナラン　戦場ハ錯誤ノ集積トハ云フモノノ軍ノ計画者ハ予メコレヲ予察セサルヘカラス　豪雨ノタメ道路ノ故障　敵ノ「ゲリラ」妨害　其他色々ノ錯誤ノ累加ナリ

六月十日　雨

「ニントウコン」ニ於ケル瀬古大隊[47]ハ六十名・「ボッサンタム」ニ於ケル宮崎大隊ハ百名ノ死傷ヲ出シタルコトヲ知ル
戦車連隊長ノ指揮下　歩兵ハ殆ンド戦力消耗セリ　斯クノ如キ戦サヲヤルカラ　十二日マデ攻撃再興出来ズト泣キ言ヲ云ヒ来ル　而モ戦車ハ何等損耗ナク「ジャングル」ニ遮蔽ス　戦車ノ不甲斐ナキ驚クヘシ　直ニ現場ニ出馬シテ激励セントシタルモ　参謀長ノ意見具申ニテ堀場参謀ヲ派遣スルコト、ス　要ハ騎兵出身ノ戦車連隊長ガ大ザッパナル騎兵的攻撃ヲヤリシ結果ニシテ▷○トシテ連隊長ヲ招致シタル時　更ニ綿密ニ其攻撃計画ヲ検討シ点検シテ　修正ヲ加ヘ周到ナル指導ヲ与ヘタラト　今更ノ加ク後悔ス　人ヲ信スルハ佳シ　然レトモ現況ハ放任ハ不可ナリ　師団長ガ連大隊長トナッタ心算デ的確ナル指導ヲ与ヘサル限リ成功セズ
陣頭指揮トハ陣頭教育ナリ　くどい程干渉シテ可ナリ　六日「ニンソンコウ」ノ攻撃ト三ツ瘤トヲ比較セハ明カナリ　戦車連隊長ニ一任シタル罪ハ▷○ニアリ　十二日ノ攻撃再興ニハ此ノ轍ヲ踏マサル様努力ヲ要ス　戦車連隊長ガ夜襲スト云ヒシ時　承諾シタルコトガ失敗ノ一因ナリ　夜襲ハ一部局ノ切リ込ミノミニテ　其他ハ払暁攻撃カ薄暮ヲ可トス　総合戦力発揮ハ払暁ナラサルヘカラス　薄暮ハ占領後ノ確保ニ便ナリ　之レ雨季ノ特長ニシテ薄暮ニハ砲兵ノ射界ナキコト多ク払暁雲ガカ、レハ晴レル迄　待機スレハ可ナリ　兵力消耗シ指揮官ノ大部ヲ失ヒシ現況ニテハ師団ガ連隊以下ノ戦闘指導ニ対シ余程綿密周到ナル指導ヲセザレハ成功セス攻撃時期ノ如キ重大事項ヲ一任スル如キ大ナル過誤ト云フヘシ　更ニ現況ニ於テ必要アレハ一ツ一ツ敵陣地ヲ片付ケルコトナリ　之レニ師団ノ火力ヲ集中スルコトニヨリテノミ成功ス　砲兵力特ニ其弾薬ノ補給不如意ナル現況ニ於テハ特ニ然リ
本日ハ終日敵機休ム暇ナク活動ス　何カノ兆候ト見ルヘシ

六月十一日

敵ハアンテナ高地ヨリ前進　拠点ヲ推進シ来ル　終日三叉路ニ砲爆銃撃ヲ加フ　損害ハ案外少ク死傷五ナリ

橋本連隊ノ一部到着、直ニ前進セシム、他ハ爾後ノ攻撃準備ニ忙殺セラル、山砲一ツ動カスモ人馬消耗セルタメ臂力搬送ヲ主トシ且駄鞍ナキタメ苦労ス　凡テガ欠陥ダラケ　之レヲ精神力と労力デ克服ス

橋本連隊ノ到着遅延セル原因ノ一ツトシテ途中「ゲリラ」ニ遇ヒ下車攻撃シタルニ　車両ハ反転帰還シ爾後徒歩デ五十里行軍セルコトナリ　由来後方部隊ノ臆病ナルハ定評アリ　後方部隊ノ教育ト戦意向上ガ必要ナリ　戦サハ第一線デノミヤルモノニアラズ　全力ノ総発揮ガ大切ナリ　戦況比較的閑散ナリシヲ以テ　愛児ノタメニ「交友記」ヲ書キ　平素直接訓育出来ザル父ノ子ニ対スル気持ヲ伝ヘ置ケリ

六月十二日　雨後晴

丁度　磐谷ヲ出発シテヨリ一ケ月トナル　其間入浴ハ勿論小流デ水浴シタルコト一回ノミ　人生ノ最苦難ヲ味ヒ健康益々良ク　志気愈々旺盛　如何ナル艱難ヲモ突破シ得ル自信アリ

払暁砲声盛ンナリ、直ニ展望所ニ到リ戦況ヲ見ル　「ニンソウコン」北部ニ対スル井瀬部隊ノ攻撃ナリ　午前中ハ歩砲協同ヨク敵ノ第一線ヲ突破シ　敵ノ退却スルモノ三、四十ヲ見タルガ　午后ニナリテ　敵ハ数十門ノ集中砲火ト二十余機ノ編隊ニテ連続爆・銃撃ヲ反覆　之レニ加ヘテ敵ハ後方ヨリ続々兵力ヲ注入シテ　戦況不利トナリ圧迫サレ気味ナリ

予ハ今迄相当ノ戦暦ヲ有スル一人ナリシガ本日ノ敵ノ砲火ニハ驚ケリ　千ニ余ル砲弾ヲ打込マレテ全ク天日暗ク硝煙土砂ヲ以テ天地ヲ蓋フ概アリ　損害ハ如何ナリシヤ　直ニ知リ得サルモ相当ノモノト信ス

敵ノ爆撃・銃撃モ一時間ニ及ヒ　連続旋回上空ヲ乱舞ス　中ニ一機墜落スレハヨイガト祈リシモ其ノコトナリ　敵機ハ悠々低空ニ飛ヒ癪ニ蝕ルコト甚シ　対空射撃ヲ画期的ニ刷新スルノ要アリ

終日ヲ展望所ニ望遠鏡ヲ離サス　昼食モ台上ニ採ル　敵ノ増援ニ対シ▷○トシテ何カ手ヲ打タント考ヘシガ　膏薬張リヨリモ既定方針ニ基キ　其儘決行スルコトトセリ　高級指揮官ガ一局部ノ戦況ニ眩惑セラレサルコト必要ナリ　サハサリナガ

ラ部下苦戦ヲ眼ノ辺リ目撃シテ断腸ノ感ナキヲ得ス　図上作戦的ニ敵陣地攻撃ヲ簡単ニ考フヘカラサルヲ痛感ス　敵ノ飛行機ハ間断ナク飛ヒ　砲弾ハ無尽蔵ト思ハル、程射ツ　之ニ対シ我友軍機ハ飛ハス　砲弾ハ敵ノ百分ノ一モ射撃出来ス　此ノ一局戦ニ消耗スレハ爾後ノ弾薬欠乏スルニ至ル

而モ指揮官ハ大・中隊長悉ク戦傷シ　下士官ガ中隊長ナレハナリ　決シテ臆病ニナリシニハアラス慎重ニ陥リシニハアラス此ノ戦力差ヲ以テ如何ニ攻撃スヘキヤ考フルノミ　無線モ故障、通信線ハ勿論断線　已ムナク司令部ノ書記阿部曹長ヲ派シテ連絡ヲトラシム

攻撃時期ニ就テ払暁攻撃ガ火力発揮上最良ト信シタルモ必ズシモ然ラス　本日七時三十分ヨリ攻撃開始シ敵ノ第一陣地ヲ奪取スルマデ順調ナリシモ　午後ニナリ優勢ナル兵力ガ爆撃ト砲撃ニ膚接シテ反攻シ来リ　逐次圧迫セラル　若シ天候ガ雨ナリシナラハ良カリシモ不幸ニシテ本日ハ雨後晴トナリ　午後ハ敵機ノ活動活発ニシテ砲撃モ盛ナリ　絶対優勢ナル砲兵ニ対シ　又絶対優勢ト云フヨリモ友軍機皆無ナル状況ニアリテ　本日午后ノ戦闘ハ天気トナリシコトヲ憎ム

仍チ天候ニヨリテハ払暁攻撃ヨリモ夕方ナルヘク早ク攻撃スルヲ可トス　其ノ前夜攻撃準備ヲ完了シ　敵機敵砲兵ニ対シ掩蔽シ　午后五・六時頃ヨリ突撃セハ　第一第二線ヲ奪取シテ夜ニ入ルコトトナル　夜間ハ敵素質ニ鑑ミ活動セス　敵ハ只管火力ニ依存スルヲ以テ昼間ノミ攻撃スルヲ以テナリ　本日ノ不成功ハ正ニ攻撃時期ノ選定ニアリト云フヘシ

平地ノ戦闘ハ損害多クヤリ悪シ

本日ノ戦闘ニテ　瀬古大隊ハ将校悉ク戦死シ小銃十六mg二二トナル　大隊ト云フヨリモ小隊以下ノ戦力ナリ　敵戦車二台ヲ炎上セシメタルモ我戦車五輌　敵飛行機ノ犠牲トナレルハ残念ナリ　予ノ目撃シタル敵機ノ爆撃十数門ノ乱射的砲撃ニ　或ハ全滅カト思ヒシモ損害ハ案外少ク戦車五台ハ惜キモ　岩崎大隊ハ戦死二人　負傷三〇、野砲モ無事ナリシハ砲爆撃　意外ニ損害ナキヲ立証ス

夜半　堀場参謀帰来　本日ノ戦況ヲ聞キ「ニンソウコン」ヲ確保シアルコトヲ知リ安心ス

六月十三日　　雨

橋梁流出シ又々橋本連隊ノ到着遅延ス　軍司令官ノ胸中ヲ察シ焦慮甚シク　戦力低下セルモ全滅ヲ期シテ　弓兵団独力ニテ

攻撃スヘク　笠原連隊ヲ以テ正面ヨリ、作間連隊ヲ以テ側面ヨリ「ガランヂャール」及「ビシエンプール」ノ線ニ突入セント考へ参謀長以下参謀ヲ集メ　其実行性ヲ検討シタルニ　結局橋本連隊ヲ待ツ方ガ早クナルノ結論ニ到着シ　四・五日遅ルコト、ナルモ此ノ案ニ依ルコトト決定ス　蓋シ作間連隊正面ノ一千ノ敵ノ攻撃ヲ受ケツ、アル現況ニ於テ此手ヨリ外　策ナキナリ

戦ひは　一喜一憂
　度胸をすへて　かゝる外なし

食尽きて　乾麺麭を　噛みしめば
　浮き世の料理（カテ）に　勝る味あり

つはものは　煙草に飢へて　木の葉吸ひ
　ニコチンなきを　喞ちけるかな

一本の煙草も分けて　のみ合ふと
　歌ひしわれも　領ち合ひけり

一日の術（スベ）は閑なく身体（カラダ）掻く
　世にも稀れなる楽しみぞあり

身体中皮膚ガ荒レ手ヤ腕ニハ蚊ヤ虫ニ刺サレ閑サヘアレハ掻キ居ル　読ムヘキ書ナク楽シム娯楽ナキ陣中ニテハ身体デモ掻イテ居ルノガ唯一ノ楽シミナリ

連日ノ雨ニ患者続出　指令部ニテハ参謀長ノ外二名ノミ元気、第一線ハ更ラニ患者多カルヘシ　馬ノ状況ヲ尋ネルニ60%ガ

ヤット労役ニ服シツ、アルモ　従来ノ1／2ノ能力ナリト　人間ハナントカ食フ算段ヲスルモ　馬ニ迄及バス　痩セル一方ナレハ同情ニ価ス

磐谷ヲ出発スル時ハ　小島航空部隊長（飛行場長）ノ厚意ニテ八十キロノ荷物ヲ携行セルモ蘭貢ニテハ偵察機ノタメ其内二個ヲ方面軍ニ托シテ残シ　手提「トランク」ト「ボストン」鞄ノミ持チ来ル　然ルニ戦場ニテハ之レモ持テ余シ「トランク」ハ後送シ管理部ニ預ケルコトトス　洗面具着換ノ「シャツ」類ト薬品ノミ外ニ　日誌ト筆墨汁ダケヲ携行品トス　大隊長ノ時ハ図嚢一ツデ押シ通シ連隊長ノ時ハズック袋一ツナリキ　師団長モ連隊長時代ト同様ノ荷物ニセリ　只変リシハ當時ノ日記ハ万年筆ナリシニ今度ハ筆ニ代リシト　水虫ト云フ厄介物ガ出来テ　薬ヲ携行スルコトガ変レリ

六月十四日　雨（稀ナル豪雨）

朝マダキ明ケヤラヌ内ヨリ砲声瀕リナリ　敵ノ攻撃ナラント飛ヒ起キレハ「インゴロック」三叉路ニ対シ約五百ノ敵攻撃シ来ル　守兵僅カ三十余名ナリシモ奮闘克ク之レヲ撃退ス　是レ天候ノ御蔭ナリ　豪雨ノ為敵機モ砲兵モ活動意ノ如クナラザリシニ因ル　雨ハ我補給路困難ナルモ戦闘ニハ却ツテ好都合ナリ　本日ノ敵ハ白人多カリシ為メ此ノ豪雨ニハ閉口セルナラン

橋本連隊ノ一部到着セル部隊ヲ以テ「インゴロック」ヲ増援セシメントシタルモ鈍重ニシテ出発遅延ス□◉ニ対シ厳ニ注意ヲ与フ、戦機ニ対スル鋭敏性ヲ要ス　軍命令来ル、山本支隊方面ノ敵退却セルヲ機トシ　急遽攻撃スヘキ要求ナリ　然レトモ弓兵団ノ戦力ハ如何トモナシ難ク　橋本連隊ノ到着部隊ノ一部ニテモ之レニ参加セサレハ　既往ノ失敗ヲ繰リ返スノミナレハ　軍司令官ニ対シ一両日ノ猶予ヲ請ヒタリ

六月十五日　雨

攻撃時期ヲ何日ニスルカニ焦慮ス　瀬古大隊ノ如キ一ケ大隊ニテ小銃一六mgニ名ノミニテハ如何ニ督励スルモ詮ナシ　一切ノ泣キ言ヲ云ハサル主義モ此ノ事実ニ直面シテハ結局必勝ヲ期シ難ク　ヤハリ　綜合戦力ヲ発揮スル迄ハ　陰忍セサルヘカラス　コ、ガ苦心ノ存スルトコロ　玉砕ハ易シ　然レトモ断シテ勝タサルヘカラス　死力ヲ謁ストハ此ノ苦心ヲ突破スル

ノ謂ナリ

六月十六日　豪雨

軍司令官ヨリ▷○ノ意図ノ如ク必勝準備ヲ期シテ攻撃ヲ望ムト返電来ル
連日ノ雨デ橋梁流失五、爆撃一ニテ□○○運行停頓ス、徒歩行軍部隊モ腰マデ浸ル水流ヲ幾度カ越ヘ来ルタメ前進遅延ス　馬匹ハ疲レ連隊砲ノ曳引ニ斃レ　兵ハ臂力搬送シツヽアリ　天候ハ斯クノ如ク障碍トナルモ戦闘ノ為メニハ敵ノ砲飛ヲ封シテ有難シ　サレド病人続出ニハ閉口ナリ　此ノ悪条件ヲ頑張リ抜クコトガ最後ノ勝者ナリ
本日「コカダム」ニ前進ノ予定ナリシモ後続部隊ノ遅延ニ鑑ミ処置スルコト多ク　之ヲ延期ス　豪雨ノタメ不浄通ヒモマヽナラス　辛棒シテ晴間ヲ待チシガ中々晴間ナク降雨中ニ行フ　惨憺タリ
後続部隊ノ到着遅レタル原因ハ　天候ニヨルモ其ノ根本　軍参謀ノ処置ニ手落アリシニヨル　将来参謀ノ処置一ツガ斯クモ重大ナル結果トナルコトヲ銘心スヘキナリ

六月十七日　少雨

久振リニ大雨ヨリ少雨トナル　コレモ一・二日ノコトナラン　北印ノ雨季ハ予想以上ニテ　敵ガ「ビルマ」反攻ヲ雨季前トカ雨季後トカ問題ニスル訳ナリ　敵ノ病院自動車瀬リニ往来スルトコロヨリ見レハ　敵ニモ患者多キモノト認ム
攻撃開始X日ヲ20ト定ム、愈々敵主陣地ニ対スル本攻撃ナリ　凡有努力ヲ傾倒シテ仍チ人事ヲ尽シタル上　天命ヲ待ツモノナリ　之レカラハ飽ム迄勝タズニ已マサル気魄ヲ最高度ニ発揮スルノミ
連日ノ大雨ニ水虫悪クナリ熱ヲ持ツ　どうせ死ヌ身体ナガラ廿日ノ攻撃ノ時大ニ頑張ラサルヘカラス　現在ノ師団長ハ昔ノ大隊長ナリ　足デ（ママ）スル時代ナレハ此ノ水虫ニハ注意ヲ要ス
久振リニ友軍機来空　敵ノ「ダグラス」ヲ墜落セシメタルモ我一機亦不時着、友軍機ハもう顔ヲ見セザルモノト思ヒシ折柄力強シ
計画ト実行トハ随分違フモノナリ　昨朝出発セル連隊砲一門ガ午后九時三叉路ヲ通過スルノ報告アリ　普段ナラハ二時・多

クテ二時間半ノトコロナリ　六倍ノ時間ヲ要スルトハ驚クモコレガ事実ナリ　其他追及部隊ノ前進状況ハ全ク計画外ナリ
軍ニテハ七日ニ集結終ルトノ話ナルニ　十日ヲ過ギテモ其四分一モ到着セス　計画者ノ三省ヲ要スル点ナリ
連日ノ雨デ「マッチ」用ヲナサス　戦車攻撃ノ火炎瓶モ「マッチ」ヲ用フルハ雨季作戦ニテハ駄目ナリ　天幕内ニ於テモ四
周ノ湿気ノタメ用ヒ難ク「ハイカラ」ノ様ナルガ「ライター」ガ必要ナリ
従来「ライター」ヲ持タサリシガ　今度ト云フ今度ハ其ノ有難味ヲ知ル

六月十八日　　雨

攻撃開始ヲ二十日ト決定セルトコロ参謀長ヨリ意見具申アリ　昨夜半到着セル大平中隊ノ前進状況ヲ見ルニ全ク疲労困憊シ
二時間行程ヲ十時間カヽレリ　是レ五十里ノ行軍加フルニ連日ノ大雨ニ腰マデ投スル水流ヲ幾度カ徒渉シ濡レ鼠トナリ　患
者続出セルヲ叱咤激励シ　フラくシツヽ行軍シツヽアリ　更ラニ困ツタ問題ハ連隊砲一門ガ　馬疲労シ前進意ノ如クナラス
人ハ意気アルモ馬ニハ戦況ノ急ヲ知ル由ナク　或ハ二十日ノ攻撃ニ間ニ合ハサルヤモ知レス　依ツテ攻撃ヲ一日延ハシ二十
一日トセラレ度シト
周到綿密ナル参謀長ノ意見ハ尤ナリト雖モ　大局上　又一度師団命令ニ出シタルコトヲ一局部ノ状況ニヨリ変スルコトハ師
団長トシテ直ニ採用シ得ス　須ク更ニ実情ヲ調査スルノ要アリトシテ　果シテ連隊砲一門其後ノ前進状況ト追及部隊ノ前進
状態ヲ検討シテ若シ二十日ノ攻撃開始ニ間ニ合ハザレハ詮ナシ　暫ク採決ヲ保留スルコトヽセリ
僅カ一日ノ問題ト云フ勿レ　全局ノ戦況ハ一刻焦眉ノ急ナリ　而テ軍司令官ノ胸中ヲ拝シ焦慮ナキ能ハス　然レトモ必勝準
備ノタメニ必要ナル火力ト突撃力ヲ与ヘサレハ　初動ニ失敗スルハ　火ヲ見ルヨリ明ナレハ　苦心ノ存スル点ナリ　相手ガ
支那兵トカ従来ノ英人部隊ナラハ　勢三ツ押シテ押シマクレハ可ナルモ　堅固ナ陣地ヲ構成シ装備意外ニ優良ナル現在ノ敵
ニ対シテハ　猪突妄進ハ戒ムヘシ　是レ既往幾度カ失敗ヲ重ネタル所以ナリ　はやる心ヲ抑ヘテ苦心スル其ノ労苦ガ戦場ニ
於テノミ知ル苦心ナリ
重砲連隊長ヲ招致シテ雨中射撃準備ニ就テ指示ス　歩兵ハ雨ヲ利用シ重火器ヲ推進シ突撃スルヲ可トスルモ　遠方ヨリ見ヘ
サル砲兵ハ其ノ射撃観測ヲ如何ニスルヤ　観測ヲ最前線ニ推進スルヨリ外ナク試射ヲ周到ナラシメ　夜間射撃ニ準シテ実施

スルヨリ手ナシ　山地特ニ雨季ノ修正困難ナル由ニテ過塗ニ邇キモ晴レ間ヲ利用スルコトモ亦大事ナリ

敵ハ夕方ニナルト砲撃盛ナリ　昨十七日ハ「ニンソーコン」ニ対シ猛射シ来リ　瀬古大隊ノ大隊長代理渡辺曹長戦死シ　無線器破壊セラル　本夕只今亦々砲声瀕ナリ　三叉路ヲ射撃シアル如シ　雨中夕暗近ク乱射スルハ弾薬ノ浪費ナルモ　少シツ、ハ死傷者出テ残念ナリ

斎藤挺身隊ニ賞詞ヲ書ク　六日以来一週間近ク敵中ニ入リ　戦車其他ヲ爆破シ後方擾乱ノ功アリシニ依ル

六月十九日　　晴（六月一日以来　三度晴間アリシノミ）

連隊砲ノ駄馬遂ニ斃レ　中途ニテ停止スルノ報ニ已ムナク攻撃開始ヲ一日延期スルコト、セリ　橋本連隊ニ山砲一門ノミニテハ必勝ヲ期スル火力ナク　是非トモ其ノ連隊砲ヲ追及セシムト約束シタル信義上是非モナシ

行軍状況ヲ見ルニ　五晩モ一睡セサリシ為メ一里ノ山路ヲ三・四時間カ、ル状況ニテ追及意ノ如クナラス　凡テ蹉跌ハ戦場ニハつきものナルモ　予想外ノコト多シ　本夕出発第一線ニ進出　直接戦線ヲ指揮ス　愈々最後ノ頑張リナリ　コレダケ準備シテ失敗セハ運命ト諦ム外ナシ

攻撃準備間　敵出撃ヲ懸念セシガ明日ハ兎モ角　本日直ハソノコトナシ　蓋シ敵モ戦力低下セルナラン　病院車ノ往復数日ヲ逐ツテ増加スルト　又一方AAヲ平射的ニ使用スルニ至レルハ　無尽蔵ト思ハレル程乱射スル敵ノ砲兵力ニモ限度アルヲ示ス一証左ナラン

本日第一線ニ行ク以上　再ビ戦闘司令所ニハ帰ラサルノ覚悟ヲ有ス　依ツテ多少ノ所見ヲ書クコト、ス

○強襲ノ可否

当師団現在ノ如ク消耗（笹原・温井[48]両連隊2／3ヲ失フ　作間連隊1／2消耗）セルハ強襲ニ継クニ継ギシ結果ニシテ　作戦ノ要求上当然ノコトナガラ現況ニアリテハ強襲ヲ更ニヤレハ　戦力悉ク無トナルヘシ　勿論、砲兵陣地奇襲ノ如キ「ゲリラ」的攻撃ハ依然励行スベキコトナルモ既ニ堅固ニ数線陣地ヲ準備シアル当面ノ敵ニハ　火力ニ已リ敵砲兵ヲ制圧シ歩兵自体ノ火力ニテ銃眼ヲ潰シ　突撃器材ヲ用ヒテ突入セサス既往ノ失敗ヲ繰リ返スノミ　従来ノ失敗ハ一度陣地ヲトリテモ敵砲及迫ノ集中火ヲ蒙リ撤退スルヲ例トス　之レガタメ追撃砲ヲ制圧スルノ処置ハ絶対必要ナリ　加之ニ敵ノ飛行機ノ銃爆アリ

之レニ応スル対応策ナケレハ　縦令敵陣ニ突入スルモ失敗トナルコト戦例ノ屢々示ス如シ　六月六日三ツ瘤陣地ノ成功ハ幸ヒ午後ヨリ雨トナリ　飛行機ノ活動少ナカリシニヨル　六月十二日「ニンソウコン」ノ失敗ハ飛行機ト砲兵ノ集中火ニ依ル故ニ攻撃準備ハコ、マデ考ヘテヤラサレハ現在ノ敵ニハ必勝ヲ期シ得サルモノトス　攻撃準備ニ要スル時間ハ惜シカラス急遽焦慮スル勿レ

○地形及天候ノ利用

戦車ガ優勢ニシテ活動スル以上　平地ハヤリ難ク砲火ノ損害モ山地ハ比較的少シ　山地方面ニ攻撃ノ重点ヲ指向スルハ有利ナリ　サレド一面ニ於テ火砲、重火器ノ展開意ノ如クナラザルコト　今次作戦ニ於テ初メテ体験ス

馬ガ疲労シ連隊砲ヲ搬送シ得サルナリ　百五十キロヲ運搬スル原則モ現状ニテハ僅カ四〇キロナリ　一馬ハ一ケ月定量ヲ与ヘサルモ　ドウニカナルモ二ヶ月トナリテハ如何トモナシ難ク　人間ノ食モ四分一定量トナレル場合馬ハ文句を言ハス草ヲ喰ツテ居ル以外ナシ　特ニ馬塩ノ欠乏ハ予想以上ニ馬力ヲ低下シ骨ガ軟クナルガ如シ

連隊砲一門ヲ橋本連隊ニ送ルノニ如何ニ努力セシカ　攻撃時日モ之レガタメ一日遷延セリ　山砲ハ比較的機動力アリテ容易ニ到着セルモ　連隊砲ハ遥架重キタメ現在疲労シ栄養不良ノ馬ニテハ運搬シ得ス　山地ノ峻ニ加フルニ連日ノ大雨、昼間ハ敵機ノタメ　夜暗ノミノ行動等　悪条件ガ累加シタルニ基クナリ

天候ノ利用ニツイテハ既ニ記述セル如ク　優良整備ノ敵ニハ雨季ノ戦闘ハ歩兵ノタメニハ有難シ　砲兵ガ射撃困難ナルモ敵砲兵ガ活動セサレハ五分々々ナリ

○突撃時期及突入陣地

現況ニアリテハ天気ノ時ハ払暁攻撃ノ不可ナルハ　記述ノ如シ　雨天ナレハ晴間ヲ見テ火力ヲ発揮シ銃眼ヲ潰シテ突入スルタメ　重火器ノ推進必要アリ　曇天又ハ晴天ナレハ午後推進シ　薄暮ナルヘク早ク突入シ夜間陣地ヲ獲保スルト共ニ砲兵等ヲ急襲スルヲ可トス　山地ノ特性上煙霧所ニヨリテ晴間アリ　師団ニテ統一出来ザルコト多シ　歩砲協同ハ砲兵隊長第一線歩兵連隊長ノ許ニ来リ　直接一体的協同ヲ可トスルモ　通信ノ断線予想外ニ多シ　敵砲撃ノ跡樹木ハ倒レ「ジャングル」モ禿トナリ　平地ニハ点々穴ガ開キ　雨水貯リ如何ニ敵ガ砲弾ヲ浪費スルカヲ見ル　コレデハ電線モ切断セラルコト当然ナリト思フ

従来演習ニテ歩兵ハ砲兵ニ膚接シ　敵ニ近迫スル要領ヲ訓練セルガ　彼我砲兵力カ比較上必スシモ此ノ原則通リニハ行カサルコトアリ　現況ニアリテハ彼我砲兵力ニ懸隔大ナレハ已ムヲ得ス　五六百米離隔シ一気ニ突入スルヨリ外ナシ　加フルニ敵飛行機ガ上空ヨリ妨害スルコトヲ加味セサルヘカラス　机上ノ空論ニテハ駄目ナリ　現況ニ応スル戦闘指導ナラサルヘカラス　戦車連隊長ガ着任シ　六月六日三瘤陣地ノ攻撃時　原則論ヲ振リ舞シ　敵警戒陣地奪取后一気ニ主陣地攻略ヲ主張セルモ　事実ハ如何　六月六日ニ攻撃スヘキ戦車連隊カ失敗シ　十二日再攻シテ更ラニ失敗シ　貴重ナル戦車五輌ヲ炎上スルノ不覚ヲトリ　爾後一週間四輌ハ湿地ニハマリ込ミテ　コレヲ引上ゲルコトニ全力ヲ用ヒ　全ク攻撃能力ナク戦闘前ノ気焔モドコヘヤラ　戦闘ノ前ニ大口ヲ吐キシコト　学者ブッテ原則論ヲ並ヘルコトハ禁物ナリ

今迄ノ戦術研究ハ敵機優勢トアルモ　現況ノ如ク四六時中敵機ノ横行スル絶対性デハナク　砲兵モ敵優勢ト云フモ　我亦相当火力準備シアル前提ノ許ニ研究セラレタリ　特ニ現況ノ如ク戦力低下セル部隊ノ戦術ハヤッタコトナシ大隊ニ将校皆無軍曹ガ大隊長代理ノトコロ　大隊兵力百ヲ越ストコロナク　突撃小銃兵少キハ十六、多キモ三、四十ト云フ戦力デ戦術ヲ研究シタルモノアリヤ　之レヲ其戦力充実シアル原則ニアテ嵌メ得ルヤ　将校モ兵モ疲レ果テ三ヶ月有余定量ヲ喰ハス　連日ノ雨ニ靴ハ破レ素足デ戦ツテ居ル事実ヲ基礎トシテヤラザルハ机上ノ愚論ナリ　戦術ノ研究デ何ト云ツテモ突撃力ガ最終ノ決ナリ　此ノ力ヲ発揮サセルタメ他ノ色々ノコトヲ研究スルナリ

以上ハ凡テ現在ノ軍状ニ即シタル研究ノ一端ニテ　カヽル場合ノ研究モ必要ナレハ重複ヲ厭ハス記述スル所以ナリ

戦の前夜

飛行機と敵砲兵の活動を
　封し去らんと　祈りつ　雨を

為すことは凡て　尽せり
　あとはいざ　敵撃滅の一念に燃ゆ

兵が唐もろこしヲ　持チ来レリ

つはものが　山に谷間に　捜しつる
　唐もろこしの　味のうまさよ

二十日間降リ連ケタル雨モ今日ハ晴レタリ

北印の長雨凡て　かび生へて
　身をも心も　腐り果てけり

此ノ憎キ雨モ必勝ノ戦ノ前ニハ　却ツテ福音　ドウゾ明日カラ又雨ニナレ

二十日　　雨

待望ノ雨トナル　天祐我ニアリ
昨夕第一線前進ノ時忝馬全ク別ノ馬トナレル如ク疲レ　僅カノ坂路ニ倒ル　馬ガ斯クモ疲労セルコトハ珍シ、曽テ十四年ノ春　習志野ニテ師団ノ演習アリ　一週間ノ演習ヲ終ヘテ府都ニ帰ル時　市川付近ニテ馬ガ弱リ　自転車ニ乗リ連隊ノ先頭ニ出テ先発ナリシ連隊附中佐ノ乗馬ニ乗リ換ヘシコトアリキ　僅カ一週間ノ演習ニテ斯クノ如シ　況ンヤ三ヶ月ノ作戦ニ於テハ当然ナリ　歩兵隊ノ馬匹ト重火器トノ関係ヲ更ニ重視スルノ必要アリ
第一線連隊ニ於テハ予ノ為メニ茅小屋ヲ作リ呉レタリ
好意感謝ニ堪ヘス　コレガタメ夜間到着セルモ保営ノ必要ナク大助リナリキ

茅の小屋　天幕露営に比ふれば
　玉楼の思ひ　いとぞうれしき

本日重砲ハ「ガランヂャール」ニ攻撃準備　射撃ヲ実施、幸先良ク敵高射砲ニ命中、其附近天幕炎上ス　瑞兆ト云フヘシ
笹原連隊長以下将校ニ対シ最後ノ決戦ニ対テ訓示ス　最後ノ五分間ニテ勝敗決スルノ主旨ヲ述ヘ飽ク迄頑張ルヘキヲ説ク
本間中将ノ談ニヨレハ　三叉路ノ敵襲ノ際　中央拠点ノ守兵死傷シ二名ノミ残リシ時　敵百名ガ二名ノ手瑠弾ニ恐レテ突入シ得ス　正ニ危機一髪ノトコロナリシト　戦ハ凡テ此ノ真理ヲ認識セサルヘカラス　味方ノ苦シキ時ハ敵ハ更ラニ苦シ　敵

ハ此ノ二名ノ現存スル限リ突入出来ス　背面ヨリ末木部隊ニ攻撃セラレ退却セリ　貴キ教訓ナリトス　又作間大隊ハ渡辺一等兵ガ一名ニテ敵大隊長以下十数名ト遭遇シ機先ヲ制シ　大隊長某少佐ヲ刺殺シ潰走セシメ　貴重ナル鹵獲多数中ニ敵ノ攻撃命令　写真　地図ヲ獲得セル戦例ト共ニ将来ノ戦訓的資料トナス

明二十一日ハ愈々本攻撃ナリ　朝ハ本日ノ如ク雨天ナレ、斯ク云フ時熟シ天気予報機関ガアルコト必要ヲ感ス

二十一日　豪雨　午後晴・曇

愈々攻撃開始ノ時来タル　朝雨降リ来ル（五時頃ニハ星アリシモ八時頃ヨリ降ル）直チニ橋本部隊長ニ対シ「天候我ニ幸ヒス速カニ攻撃開始スヘシ」ト電報ス　同連隊ハ十時五十分攻撃前進、十一時十六分完全ニ占領セリ　嗚呼林高地ハ2/5iノ多大ノ犠牲ヲ出シテ　尚失敗セル堅塁ナリ　之レヲ一時間余デ完全ニ占領セルハ流石新鋭部隊ナルト攻撃準備ノ完璧ガ然ラシメタルモノト信ス、之レニ策応スル2/5ノ攻撃前進ハ遅々鈍重ナリ

展望地点ニテ戦況ヲ視察スルニ彼我共ニ砲兵射撃ノ下手糞ナルニハ驚キタリ　敵二百ガ退却スルヲ目撃シ2/5ニ射撃セシメタルニ　距離千内外ニテ僅カニ、三・四名ヲ倒シタルノミ　貴重ナル弾薬ノ浪費ヲ考ヘ之レヲ中止セシメタル次第ナリ　重砲射撃又無駄弾多ク依ツテ砲兵連隊長ヲ電話ニ呼ヒ出シ⊢⊙自ラ補助観測所ニ進出シ来レト叱リ置ケリ　敵ノ射撃ハ更ニ下手ニシテ時々流レ弾ニ当ルモノナキニアラザルモ　之レハ命中ニハナラス　当ル方ガ悪イト云フヘシ

本日林高地占領ノ一主因ニ2/5ノ挺身隊ガ昨夜「ガラギャール」ノ砲兵ヲ奇襲セシコトナリ　未ダ挺身隊帰ラサルモ　本朝以来一発モ砲撃セサルハ奇襲成功ト認ム　又地雷モ成功シ敵軽四輪擱坐セルヲ目撃ス

作間連隊方面ニテモ　渡辺見習士官以下二十一名（工兵五含ム）ハ「ヌンガン」東方敵高射砲ヲ奇襲シ成功セリ　将来敵陣地攻撃ニハ必ズ此ノ手ヲ用ヒサルヘカラス　依ツテ本日更ニ之レヲ反復スルコトヲ命セリ

隣接部隊相互支援・協同適切ナラス　梅陣地ニ対シ攻撃開始前笹原連隊長ハ山砲一門ノ火力ヲ指向スル旨　報告シタルニ拘ラス其ノ実施看ス▷○ヨリ再三催促シタルナリ　自分ノ正面ノコトノミ考ヘル傾向アリ

又既定計画ヲ墨守シ戦機ニ投スル射撃甚タ歯掻シ　敵二十日駄馬数十頭カ近距離ヲ退却スルモ▷○ノ督促ニ巳リ時間ヲ費シタル后射撃セル如キ甚ダ溌刺性ニ乏シ

又橋本連隊ガ弾薬（山砲弾）ノ欠乏ヨリ本日中ニ梅陣地攻撃ハ困難ナリト泣キ言ヲ申シ来ルハ心外ナリ　全般ノ関係上迅速ナル戦果拡張ヲアレダケ指示シタルニ何ゾヤ　果セル哉　敵ハ梅陣地ニ逐次兵力ヲ増援シツ、アルニアラスヤ
戦ヒノ一日ハ終リ　先ツ第一ノ難関ヲ突破シ得タルヲ欣快トスルモ　戦地ヲ一望ニ眺メテ教育訓練ノ不足ヲ痛感ス

二十二日　　雨後晴

早ク眼ガ覚ム、雨ナリ、戦闘ニハ却ツテ好都合、重砲兵連隊長ヲ招致シタルヲ以テ其観測所ニ行ク途中　敵砲弾ヲ至近ニ見舞レリ　連続四・五十発ヲ受ク　丁度附近ニ「ジャングル」アリシヲ以テ退避スレハ樹枝吹キ飛ハサレテ頭上ニ落下ス　久振リデ砲弾ヲ受ケ過古ノ戦場ヲ偲フ
高地上ニテ眞山大佐、笹原大佐ト雨中遮蔽ナキ斜面ニ会シ豪雨ニ打タレツ、一時間戦況ヲ視察シ種々指示スルコトアリ
橋本連隊トノ関係ハ動々モスレハ双方出渋リ　他人ノ褌ヲ期待シ勝チナルハ戦場常ナリ　▷○ガ第一線ニ進出シ戦闘ヲ指導スルノ価値アル点ナリ　然レトモ一ツ注意反省ヲ要スヘキヲ悟ル、仍チ▷○ガ第一線ノ戦況ヲ視察スルト兎角部隊ノ「アラ」ガ見ヘテ焦慮シ　ツイ色々指導ノ注意ヲ喚起スルモノナリ　戦ニ勝ツタメニ叱ルノハ可ナリト雖モ必スシモ夫レガ最善ト云ヒ難キ点モアリ　例ヘハ昨日敵ノ退却群ニ対シ　第一線ノiA射撃ヲ要求シタルモソレガドレ丈ケ効果アリシカ　僅カニ数名ノ敵ヲ倒シタルニ過キス　却テ今迄秘匿シタiA陣地ヲ暴露シ敵ノ砲火ノ集中・所謂「お返し」ヲ喰ヒシニ過ギス　之レガタメ砲小隊長以下犠牲ヲ出シタリ　敵ノ射撃ハ下手ナルモふんだんニ弾ヲ地域的ニ集中スレハ　ヤハリヤラレルモノアリ　又昨日重砲ノ射撃ガ的確ナラザリシヲ以テ眞山大佐ヲ電話ニ呼ビ　第一線ニ進出シテ弾着ヲ見ヨト叱リツモ　本日連隊長到着後ノ射撃ハ適切ニシテ裸山ノ掩蓋見事ニ吹キ飛ビ「トウチカ」ヲ一弾ニテ破摧セリ　連隊長ガ来タカラ急ニ射撃ガ命中セシカ　昨日ト今日砲兵ノ技輌ニ斯クモ差アル筈ナシ　連隊長ハ三月負傷シ昨夜ハ十四時間ヲ要シテ第一線ニ進出セルニ見ルモ気ノ毒ナ様子ナリ　而モ臆病デ第一線ニ進出セザルニアラス　連隊指揮ノタメ通信確保ガ大事ニテ最前線ニアリテハ敵砲弾ノタメ通信ノ断線屡々ナレハト遂ニ泣キ出シタリ　コレモ昨日▷○ガ戦況視察ノ余波ノ一ツカ　本日ハ最前線ニアリテ視察シタルモ何モ余計ナコトヲ注意セサリキ
砂子田大隊ハ攻撃進捗セズ　気ノ弱キ□○ノコトナレハ　始メヨリ懸念シタルトコロナルモ　果シテ敵前八十米ニテ突撃

ノ気勢頓挫セリ　糧秣輸送ニ十名残シタル由ナク、同情ニ価スルモ戦場ニテハ上級指揮官ガ此点マデ注意セサレハ　後方処理ニ籍口シ第一線ニ出ルヲ嫌フモノナリ　遊兵問題ハ戦場ニモアリ　負傷兵ニ附添ヒガ多キニ失ス　一名負傷シ一名附添ツテハ戦力ヲ如何ニスヘキヤ　而モ此ノ附添カ中々戦戦ニ帰ラザルニ於テオヤ

戦場ノ往復ニ幾多ノ落伍兵ヲ見ル、見ルモ憐レナ格好ニテ倒レアリ　同情堪ヘサルト共ニ此ノ中ニハ敵弾下ニ身ヲ置クヲ厭フテ倒レアルモノナキニアラス　少クモ一歩頑張リ足ラザルモノアリト思フト癪ニモ触ル

橋本連隊ト電話連絡成ル、堀場参謀カ岡本参謀ヨリノ電話ニヨリ状況ヲ知ルヲ得タリ　昨日ノ戦闘ニテ林高地ヲ奪取スルニ死傷六ヲ出シタルノミナリシカ　爾後敵ノ砲撃ノタメ大隊長以下四〇名ノ死傷ヲ出シタリト　仲大隊長戦死ノ報ニ接シ　到着時面接セルダケノ関係ナルガ　知ツテ知ルダケニ同情ノ念深シ

ドウモ工事ヲスルコトガ足ラズ　アレ丈ケ連隊長ニ　従来ノ損害ノ大部分ガ陣地奪取後ノ砲撃ニアルヲ話シタルニ　ヤハリ工事ヲ怠リシ結果ト判断ス

三角山ヲ奪取セル岡本大隊正面ニ敵逆襲シ来ル　大シタコトハナカルヘシ

砂子田及橋本部隊ハ薄暮攻撃再攻、作間連隊・星野大隊ノ「コカダム」攻撃ハ失敗セリ　再攻トアルモ一度失敗シタモノガ無理押ニ果シテウマク行クカ？　幸ニ寿谷大隊ガ側面ニ進出シタルヲ以テ　曙光ナキニアラス

攻撃失敗ノ語ハ平時訓練ヤ戦術デハアマリ聞カサルトコロナルモ　今度ノ戦場ニテハ遺憾ナガラ之ヲ屡々耳ニス　軍司令官ハ「マレー」作戦ノ経験上「ソンナニ敵ハ頑強ナルカ？」ト不審ニ思ハレ　當師団参謀ニ尋ネラレシ由ナリシガ　事実ハ予モ亦不思議ニ思フ程　敵ハ頑強ニシテ其物的準備ノ豊富ナルニハ驚キタリ　然レトモ「クヨく」スルニハ及バス　ナントカナルナリ

上級指揮官ガ過度ニ実情ヲ知ルト　堅確ノ意志ニ「ヒビ」ガ入ルモノゾ、第一線派遣参謀ノ意見ガ司令部ニアル参謀ノ意見ニ比シ部隊ニ同情シ過ギ　放膽性ヲ失フハ争フベクモアラス

第二日ヲ終ル、本日雨ニ濡レタルヲ以テ襦袢ヲ着換フ、二十日振リナリ　磐谷ニテ日ニ三度モ着替ヘタルト比較シ　予想シ得ザルコトナラズヤ

六月二十三日　晴

砂子田大隊ハ裸山ヲ占領セリ　突入時大隊長負傷シタリ　十八名ノ突撃兵中現在戦闘ニ堪ユルモノ僅カ数名ナリト　岩崎ノ一中隊ヲ投入セシム　橋本部隊ハ第二陣地ヲ奪取ス　コレモ戦力低下シ突撃兵力僅カ二十名ノミト　但此方面ニハ逐次後続兵力カ追及スル予定

昨夜岡本大隊正面三角山ニ逆襲アリシモ克ク之ヲ撃退セリ

本日展望所ニテ見ルニ　敵自動車少クモ六〇南下ス　或ハ本夕カ明朝ヨリ敵攻勢ニ出ルヤモ知レス戒心ヲ要ス　此ノ自動車ヲ射撃スヘク命シタルモ重砲鈍重ニシテ戦機ヲ失ス、暫クノ後射撃ヲ開始セルモ皆的外レナリ

自動車ニ兵員満載、下車ノ時ノ集合時ヲ射撃スルコトガ戦機ナリ　砲兵ノ信頼出来サルヲ具サニ目撃シ遺憾ニ堪ヘス

今日ハ予ノ着任以来丁度一ケ月振リナリ　一ケ月前ノ本日前師団長ヨリ申送リヲ受ケタルガ　アノ時ノ悲痛ニシテ惨□ノ苦悩ヲ思ヘハ一ケ月後ノ今日ハどうやらコ、迄漕キツケルノ感深シ

林高地ハ一昨日ト比較シ全山砲弾ノ跡　恰モあばたノ如クコレダケノ砲弾ナラバ死傷出ルモ当然ト思ハシム　仲大隊長[49]以下五十名ノ死傷ハ気毒ナルモ考ヘ様ニヨリ　否此ノ砲撃ノ跡ヲ見テハヨク此位ノ死傷デ済ンダモノト思ヘリ　樹木ハ倒レ前回トハ山形改マルノ詩ノ通リナリ　本日砂子田大隊長負傷　コレニテ申送リ際受領セシ編成表ノ師団内歩兵各大隊長　無疵ナルモノ一名モナク生存者ハ砂子田負傷、田中稔ハ軍法会議、伊藤新作[50]ハ停職、他ハ皆戦死ナリ　田中少佐ハ戦場到着遅延、伊藤少佐ハ戦場ニ於テ虚偽粉飾ノ報告アリシニヨル　着任後直ニ二名ノ大隊長ヲ処断セルハ　馬謖ヲ斬ツテ師団ノ志気ヲ振興セントセルナリ　連隊長ハ流石ニ立派ナルモ（P・TKハ必ズシモ然ラズ）大中隊長ニシテ尚責任ヲ解セザルモノアルハ心外ナリ　少隊長級ニモ武士ノ面目ヲ銘肝セサルモノアリ　戦場ニ於ケル精神教育ノ必要アリ

本夕ハ、トシテ一ツ「ミス」ヲ冐セリ　敵ハ夕暮ニナルト反撃ニ出ツルヲ以テコレヲ予想シ　展望所ニ於テ前線ヲ見タルニ　裸山ノ手前ノ斜面三十米位ノ畠ノ上端ニ友軍六・七名

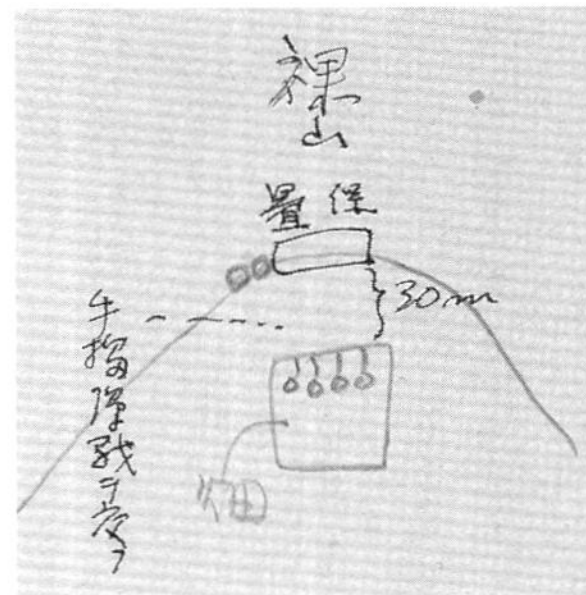

敵ハ手瑠弾ヲ交ヘ居ルヲ目撃シ撃退セラレタリト判断シ　連隊長ヲ電話ニ呼ヒ出シ「直ニ奪回セヨ」ト叱リツケタリ
然ルニ事実ハ此ノ兵ト通信兵ガ保塁ニ行カントスルトコロ敵ニ遭ヒ手瑠弾戦ヲ演シタルモノニシテ守兵ハ頑トシテ死守シアリタリノアト　砂子田大隊ハ大隊長負傷シ　僅カ十数名ノミトノ報告ガ先入主トナリシ為メ誤断セルナリ▷◯トシテハ一応事実ヲ確メテカラ□◉ニ注意スルヲ可トセルモ　戦況ハ一刻ヲ争フト思ヒ非常ノ措置ヲトレリ

六月二十四日　曇少雨

戦線視察ノ途　道路上ニ敵屍横ハル　之レヲ踏ミ越ヘルニ躊躇ス

敵ながら　行手の道に横はる
屍を越すは　心もとなし

敵ノ逆襲猛烈、二十機編隊ノ砲爆及戦闘機　戦闘司令所ヲ目標トシテ銃爆撃ス　真剣ナル爆撃ヲ受ケシハ今日ガ始メテナリ
空襲ハ泰デサヘ幾度モ体験シ赴任途中モ屡々見舞ハレシガ　本日ノ如ク至近距離ニ命中弾ヲ蒙リシコトナシ　軍通信兵四名戦死　下士官一負傷・馬ハ十二頭ヤラル、今日ハ厄日ト見ヘ夕刻ニハ司令所ガ砲撃ヲ受ケタリ
第一線ニ進出シアル以上　素ヨリ覚悟ノ前ナルガ　コンナ弾デヤラレ度ハナシ　敵ノ頑強味ハ要スルニ飛行機ト砲兵及戦車ノミ　他ハ支那兵程度ニ邇シ砲兵ハ奇襲ニヨル手アルモ　飛行機ハ目下ノ対空射撃ニテハ覚束ナシ　第一線ノ部隊ト違ヒ司令所ニハ小銃手少ナキヲ憾ム

六月二十五日　晴後雨

又々敵飛行機ノ銃爆撃ヲ受ケシモ司令所ノ損害ナカリキ　雨中ト雖モ敵機ノ活動盛ナリ
参謀長来陣、後方処理ノ苦衷ヲ謝ス　精確ニシテ周到ナル努力ヲ認ム
弾薬・「遊兵」ナルモノアルヲ知ル　戦闘シタ場所ニ案外多数ノ弾薬ヲ放置シテ前進スルコトハ予想外ナリ　此際一発ノ弾薬貴重ニシテ　雨季ニ入リ補給ノ送前意ノ如クナラサル時残置弾薬ノ処理ハ戦力増強上重大問題ナリ
橋本部隊本日連隊長ノ許ニ到着セル兵力四〇〇、内整備其他弾薬運搬（馬匹未到着ノタメ）等ノタメ一〇〇、□◉ノ指揮下戦闘人員三〇〇其内九一名ノ死傷ニテ戦果ノ拡張意ノ如クナラサルハ已ムヲ得ザルモ未ダニ梅陣地ヲ奪取シ得ス
茲ニ於テ笹原連隊ヲシテ「ガランヂャール」ヲ攻撃セシメ　手ヲ握ラシムルノ必要ヲ生シ　攻撃ニ関スル命令ヲ下シ前進ヲ提進ス
笹原連隊ガ本夕ヤレハ結構、或ハ準備ノタメ明払暁ニナルカ？
敵ハ逐次後方陣地ニ兵力ヲ増加ス　正ニ乗スヘキ戦機ニシテ此点鈍重ナレハ歯掻シ　督促ヲ繰返ス所以ナリ
砂子田大隊長負傷シ衛生隊ニ収容セラレタルヲ以テ見舞フ　幸ニ軽傷ニシテ一ケ月位ニテ癒ルヘシ
同大隊長ガ断シテ戦線ヲ下ラサル旨ヲ繰返シタルモ連隊長ノ慰撫ニテ後送セルハ□◯ノ決意可ナリ
敵戦車ノタメ我大隊砲破損ス　竟ニハ橋本部隊ノ山砲ヤラル、敵戦車ノ威力馬鹿ニナラス　之ヲ破摧（ママ）スル大器未タ不充分ナリ　敵戦車ハ工兵ヲ先頭ニ歩兵ヲ周囲ニ前進シ来リ　肉迫攻撃ノ余地ヲ与ヘス　連射砲又ハ歩兵砲ノ射撃ト肉迫射撃ノ火器ニ改善ヲ要ス　之レニ対シ夜間奇襲ヲ企図シ昨夜実施セシモ成功セサリキ
是レ一ニ指揮官ノ選定ナリ　兎角実行者ガ之レニ出シ惜シミスル傾向アリ　果セル哉　本日ハ貴重ナル大隊砲損傷ヲ受ク
此種奇襲ニハ思ヒ切ツテ有為ノ指揮官ヲ出サ、ルヘカラス
砲兵奇襲ノ成果未タ挺身隊帰還セサルヲ以テ　成果不明ナルモ本日ノ敵砲兵ノ射撃ヨリ見テ或ヒハ不成功ナリシナランカ
過般作間部隊　渡辺見習士官（□□）ノ挺身隊ハ成功シ　軍司令官ヨリ賞詞ヲ賦与セラル　軍司令官ノ賞詞ハ従来之ヲ見ザリシ由ナルモ　最近渡辺一等兵ガ敵大隊長少佐ヲ刺殺シ重要書類ヲ鹵獲セルニヨリ賞詞セラル　信賞必罰ハ戦場ニ於テ特ニ

励行スベシ
橋本部隊ノ追及者ガ行動遅レタルモノニ対シ　憲兵ヲシテ捜査処分ヲナサシメタル参謀長ノ処置ニ同意ス、橋本部隊ノ追及者中敵機ヲ恐レ昼間密林ニ待避シ　僅カ三里ノ道ヲ二十四時間ヲ要スルモノアリ　嘘ノ様ナ話ナルモ此種ノ臆病者多キハ残念ナリ
橋本部隊ノ戦力一向充実セサルハ此種ノ不届者多キニ基因ス

六月二十六日　曇

此日、戦況多忙ニテ日記ヲ書ク閑ナシ

六月二十七日　少雨時々晴

昨日ハ厄日ナリ　林陣地奪取セラル　小生着任一度占領シタ陣地ヲ奪回セラレタルハ初メテナリ
赴任ノ途河辺方面軍司令官ヨリ奪回セラル、ニ対シ　ナントカ研究セヨトノ御話　之レニ関シテハ爾来研究モシ部隊長ニハヨク教ヘタルニ遂ニ之ノ不祥事起ル　蓋シ砲爆ノ集中大ニヨルモノナリ　之レニ対シテハ工事アルノミ　橋本部隊ガ工事ヲナセルヤ否ヤ望遠鏡ノ視察ダケデハ明カナラザルモ　損害ノ程度ヨリ見テ或ハ工事不充分ナリシナラン　二百五十名ノ戦力中既ニ　百〇三名ヲ失ヒ昨日ノ報告ニテハ連隊長以下三十名生存トノコト　火砲重火器ノ大部ハ破壊セラレタリ　作間部隊ヲ南下シ林高地ヲ攻撃セシム　橋本部隊追及者到着迄当分中ブラリンナリ
此日軍司令官来リ重大ナル転機ヲ示サル　之レニ基キ戦線整理ノ意見具申ヲ出ス　然ルニ之レト行キ違ヒニ軍ハ前命令ヲ取消シ初志貫徹セヨト改メラル　戦場ニテハ此種ノ経緯屢々繰返サル、ハ　前例乏シカラサルモ下級部隊ハ中々面倒ナリ　幸ヒニシテ各部隊ニハ未ダ下達シアラサリシヲ以テ大ナル喰ヒ違ヒナカリシモ　衛生隊ノ転移ヲ命シタルコトダケハ行キ過キナリキ　之レモドウヤラ喰ヒ止メ得タリ　カヽル場合幕僚ノ意見具申ハ兎角部隊ノ現況ニ同情シテ消極的ニ流レ勝チナリ　作間部隊ニ攻撃任務ヲ課スルニ就テ　幕僚全部ハ反対意見ナリシモ之レヲ押シテ強行セシム　此度ニ限ラス此ノ傾向ハ多シ　軍司令官ノ決心モ方面軍司令官ガ押シテ之レヲ翻意セシメタルガ昨日ノ問題ナリ　小生着任以来此種ノ問題一再ナラス　五

月二十八日ノ作間連隊ノ後退意見然リ　六月五日及二十日攻撃時期ノ問題然リ　師団戦斗司令所推進然リ　戦ハ理屈デハナシ　利害打算ノ比較検討ニ重点ヲ置ク従来ノ戦術教育ノ弊ハ戦場ニ於テ顕著ナリ　理外ノ理ヲ押シテ押巻クル点ニ勝味アリ

但シコレハ戦斗ノ推渉有利ナラサル時軟弱ノ意見ガ出ルナリ　指揮官ハ其点ヲ考ヘルコト大切ナリ　常、大シタコトデモナイコトハ参謀長ニ一任シテ可ナルモ愈々ノ危局ニ直面シテハ頑トシテ押シ通スヘシ　近来ノ幕僚理屈多ク議論倒レナルモノアリ　コレモ大学教育ノ余弊ナラン　大事ナ戦機ニ小理屈ヲ言フハ不可ナリ　怒リヲ慎ムヘキハ予ノ信条ナルモ遂ニ大喝叱正ヲ加ヘタリ　更ラニ戒ムヘキハ参謀ノ統帥権尊重ナリ　統帥ノ純正ハ戦場ニ於テハ特ニ注意ヲ要ス　直接命令スル如キ言動アルヘカラス　凡テ二人称ヲ用ヒ自分ト云フモノヲ生スルハ絶対ニアルヘカラス　大学出身者ガ隊長隊附ヲヤル機会乏シキ現況ニアリテハ大学校等ニテハ此点深ク教育スルヲ要ス

皇軍ハ確カニ強シ　「インパール」攻略遷延シテ甚ダ申訳ナキモ　想像以上ノ困難ト戦ヒツ、アルヲ無視スヘカラス　弾薬乏シク食糧ノ補給四旬以上ナシ　小生着任以来丁度三旬ニナルガ未ダ一回モ糧秣ハ前送シ得ザルナリ　兵ハ住民ノ籾ヲ鉄兜ニテツキ「ジヤングル」ヨリ野草ヲ採集シテ食糧トナス　塩サヘナキ状況ナリ　加之敵ハ絶対優勢ナル航空力ヲ有ス　着任ノ途　航空戦力一対九ヲ聞キシモ実際ハ一対百ナリ　飛行機ノ数ダケノ比較ニアラズ　飛行場ノ遠近ト滑走路ノ設備ナリ
雨季ニ入リ友軍機ハ殆ンド機影ヲ見セザルニ敵ハ一時モ上空ニ飛行機ナキ時ナシ　砲兵ニ就テ然リ　砲数ニ於テ乏シキノミナラス弾薬ハ之亦一対百ナリ　敵ハ大型輸送機数十台時ニハ百数十台ニテ輸送シアルニ対シ　師団輜重ハ五・六台ノ車ニテ輸送ス　雨季ニ入リテヨリハ一台モ動カザル日アリコレモ凡テ夜間運行ナリ　能率ノ上ラザルコト言語ニ示シ難シ　山路ハ馬弱ク臂力搬送ナレハ第一線兵力ヲ食フコト顆(ママ)シ　凡有点ニテモ丁度黒船ト和船ノ戦・十年戦役ノ官軍ト薩摩勢トノ装備ノ差アリ　況ンヤ兵站線ノ長サハ驚クヘシ　四百キロ米ノ基点其ノモノガ既ニ「ガソリン」ニ欠乏シ動キガトレサル貧弱サナリ、以上ハ泣キ言ニアラス　此ノ不利ナル条件ヲ克服シテヤル皇軍ノ強サヲ具体的ニ示サン為ナリ　此ノ日誌ハ誰レノ為メニ書クカ　一ニハ愛児等ニ戦陣ノ一端ヲ物語ル意味モアリ従ツテ軍機(ママ)ニ触レサル様凡テヲぼかしアリ　更ニ一ツハ将来ノ参考トシテ親友ニ話ヲスルツモリデ書キツ、アリ　小生戦死セハ野田謙吾[51]カ小林浅三郎[52]ニデモ見セラレタシ　沼田[53]ハ今ヤ小生以上ノ苦シキ作戦ノ参謀長トシテ南方ニアレハ此ノ位ノコトハ充分承知ナラン

要スルニ本作戦ハ準備完了シアリシ英軍ニ対シ不準備ノ攻撃ヲ開始シタルノ観アリ　而モ之レヲ克服シテ是カ非デモヤリ通

ストコロニ皇軍ノ面目アリ　将兵必死ノ奮闘ニハ涙ナキ能ハス
平時ノ戦術教育ニハ屢々記述セル通リナルガ　更ニ一言シタキハ砲弾ノ数ヲ無視スヘカラス　射撃下手ナ敵モ百モ千発モ射テハ当ルモノニシテ　攻撃開始以来我兵器ノ破壊損傷ハ馬鹿ニナラズ

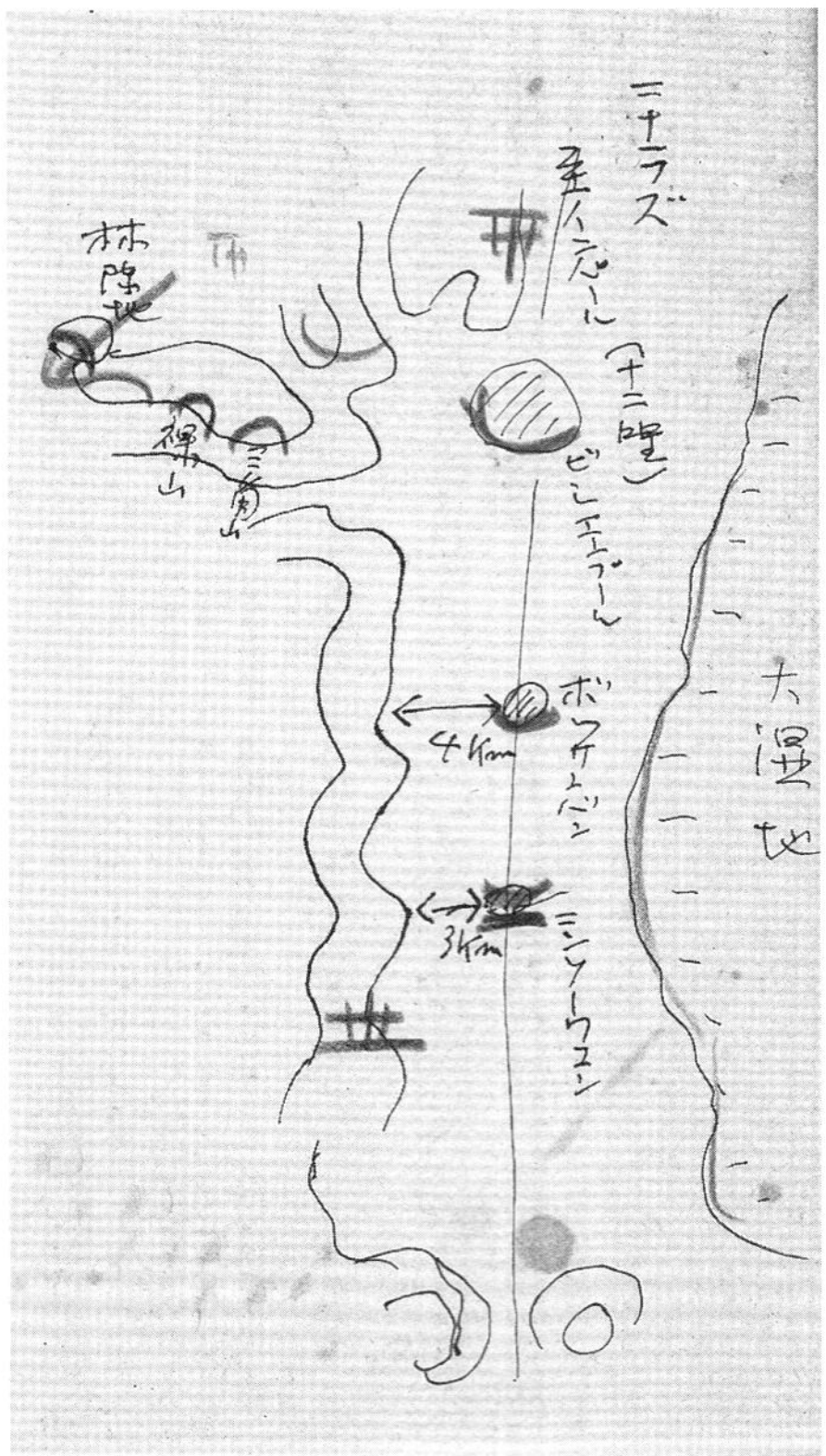

ポツサンバム、ニンソウコンノ敵ヲ
何故ニ駆逐セザルカ
曰ク兵力不足ノタメナリ

3キロ4キロノ距離ノ敵ヲ何故ニ撃退シ得ザルカ？　堅固ナル蜂巣陣地ニ対シテハ火砲ノ銃眼射撃ヲ必要トスルモ其火力ガナキナリ　而モ機動ニヨリテハ敵ハ退却セス　要図ノ態勢ニテハ当然敵ガ退ルト判断スルモ事実ハ然ラス　敵ハ毎日十数機二十機ノ編隊ニテ銃・爆撃シ要スレハ「ダグラス」ニテ物量投下ヲナス　従来ノ戦術思想ハ地上包囲ニテ包囲ト云フモ空中ニ補給路アリ　空中ヨリノ戦斗ヲ以テ支援スル故ニ敵ハ頑トシテ退却セサルナリ　背面攻撃シテモ大ナル脅威ニアラス
兵力ガ充分アレハ之レヲ同時ニ処理スルモ　師団ノ兵力ハ目下平時ノ一大隊位ナリ　欲張ツタコトハ出来ズ必要ナル攻撃重点ニ集中スル以外　戦力ノ発揮ハ望ミ得ス　此ノ要図ガ現在ノ事実ヲ雄弁ニ物語ルモノカ
本日笹原連隊長ニ対シ「敵ノ戦力ノ九分通リハ砲兵ナリ　之レヲ封スル以外目下攻撃ノ方法ナシ　依ツテ毎日二組ノ敵砲兵奇襲挺身隊ヲ出スヘシ」ト命シタリ

仍チ切リ込ミ戦法ナリ　作間部隊ニテハ之ニ成功セル戦例アリ　毎日二組ツ、出セバ其内ニハ成功スルナラン
我砲兵モ敵ヨリ幾千発ノ射撃ヲ毎日蒙ルモ大ナル損害ナキ如ク　敵ノ砲兵モ我砲火ニテハ命中セス御互ニ健在ナリ　コレガ
三日ヤ四日ノ戦斗ナラス既ニ二ヶ月余リモ有効射程内ニ対峙シテノコトナリ　嘘ノヤウナ話ナリ　平時ノ演習ヤ戦術デハ制
圧トカ撲滅トカ云フモ　実際ハソンナ生易シキ芸当ニアラス　勿論射撃訓練ノ不足ガ然ラシムルナランモ一面歩兵ノ潜入奇
襲ガ重視セラル、所以ナリ
何故ニ「ビシエンプール」ノ部落ヲ攻撃セザルカノ問題ハ　部落ノ家々ノ床下ニ掩壕・銃眼アリテ損害多キ為ナリ　之レヲ
砲撃ニヨリ破壊スルニハ莫大ナル弾数ヲ要シ　補給困難ナル現況ニテハ問題ニナラス　之レハアト廻シニ片付ケルツモリナ
リ

六月二十八日　　稀ナル好天気

裸山敵ノ逆襲ハ撃退シタルモ　我損害将校以下二十九名、三十名デ守備シタルニツキ一名ノ生残ノミ、良クヤツテ呉レタト
感謝スルモ　連日ノ消耗ニ心ヲ痛ム　損傷ハ砲撃爆傷ノミ
宮本参謀ヨリ意見具申シ来ル　第一線派遣者ハドウシテモ第一線ノ現状ニ眩惑セラレ勝チナリ　勿論コレハ尊重スルモ上級
指揮官トシテ之レヲ鵜呑ミスレハ戦ハ出来ス　心ヲ鬼ニシテ無理ヲ強ヒザルベカラス、林陣地ヲ奪回セラレタルコトガ師団
攻撃頓挫ノ一因ナリ　コレヲ如何ニシテ盛返スヘキカ　作問部隊ヲシテ転進セシメ之ヲ攻撃奪回ヲ命シタルモ　作問部隊自
体ガ腹背ニ優勢ナル敵ヲ引受ケ居ル現状　果シテ之レガ攻撃開始ハ何日ノコトカ　其間笹原部隊ガ現在ノ占領地点ハ敵中ニ
突出シ　連日敵ノ逆襲ヲ受ケ遂次消耗シツ、アリ、同情ニ堪ヘス。鋭敏ナル指揮官ナレハ将来ヲ予察シ戦線ノ整理ヲナスナ
ランモ　ソコガ呑気なとうさんノ呑気ナトコロニテ　幕僚ノ悲観論ヲ排シ飽ク迄現占領地点ヲ確保セシム　然レトモ忠実ニ
シテ周到且堅実ナル補佐官ノ意見ハ無視出来ス　最悪ノ場合ヲ顧慮シ腹案ダケハ沈思熟考ス　今次ノ異動内命ヲ受ケタル五
月十日、現戦ノ最後ニ総評トシテ次ノ感想ヲ話シタルコトガ今更ノ如ク思ヒ当ル
「大隊長時代ハ我武沙羅一点張リナリキ　連隊長ニナルト之レニ加ヘテ熟慮断行トナル　旅団長トシテハ熟慮ガ多クナリ
且参謀ノ意見ヲ遵重スルタメ兎角制肘セラレ　小生個人ノ我武沙羅ノ発揮鈍クナリ勝チトナレルヲ以テ　殊更ニ個性ヲ強ク

セントノ意志ガ働ケリ　蓋シ年ト共ニ清新ノ気鋭ヲ失フヲ以テ　努メテ若サヲ取戻サントスル現象ナラン　若サハ力ナリ
戦ハ理詰主義ヨリモ勢ヲ忘ルヘカラス」
ト訓ヘ自個ノ体験ヲ語リシコトアリ　今戦場ニ立チ此ノ心理ハ一層ハツキリ顕ハル

今ヤ戦況ハ師団ノタメ重大時機ニ迫ル　一歩ヲ誤レハ潰滅ナリ　「コヒマ」―「インパール」道打通シ敵ハ刻々前面ニ増加シ　其砲撃ハ日ト共ニ活発トナレリ　こんな重大戦局ニ直面シ呑気ニ日誌ヲ認メルトハ不可解ナランモ　考ヘニ考ヘ練リニ練ツテ気ヲ使ヒ果タシツヽモ人間ハ何カ慰ムルトコロヲ求メントスルモノナリ　日誌ヲ書クノハ道楽ニシテ道楽ニアラス師団長ガ悠々ト筆ヲ執ツテ居ルコトハ幕僚以下ニ安心ヲ与フルモノトス　忙シケレハ忙シイ程余裕ヲ以テ冷静ニ処スルノ要アリ　敵ノ砲弾ノ弾着ニ敵機ノ爆音ニ一々心ヲ奪ハレテ下僚ニ尋ネル如キハ見苦シ　刻々変化スル戦況ハ必ス幕僚ガ報告シ来ルヲ以テこつちヨリ尋ネルハ戒メサルヘカラス

特ニ電話ノ話声ガ耳ニ入ル　コレヲ盗ミ聴キニハアラザルモ自然ニ色々ノ判断ヲスルモノナレハ　知ラン振リシテ居ル為メニ日誌デモ書イテ居ルコトガ何ヨリノ上策ナリ　戦況ノ好転・悲況ハ電話ノ応答ノ返事具合デ判ル、師団長ノ位置ガ第一線ニ近キニ過ギルトノ文句モアリ　事実彼我ノ小銃サヘアマリニ聴ヘ過ギル為メ気ニカヽルコトナキニアラス　之レヲ平然トシテ知ラン顔ヲシテ居ルニハ習字ノ稽古デモシテ居ルツモリデ日誌ヲ書クコトガ精神ノ修養ナリ

大山元帥ガ陣中ニテ克明ニ日誌ヲ書カレタト云フ故事ハ思ヒ当ル節アリ　戦況ガ有利ナレバ兎モ角苦戦ノ時ハ神経ガ嵩ブルモノナリ、此ノ日誌ハ一ツノ沈静剤ト云フヘシ　昨日書記ノ一人ガ鏡ヲ手ニシアリシヲ以テ一寸借リテ我顔ヲ四十五日振リデ見タトコロ　一ヶ月半髪ヲ刈ラス髯ヲ剃ラザリシタメ十年モ老ヒ込ミタル観アリ　特ニ白髪白髯ノ著シキ増加ニ我ナガラ一驚ヲ喫ス　着任以来僅カノ間ニ我顔貌ノ変リ方コレハ呑気なとうさんト自任シツヽモ矢張リ随分苦労シタコトガ解ル

支那事変デ板垣第五師団長[54]ガ如何ナル苦戦ニアリテモ　日々綺麗ニ髯ヲ剃リ例ノ温顔ヲ綻バセツヽ第一線ヲ巡視シ来リシ話ヲ大場四平当時ノ連隊長ヨリ聴キシコトアリシガ　小生ハ元来ノ無精ト荷物ヲ軽クセシタメ行李内ニ収容シ　何時デモ移動出来ル様荷造リシアルタメ　必要ノ最小限度ノ品ダケヲ仲提鞄ニ入レアル為　板垣将軍ノ真似ハ出来ザルモ　気持ダケハ常ニ若々シク「クヨ／＼」セズ沈着冷静ナルニ努メツヽアリ　茲ニ余事ノ如キ陣中ノ荷物ニ就テ一言セン、

北支ヨリ泰ニ赴任スル時　福岡ノ飛行場ニテ荷物ハ十五キロ瓦ト制限セラレタルヲ以テ軍用行李ニ代ル革鞄一ツ携行セリ

然ルニ泰ニテ半歳ノ間　色々ノ身辺ノ品ヲ買ヒ荷物ノ量、四倍トナル　泰ヨリ「ビルマ」ニ赴任スル時ハ飛行場長ノ厚意ニテ八十kgヲ携行セルモ　蘭貢ヨリ戦線ニ向フ時ハ偵察機ナリシタメ又々二十kgニ制限サレ　梱包二個ヲ方面軍青木参謀大佐ニ依頼シ置ケリ　扨戦場ニ来テ見ルト全クノ野戦生活ニテ　泰ニテ求メシ「ボストンバック」一ツデ生活シ他ノ革鞄ハ持テ余シタリ　梱包ノ縄ヲカケタルマヽニシテ一々駄馬ニ積ミテ移動スルハ馬匹ノ現況ヨリ見テ心苦シ、将官ハ軍用行李二個ノ携行云々ハ理屈ニシテ　ソンナ規定ハ此ノ戦場ニテハ許サレス　支那ノ戦場ナラハ兎モ角現在ハ洗面具、紙、着替襦袢ト袴下、沓下ト此日誌及筆並墨壺ノミ　地図ハ図嚢ト其他ト当番ガ携行シテ呉レル以外何物ヲモ持タス、梱包シタマヽノ革鞄ニハ軍服、寝巻、襦袢、袴下、スリツパ、短靴、鞭、タオル、ハンケチ、沓下予備、泰時代ノ日誌等ニテ直接必要ナシ、此ノ革鞄ヲ何処カデ預ツテ呉レル場所ナキヤト後悔ス。師団ノ留守根據地曙村ニアリト聞クモ　夫レヘ運搬スルコトガ現在ハ困難ナリ　将来戦場ニ来ル人ノタメ下ラヌ細事ヲ叙シタル次第ナリ

序ニ陣中ノ一端、手拭ハ白色ト思ヒシハ戦場ニテハ赤黒ナリ　誰レノ手拭モ同様、「マッチ」一本ニテ煙草一本ハ贅沢ナリ　多年ノ習慣ニテ「マッチ」を擦ル時直ニ捨テル動作、手ヲ振ッテ消スコトハ中々修正サレス　消シタアトしまつたト悔ユ　「マッチ」一本点火セハ或ハ蝋燭、或ハ蚊取仙香(ママ)へ利用セサルヘカラス

雨季中湿ッテ用ヲナサヽル「マッチ」ハ之レヲ体温ニテ温メ置クヲ要ス、対戦車戦闘ニテ火炎瓶ニ発火セル為　又発煙筒ノ点火ニモ「マッチ」ハ役ニ立タサルコト多シ「マッチ」ノ軸モ蝋燭ノ流レ蝋モ之レヲ棄テスニ炊飯ノ焚キつけトスルナリ　曽テ東宰時代一ヶ月間ノ天幕野営ヲ実施セルガ　今ヨリ見レバまゝごとナリキ　唯天幕ニ起居スルト云フ丈ケニテ水ノ心配ヤ火光及炊爨ノ顧慮状況外ナリシハ実践的訓練ニハナラス　敵機絶ヘス上空ヲ横行スル状況下ニテ如何ニ炊事スルカ此ノ一事ダケデモ一苦労ナリ　煙ヲ見セレバ必ズ銃爆撃ヲ蒙ル　洗濯物一ツ乾スニ敵機ニ遮蔽セサルヘカラス　然レトモ敵機ニモ種類アリ　輸送機ノ飛行ニ一々心配シテハ一日何モ出来ス其飛行方向等ヲ利用シテ行動シツヽアリ　要ハ耳ノ練習ナリ　戦闘機爆撃機ガ編隊ヲ解キ一列ノ戦闘隊形ニ移ルニ先チ防空壕ニ入ル　其他ハ平気デ仕事ニ従事ス　対空監視モ飛行機来翔ヲ一々報告シテハ全ク二十四時間受ケ身ニテ処置ナシ　銃爆射撃ニ応スルヲ第一戦トシツヽアリ　但シコレハ司令部ノコトニテ　第一戦部隊又ハ行軍中ノ部隊ハ対空射撃ヲナサヽルヘカラザルニ中々ヤラス　之レ飛行機恐怖病ト一ツハ平時訓練ガ不足ノ結果ナリ　低空ノ敵機ヲ見バ直ニ射撃スル習慣ヲ常ニ養成シ置クコト　又操典ノ主旨ヲ更ニ的確且強調スルノ要アリ

六月二十九日　雨後晴

山蛭右脚ニ喰ヰツキ出血多シ　痛クナク虱ニ喰ハレタ程度ニテ全身カ掻キ故　其侭ニシタトコロ沓下ガ真ッ赤ニナリ袴下ヲまくり見レハ大部分カ血ニ染ミアリ　軍医ニ聴ケハ四・五匹一度ニヤラルレハ貧血ノ為メ倒ルト　馬鹿ニナラス　而モ出血ノ止マラザルコトガ厄介ナリ

笹原聯隊長ヨリ昨日ハ「パイアツプル」今日ハ牛肉ヲ贈ラル、聞ケバ裸山ノ敵方斜面ヨリ採取セルモノナリト、敵弾ヲ冒シテ「パイアツプル」ヲ採ル其ノ厚意感謝ノ外ナシ　本朝橋本連隊長及岡本参謀到着セルヲ以テ中食ノ時会食ス　陣中酒ナキモ牛肉ノ舌鼓ヲ打チシハ思ヒガケナキ御馳走ナリ

岡本参謀ハ作間連隊ニ派遣セラレ二ヶ月振リテ帰リシモノ　十日間塩ナキ生活ニハ困リシ由　塩ノ有難味ヲ今更ノ如ク知リタリト

第一線ノ兵力消耗シ其小銃兵力ヲ調査スルニ

　笹原連隊　一四六
　作間連隊　二四四

コレデハ連隊ト云フ名ガ惜シク中隊ナリ

輜重連隊ノ馬匹僅カニ　三六頭デハ補給ノ困難思ヒヤラル　輸送ノ主力ハ臂力ナリ　司令部内デサヘ食物ニ困リ居ル故　第一線ハ想像以上ナリ

然レトモ平病患者ヤ軟部貫通銃創ハ戦線ヲ下ラス　ヨクヤツテ呉レルト頭ガ下ル

追及者（退院・荷物監視等）ノ戦力ヲ聴クニ頭数デハナシトノコト　半病人ヤドウセ後方ニ残サレタルモノハ喙デナシ　現在ノ戦力以上ノ如ク貧弱ナル上ニ　素質ニ於テ低下シアルヲ看過シ得ズ　百名ノ中隊兵員中五十名死傷者ヲ出シタル場合残五十名ニテ中隊ノ戦力半減ト算定シ得ス　実ハ1／3以下ナリ　要ハ幹部ノ数ガ重大ナリ　日本軍ト雖モ全部ガ全部勇敢ニアラス　中隊ニテ若干名ガ頼リニナルノミ　コレガ兎角早ク消耗スルモノナリ　幹部ト雖モ亦必シモ信頼シ得サルモノアリ　砂子田大隊ニハ渡辺少尉トイフ将校アリ　臆病ニテ従前ヨリ大隊長ハ之レヲ行李班長トシテ後方勤務ヲ命シアリ　過般

ノ戦闘ニテ大隊長負傷シ　第一線（三十名）将校ナキヲ以テ高木曹長大隊長代理トナル　ヱ生隊ニ収容セラレタル砂子田大隊長ニ　大隊長代理ヲ渡辺ニサセラハト尋ネタルニ高木曹長ノ方ガ遥カニ勝ルト　統帥ノ純理ニ反スルモ後方ヲ高木ガ指揮セザル方式ヲトレハ　刻々ノ急場ニハ已ムヲ得ザル処置ナリ

橋本連隊長ヨリ林陣地ノ戦闘ヲ聴クニ企画秘匿ニヨリ敵陣奪取ハ案外楽ナリシモ　敵砲兵ハ「ジヤングル」ヲ丸坊主トスル程射弾ヲ打チ込ミ大隊長以下二〇五名ノ死傷ヲ出シ　残ルハ三十名トナレリト　工事ハ迫撃砲ニハ対抗シ得ルモ十五瑠デハ吹キ飛ハサレ　之レニ応スルノ工事ハ敵ノ逆襲瀬リニテ其時間ナカリシト　加フルニ樹木ニ砲弾当リテ榴弾ガ榴散弾トナリ人馬殺傷ノ効果トナリ大部ノ死傷ヲ出ス結果トナリシ由、敵ノ兵力ハ四〇〇ナリシヲ以テ歩兵ダケナラバ問題ナカリシモ砲弾及爆撃ノタメ遂ニ陣地ヲ奪回セラル、ニ到レリ　今迄ハ一人デ十人トカ一小隊デ一大隊ニ当ルナド申ス言葉ヲ使ヒシガ人ト人ニアラス　砲弾ト爆弾トガ主体タル以上カ、ル思想ハ考ヘ物ナリ　戦闘司令所ノ位置ニ就テ参謀長ヨリ屢々意見アリ現在居ル「コカダム」ハ余リニ第一線ニ近ク　師団司令部ノ位置トシテハ不適当ナリ　故ニ後方整理ノタメ参謀長以下ヲ「ライマナイ」ニ残シ　師団長ハ作戦主任参謀及部附一名ト其他通信関係ノ一部ヲ伴ヒ茲ニ進出シアリ▷—○ト参謀長ガ離レアルハ不便多ク現在後方主任ガ遠ク「テイデム」（コレハ本作戦ノ特長ニテ原則ナラバ兵站監区ノ範囲地点ナリ）ニアルタメ　後方処理ノタメ已ムナク参謀長ガ残リシ結果不利不便ハ当然ナリ　依ツテ屢々「ライマナイ」ニ帰ツテ呉レトノ意見ナルモ頑トシテ帰ラズ　遂ニ今後再ビ此ノ意見ヲ出ス勿レト封シタリ　是非ハ言フヘキニアラス　要ハ精神、志気ノ問題ナリ戦サガ苦シケレハ苦シイ程　有利ナラサレハ益々師団長ハ第一線ニ近ク居ラザルヘカラス

お茶の味　五十日間忘れけり
鉄帽子　籾つく音の　長閑けさよ
弾の下マント被りて昼寝かな

砲弾瀬リニ来ル　身辺ニ破片落ツ　流石ニ昼寝モ醒メタリ

軍ヨリノ通電ニ山内正文第十五師団長参謀本部附トナリ柴田卯一中将之ニ代ル　祭兵団長トシテ隣兵団ナリ　此ノ決戦段階ニ師団長ヲ一再ナラス交迭セシムルトハ何事ゾ、祭兵団ノ攻撃進展セサルハ毎日ノ通報デ知ルトコロナルモ　之ヲ以テ此ノ大切ナル時機ニ師団長ヲ代ヘテモ果シテドレ丈ノ効果アリヤ疑問ナリ　恐ラク柴田中将ヲ以テシテモ如何トモナシ得ザルヘ

シ　三ヶ師団中二人モ師団長ヲ交迭セシメサルヘカラサル原因ハ何カ？

一言ニシテ言ヘハ軍ノ敵戦力判断ヲ誤リシナリ　マレー作戦ヤ「ビルマ」作戦当時トハ敵ノ戦力ニ格段ノ相異アリ　敵ハ其後装備ニ於テ既往ノ作戦トハ隔世ノ感アリ　而モ軍ノ統帥極メテ早急ニシテ当師団ノ如キ一連隊カ　一ヶ中隊ノ戦力ニ低下スルニ至レリ　祭兵団亦然リ　烈兵団亦同様ナラン「コヒマ」打通ノ責ハ烈兵団ニアリ　斯クテ佐藤幸徳中将[55]モ或ハ引責ノ時機来ランカ。自分ノ責任ヲ棚ニ上ケテ師団ニノミ惑セサルヲ得ス　責任トイフコトニ就テ全ク誤レル思想ナリ　小生着任直前ブリバ(ママ)サー及ビシエンブールニ各一大隊ヲ突入セシメ敵ノ退路遮断ヲ強要セリ　当時前師団長ハ極力ソノ不利ヲ力説シタルモ　軍ハ軍ノ責任ニ於テ実施ストテ遂ニ両大隊トモ全滅セリ　コレハ前師団長ノ申送リノ一節ナリ　軍ノ責任ト云フモ全滅セシメ平然タリ

迷惑ナルハ二個大隊ヲ失ヒタル師団ナリ　此ノ事ノミニテモ軍ノ責任者ハ引責スヘキニ　何等知ラン顔シテヰルトハ武士道ヲ解セサルモノナリ　六月七日ニハ橋本連隊終結完了ト言明セルニ　三週間ヲ過ギタル本二十九日ニ到ルモ其主力ハ三十八哩地点迄ニモ到着セス　之レ軍後方主任ノ無責任ナル一言ニヨリ五十何里ノ山路ヲ行軍シツヽアル為メナリ

而テ師団ヨリノ抗議ニ「申訳ナシ」ノ電報一本ニテ之レヲ解決セントス　師団ノ攻撃計画ハ之ニテ無茶苦茶トナレリ　凡テ責任ヲ解セサルハ上級司令部ニ在リト断言ス

下級部隊ハ之レニ抗議モ出来ス目ヲ潰ツテ盲従シツヽアリ　二十六日ノ軍命令及之レガ指示事項ノ如キ全ク軍ノ指揮官トシテノ面目ヲ汚シタルニモ拘ラス　翌日ハ方面軍司令官ヨリ鞭撻セラレ前命令（後方機動）ヲ取消シテ　而モ前日ノ指示トハ人間ガ別人ナル如キコトヲ示達シ来ル　苟モ責任ヲ解スル男ナラハ之ンナ真似ハ出来サルヘシ　嗚呼士道地ニ堕チタリト云フヘシ　大本営ハコンナコトハ知ラサルヘシ　方面軍ハ此種ノ経緯ヲ知ルナラン　大ニ責任ヲ糾弾セサルヘカラス

然ルニ本日第十五師団長ノ交迭ヲ知リ益々義憤爆発スル所以ナリ　山内中将ハ温厚ニシテ礼儀正シキ知将ナル　優秀ナル大学出身者ニシテ之レニ代ル柴田中将ハ廿一期ノ猛将ナリ　小生トハ中尉時代ヨリ懇意ノ仲ニテ同氏ノ栄転ハ心ヨリ祝意ヲ表ス　平時ナラハ誰カ同氏ガ師団長ニナルト思ヒシ者アリヤ　時勢ナリ　時ハ猛将ヲ要求スルハ此際諸葛孔明ヲ持ツテ来テモ頽勢ハ如何トモナシ得サルナリ　第十五師団モ当兵団同様戦力ハ低下シアルヘシ　師団長ト云フモ大隊長位ノ実力ナリ　柴田勇将果シテ如何ナル秘策アリヤ

統合戦力ノ発揮ハ当然ノコトナガラ中々実施ノ出来サルモノナリ　宣シク英断ヲ以テ善後ノ行キ掛リヲ棄テ、断行ノ要アリ

六月三十日　晴時々雨

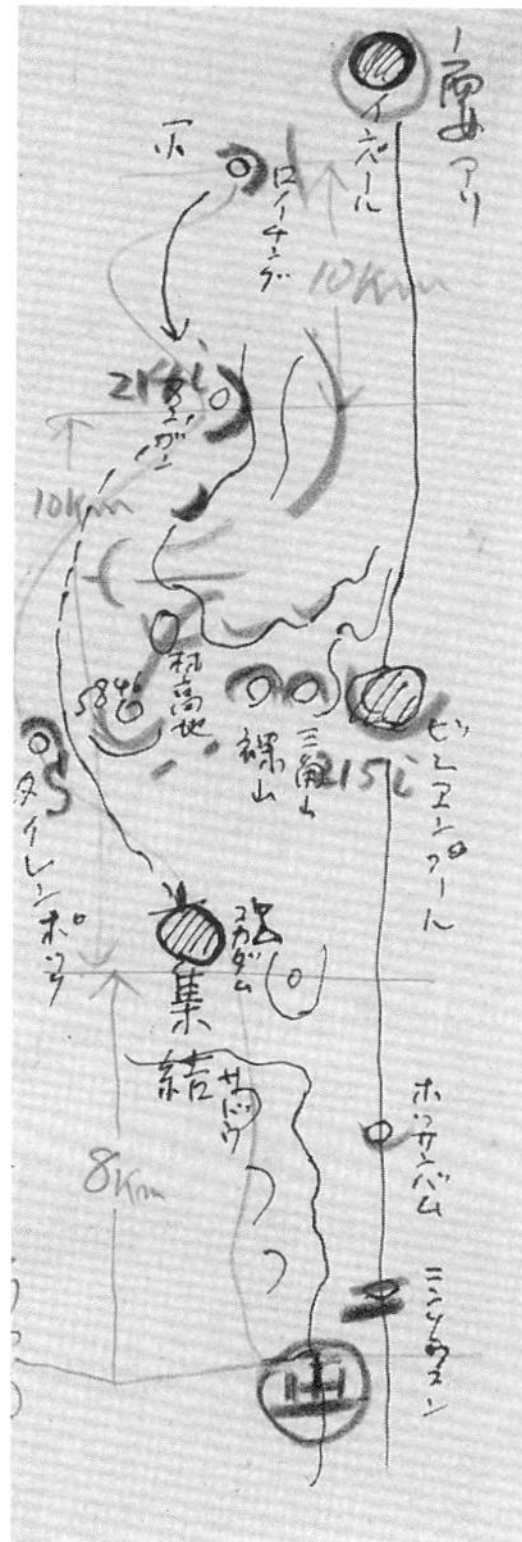

現在ノ兵力ヲ以テ斯クノ如キ態勢ヲ持続シタルハ　前師団長ノ部署ヲ小生着任怱々後退セシムルコトハ　精神的ニ一寸気ガサスノミナラス　戦線整理ト云フモ苦境ニアル第一線ヲ交代セシムルハ士気ニ及ボス影響アリ　況ンヤ将来ノ攻勢上有利ナル地歩ヲ棄テルニ及ヒス　今日マデ其侭ニシタル所以ナリ　然シコレハ一般戦術ノ思想ニ捉ハレタルモノニシテ　攻勢戦力ナキ部隊ヲ如何ニ有利ナル態勢ニ置クモ実際ノ価値ナシ「ヌンガン」ニアル作間部隊ガ連隊ノ力ナクシテ一中隊トナリシ今日　単ナル捨石ニシテ到ルトコロ攻撃威力ナキ配備トナル

爰ニ於テコヒマ打通セラレ烈兵団ヲ「パレル」方面ニ転用シツ、アル現況ニ鑑ミ　思ヒ切ツテ戦線ヲ整理スルコトトセリ

軍ヨリモ其命令アリ　早速実施スルコトトセルモ其実行ハ敵ト近ク対峙シアル関係上中々至難ノ業ナリ　作間大佐ノ手腕ニ俟ツトコロ多シ　師団トシテモ特ニ此ノ兵力転用ハ之ヲ重視シ其ノ任務ノ附与ニハ頭ヲ使ヒ　先ヅ林高地ノ奪回ヲ命シ　次テ「タイシンポック」ノヱ生隊ノ「サドウ」転進ヲ命シ　更ラニ林高地ニ対スル陽攻トナリ部隊ノ転進ヲ命セリ　コノ点ハ戦術・実兵指揮ノ味フヘキトコロナリ

由来態勢ヲ有利ニスルコトニ急ニシテ　要点先取ガ戦術ノ着眼ノ如キ傾向ナリシモ　航空ノ発達セル今日地上ノ包囲ノミニテハ敵ハ退却セス　5846高地ノ密林地帯ニサヘ物量投下ヲナシツ、アリ

攻撃ヲ急ク必要上ト兵力不足ノ関係上　自己ノ戦力ヲ顧ミル閑ナク無理ナ攻撃部署ヲトリ虻蜂トラズトナル

図上ノ研究ナラバ消極的ト云ハレルカモ知レズ「兵ハ勢ナリ」トノ予ノ信条ニハ反スル処置ナルモ「気」ノミニテハ詮ナシ元来今次ノ作戦ノ出発点ヲ聴クニ□⊙ハ気一点張リナリシニ　前参謀長小畑信良少将[56]ハ「力」ヲ重視シコヽニ意見ノ対立ヲ見、参謀長ハ着後二ヶ月ナラスシテ交迭トナル　「気」素ヨリ大切ナリ　然レトモ「力」ガ伴ハザレハ必成ハ無理ナリ今ニシテ小畑参謀長ノ意見ノ尊重スヘキヲ悟リシナラン　現在ノ補給関係ガ如何ニ無茶ナルカヲ知ルヘシ　烈兵団ヨリ軍ニ宛テ「作戦以来一粒ノ米ノ補給ヲ受ケス」ト電報セル其一例ナリ　当兵団ノ補給ヲ見ルモ弾薬モ糧秣モ師団自体ノ努力ニテ辛フシテ今日ニ到レルモ　既ニ糧秣ハ附近ノ部落ヨリ徴収スル籾ナク一方前送ノ見込ナキ苦境ナリ　馬匹損耗甚シキ今日遠ク山路ヲ越ヘテノ前送ハ不可能トナリ　コノ事ヨリシテモ戦線整理ノ必要ガ生セシナリ　後方ノタメニ作戦ヲ左右云々ト云フ勿レ　第一線ハ此ノ一・二月四分ノ一定量ヨリ三分ノ一定量トナリ十日間モ全ク塩ナク況ンヤ調味品ナク野草ニヨル以外ナカリシナリ　司令部サヘ参謀長以下ガ顔ヲ見レハ空腹ヲ訴フ現況ナリ

統合戦力トハ単ニ図上ノ形ノミナラス　戦士ノ腹ノコトモ意味ス　弾薬ニ於テ特ニ然リ　補給難ノ結果弾尽キタル部隊ヲ如何ニ有利ナル態勢ニ置クモ其ノ効果ナシ

更ニ第一線ノ統合威力ノ発揮ニ就テ述ブレバ　奪取セントスル要点ニハ凡ユル火器ヲ集中発揮スルコト必要ナリ　隣接部隊ノ重火器ヲモ一時之レニ充当スヘシ　然ルニ将校ノ損耗甚シキ今日　之レヲ使ヒこなす人ナキヲ以テ師団司令部附ノ適任者ヲ　随時重火器補佐官トシテ連隊長ニ配属セリ

菅頭中尉ハ其一例ニシテ同中尉ノ努力ニヨリ三ツ瘤陣地モ裸山モ美事成功セリ　此ノ切迫シタル情勢ニテハ重点ニ向ヒ師団全力ヲ以テ総掛リトナリテ上下一体化シテヤラサルヘカラス

幕僚中語ヲナスモノアリ「師団ガ第一線ノヤルコトニ余リ力ヲ入レ過ギルタメ　第一線連隊ノ実行力ヲ消磨シ企画心ヲ滅スルニ至ルベシ」ト　近頃ノ若イモノハ言フコト丈ハ言フモ凡テガ架空ナリ理論倒レナリ　連隊ノ実状ハ連隊長一人ガ戦力ノ九分九厘ナリ

補佐官モナク大隊長皆倒レ中隊長ノ生存者皆無ナル現状ニ於テ　連隊長ヲ手助ケシテヤルコトハ師団ノ責務ナリ　諄々ト訓ヘテ幕僚其非ヲ悔ヒシモ　平時的考ヘ方ヲ以テシテハ今日ノ急ニ処シ得サルヘシ　統合戦力発揮ノタメ上級指揮官ノ現地教育ハ特ニ必要ナリ　幕僚ノ第一線亦切要ナリ　口ニテ教ヘル丈デハ駄目ナリ　実際ニ即スル真剣ナル教育ヲ緊要トス

平時教育ト実戦ニ就テ

橋本部隊長先行シ一両日▷―○自ラ之ヲ随行シ第一線ヲ巡視シ　具サニ現況ニ即スル教育ヲナシ参謀長以下ヨリモ夫々具体的実例ヲ挙ゲテ指示スルトコロアリシニ拘ラス　林陣地ノ攻撃ハ成功セルモ　飛砲ノ砲撃下優勢ナル敵ノ逆襲ニ遂ニ陣地ヲ奪回セラレ　大隊長以下二百十六名ノ死傷ヲ出セリ　此ノ部隊ニハ特ニ岡本参謀ヲ派遣シテ　更ニ攻撃準備ノ間従来ノ経験ヲ鑑ミ指導セシメタルモ　工事ハ膝位ノモノヲ作リシノミニテ実行不充分ナリ　警戒心薄ク密林内ヨリ急襲セラレ不覚ヲトリシナリ　炊餐スルニモ火光、煙ニ対スル関心乏シク敵ニ看破セラレタル如シ　第一毎日定量ヲ食ヒツ、戦闘スル考ヘガ不可ナリ　隣部隊ハ今ハ三分一定量ナルニ同ジ戦線ニアルモノガ　将来ノ補給ヲ考ヘズ持ツテ居ルカラ食フト云フ如キ　非実戦的思想ニテ戦フ故ニ失敗スルナリ　然ルニ橋本連隊長ハ攻撃開始前小生ニ語ルニ　当連隊ハ昨秋動員以来野営地ニ於テ猛訓練ヲ実施シ　堅塁突破ノ訓練ニハ自信アリ　出征前山田教育総監[57]来場セシ際同連隊ノ満評ナリシ外　随行ノ柴野大佐ハ演習後特ニ連隊長ニ「これなら大丈夫」ト賞メタル由、満々タル自信ヲ以テ連隊長自ラ仲大隊ノ攻撃ヲ指導シ　更ニ実戦ノ経験豊富ナル宮本参謀ヲ派遣シテ　同連隊攻撃準備ノ都合上　特ニ攻撃開始ヲ一日延ハシタル程ナルニ結果ハ失敗ナリ　岡本参謀ノ報告ニヨルニ同連隊ノ将兵未ダ戦場ノ雰囲気ニ一致セズト　敵砲爆ノ集中火ヲ受ケ忙然自失スルモノ多ク　就中将校ハ役ニ立タス　却テ曹長級ニ勇敢ナル者アリシト、平時訓練デ如何ニ褒メラレテモ実戦デ役ニ立タザレハ　畳上ノ水練ノミ型ハ上手デモ真剣勝負デ負ケレハ駄目ナリ　茲ニ平時教育ノ実戦化ニ大反省ヲ要ス　小生ノ直接目撃シタルトコロニテモ此ノ連隊ノ将兵ノ敵機ヲ恐ル、コト極端ニシテ兵同様下部隊ト同日ノ比ニアラス　之レ平時教育ニ重大ナル指唆ヲ与フルモノナランカ

同連隊長到着ノ当初ヨリ屢次三号対空射撃ヲ強調シタルニ　同隊長ハ答ヘテ曰ク「此点ハ充分教育シアリ御安心ヲ乞フ」ト然ルニ事実ハ全ク反対ナリ

現在生存シアル者ハ何レカト云フト勇士ニアラス　戦場生キ残リノ勇士トイフ言葉アルモ　当師団ノ如ク連続苛烈ナル戦斗ヲ繰返シアリテハ　大抵ノ勇士ハ死傷シアリ　多クハ追及者ガ現有兵力ナリ　而モ此ノ兵デモ新来ノ到着部隊ト比較スレハ確カニ後続部隊ガ見劣リスルハ否ミ得サル事実ナリ　ソコニ実戦体験ノ尊サガアリ　速急ナル攻略ヲ要請セラレタル必要上此ノ後続部隊ヲ駆ツテ直ニ戦場ニ突キ込ミタルハ状況已ムヲ得サル次第、実際ヲ云フト充分戦地ノ現地教育ヲシテカラ戦

線ニ加入セシムルヲ可トスルハ当然ナリ　曾テ第六十三師団編成担任官トシテ　従来ノ混成旅団ニ新タニ内地ヨリ到着セシ有馬大隊ヲ加ヘ　歩六六旅団長トシテ討伐ヲヤリシハ昨年ノ丁度今頃ナリ

一年前ヲ回顧シ　新来部隊ガ戦力ニ於テ旧来ノ大隊ニ比シ著シク劣リ　ヘまバカリヤルノデ✡トシテ終始其大隊ニ於テ戦斗ヲ指導シタリ　内地教育ト実戦トハ斯クモ差ノアルモノカト　当時驚キシコトヲ想起シ今宣同ジコトヲ痛感スルハ恂ニ愧入ルナリ　今カラデモ遅クナシ　新来部隊主力到着セハ教育ノヤリ直シヲナササルヘカラス　笹原連隊ニ対シ毎夜二組ノ敵砲兵奇襲挺進隊ヲ出スコトヲ命シ　連隊ハ万難ヲ排シ之ヲ実行シアルモ未タ成果ノ見ルヘキモノナシ　連隊長ハ自ラ挺進兵ニ対シ教育ヲナシ出発セシメツヽアルモ　本日ハ更ニ堀場参謀ヲシテソノヤリ方ニ関シ　色々手段方法ヲ指示セシメタリ

百戦ノ兵ニ対シテサヘ然リ　新来ノ部隊ニ対シ挺進要領・潜伏地点・警戒法、近接時期　特ニ爆薬ノ用法ニ就テハ　予習訓練ヲ現地ニ於テ教育セサレハ成功セス　対戦車攻撃亦然リ　各種資材モ実物教育ヲナササレハ役ニ立タヌ

連隊長時代小林兄ガ軍参謀長タリキ教育畑ノ同少将ニ　戦地教育ノ重要性ヲ説キ同氏ノ教育総監部第一部長赴任ノ時　是非教育令ヲ改メヨト力説セルコトアリ

同氏ノ努力ニテ教育令ニ戦地教育ノ一項挿入セラレタルモ　今ヤ国軍ノ主体ハ戦地ナリ　故ニ戦地教育ヲ主体トシテ記述セラレサルヘカラス　然ルニ現令ハ留守部隊ガ主ナリ　反対ナラサルヘカラス　平時訓練ヲシテ実戦化スルタメニモ　戦地教育ヲ教育ノ本体化セサレハ百日河清ヲ待ツニ似タリ　而シテ特ニ本件ニ関シ重要ナルハ幕僚ノ教育眼向上ナリ　戦術的運用ダケガ主ナル如キ傾向ハ改メサルヘカラス

北京デモ泰デモ参謀ノ教育眼ノ乏シキヲ感ジタルガ　今師団参謀ニモ亦同様ノ感アリ　部隊長ノ統率ヲ尊重スルハ素ヨリ当然ナルガ　幕僚ガ之レノ御手助トナリ補佐セサルヘカラス

干渉ニアラス　職権侵害ニアラス　戦闘ニハ教育ガ附キ物ニシテ攻撃準備ノ主体ハ戦場教育ニアリト思ハサルヘカラス　爾後仍チ戦斗后ノ講評モ必要ナガラ寧ロ事前教育ガ大切ナリ

本日橋本連隊長ニ対シ戦斗後ノ講評ヲ与フ

・酒ト戦力並体力

大隊長ハ皆無ナレハ連隊長ニ就テ見ルニ　平素酒ヲ嗜ムモノハ「アルコール」ト長ク絶縁セル今日其ノ衰ヘ方目立チテ甚ダ

シ　個人ニ就テ酒量ノ度ヲ比較シ体力ノ盛否ヲ見レハ明カナルモ茲ニハ遠慮ス　酒量多キモノハ「アルコール」中毒トナリアリテ酒ヲ長ク絶ツトキ活動鈍シ　又酒ノ好キナ者ハ唯一ノ慰安ヲ失ヒ一種ノ神経衰弱的淋サヲ覚ユ　小生亦其一人ナリ戦場ニテ酒ヲ飲ムコトハ又格別ノ味ト　文字通リ百薬ノ長ナルヲ痛感ス　幸ニシテ体力ノ衰ヘルコトハナキハ之レ小生ノ酒ガ未ダ戦力ニ影響スル程度ニアラザリシヲ有難ク思フナリ　歩兵両連隊長共ニ酒ヲ好ム如キモ　中々元気ニテ縦横ノ活動ヲナシアリ　蓋シ小生ト同ジ酒量ナラン　某及某連隊長ハ共ニ酒豪ノ定評アリ　二人トモ酒ナキ為メカ元気ナク志気振ハス戦場ノ活動歯掻シ　某連隊長ト共ニ高地ニ登リ敵情ヲ視察セシ時　小生ヨリ四年若キ其ノ人ガ小生ニ追随シ得ス　途中所々ニテ休憩シ小生モ屢々之レヲ待チシコトアリ　又某連隊長ハ中佐ニテ更ニ若年ナガラ半病人ノ如キ態度ナリ　共ニ容貌小生ヨリモ老ヒ込ミアルハ酒ノ為カ　小生如キガ酒ニ就テ述ヘル資格ナキヲ知ル　唯茲ニ戦場ニ於テ此ノ顕著ナル実例ヲ見テ酒ノタメニ戦地デ充分ナル活動ガ出来ザルコトアリテハ　不忠不義ナリト断シ得ヘク　自分ノコトヲ棚ニ上ゲテ後輩ノタメニ一言スルモノナリ

小生ハ晩年酒ヲ節シ大酒セス　連隊長時代ヨリ「定量」ト宣告スルヲ例トセリ　宴会ノ時若イモノガ杯ヲ貰ヒニ来ル時「既ニ定量」ト述ベ之レヲ辞退シ来レリ　東宰時代ハ流石ニ九州連隊ノ若キ連中ハ中々承知セサリシモ　根気負ケシテ定量以上ハ追サザリキ　其ノ定量トハ二合ナリ　自分独リデハ一合デ可ナリ　但シ親シキ友ト会飲スルトキハ時ニ度ヲ越スコトアリ此ノ「定量」ニ就テハ酒ノ勢ヒデ随分悪口ヲ聴キシモ常ニ「酒ニハ強クナクトモ戦サデ強クナカルヘカラス」ト訓ヘタリ今酒ニ強キモノガ体力ノ衰弱デ戦サニ強カラザル事例ヲ見テ　此ノ言葉ノ真ナリシヲ知ル　仍チ根本ハ体力ナリ　酒ノタメ直接或ハ直後ニ体力ヲ弱メルモノト　間接ニ或ハ暫クノ後活動力ヲ鈍ラスモノトアリテ共ニ不可ナリ　戦ハ体力ガ基ナリ参謀デモ知力アルモノヨリモ体力旺ンナルモノガ戦場ニテハ頼母シ　戦ハ智デ戦フニアラス精神力ナリ　精神力ト不眠不休ノ活動ハ体力ニ存ス　司令部内ニテモ大部分ハ病人ナリ　此ノ非衛生的ナル又無理ナ生活ヲ長時日連続スレハ病気ニナルノガ当リ前ナラン　之レヲ克服スルトコロニ精神力ト体力ガアリ其処ニ戦力ガ生ル

強靭ナル責任感

アル兵ガ後送サレル戦友負傷者ヲ見テ羨シイト洩セルモノアリ　吾ニデサヘ面倒臭イカラ敵砲弾デモ当レト云フ気ニナルコトナキニアラス　コレハ無責任モ甚シク公言スヘキコトニアラネド　時ニハソンナ気ニナルコトモアリ　コレハ決シテ勇敢

ニハアラス一種ノやけ気味ナリ　戦車ニ射撃サレテ無計画ニ飛出ス心理モ同様ニシテ　コレハ肉薄攻撃ニアラズシテ「没法子」心理ナリ　小生ノ友人ニテ「ブナ」戦場ニ赴任匆々四高滅裂ノ戦況ニ全ク処置ナク自害セシ例アリ　故人ノ行動ヲ是非スルニ忍ビスト雖モ　もう一歩頑張ル必要アリシト感セリ　此ノ強靭味ガ大切ナリ　戦場ニテハ生死ノ問題ハ軽々ニ取扱ハル　屍体ヲ見テモ平時トハ感ジガ薄シ　自分自身ノ死ノ問題モ平常トハ大差アリ　死ヲ軽視スル結果兎角死ヲ急ク傾向ナシトセス

師団戦斗司令所ガ敵ノ砲撃ヲ受ケ　身近ニ破片落下スル場合　副官ハ瀕リニ防空壕ニ入レト促スモ　師団長ガ他ニ先シテ待避スルハどうかト考ヘ態ト沈着シ悠然タル態度ヲトル　此ノ心理ヲ解剖スレハ一ツハ名誉心ツヨク面子ナリ　一ツハ死ンデモ差支ナシト云フ自棄的心境ノ然ラシムルモノニシテ共ニ責任上許サレザル行為ナリ　今師団長ガ倒ルレハ師団ノ戦力ハ如何　参謀長以下ガ常ニ自重ヲ勧メル意義ハコヽニアリ　此ノ心ハ充分掬マサルヘカラス

自分自身ノ心ノ動キヲ探究シテ見レハ泰ノ混成旅団長時代空襲ニ際シテ　ソンナコトハ考ヘス　防空壕ニ入リシナリ　僅カノ時日ノ差デ死ト云フモノニ対スル考ヘ方ガ変化シタルハ　決シテ同ジ人間ガ変ツタ訳デモナク急ニ胆力ガ強クナツタノデモナシ　死ヲ軽ンズル環境ノ支配ナリ　過日某大佐ト共ニ最前線ニ出デシ時　山頂ノ小径通過スレハ行進容易ナリシモ　案内役ノ将校ガ敵弾ノ危険ヲ顧慮シ道ナキ急峻ノ斜面ヲ草木ヲかき分けツヽ前進シ　歩行極メテ困難ナリモ　其時同大佐曰ク
「弾ニ当ツテモヨイカラもつと歩キ易イ路ヲ通レ」ト叫ヒシコトアリ

実ハソノ時小生亦同様ノ感ヲ胸中ニ秘メシコトハ事実ナリ　コンナコトヲ白状スルト安ぽイ師団長ト笑ハレルカモ知レサルモ　真実ヲ率直ニ記シテ他山ノ石ニ資シタイ微志ニ外ナラス　然レトモこんなコトデハ無責任モ甚ダシ　須ク更ニ強靭ナル責任感ニ醒メテ自重セサルベカラス　士官学校ヤ幼年学校、予備士官学校等将校生徒教育ニハ通リ一遍ノ責任感ヤ胆勇ノ修養デハ不可ナリ　もう一歩踏ミ込マサレバ役ニ立タズ　由来将校生徒ノ教育ガ智的偏重ニテ実戦的ナラズ　小生ノ教導学校長時代　実戦ノ体験上此点ニ留意シ野営主義ヲ高唱シ　猛訓練ヲ強調シタルツモリナリシモ　今ニシテ思ヘバ甚タ不徹底ナリシト慚愧ニ堪ヘス　学問ダケデハ意志力モ強クナラス責任感モ旺盛トハナラス　鍛錬ニ俟ツノミ　克己心錬成ノ猛訓練アルノミ　教練ト内務諸勤務ノ連繋ニヨル責任感ノ強化アルノミ　口ノ学問ヨリモ行ノ錬成ヲ主体トセサルヘカラス

死ハ易シ、生死ヲ超越シテ任務ヲ完遂スルモノ一ニ旺盛ナル責任感ナリ、コレモ普通ノ責任感デハ駄目ナリ、二言目ニハ己

レガ責任ヲ負フト云フモノ多シ　而モ其ンナ人ニ責任ヲ負ヒタル例ナシ。責任トハ腹ヲ切ルコトニアラス　自殺ハ奨励スヘキニアラス　戦場ニテ自殺スルモノアリ卑怯ノ極断シテ許スヘカラザル行為ト謂フヘシ　意志薄弱ノ標本ナリ、死ヲ軽ンズル傾向ヲ戒ムヘシ　戦場ニテハ此ノ環境ニ支配セラレザルノ努力ヲ要ス　然レトモ厚顔無恥、当然切腹シテ罪ヲ謝スヘキ場合　恬トシテ愧ヂナキハ道徳ノ破壊者ニシテ言語同断ナリ　カヽル精神異常者モナキニアラス　某大隊長戦場ニ於ケル行動適当ナラザルヲ以テ軍法会議ニ附スヘク憲兵分隊長ニ護送ヲ命シ後方ニ帰還セシム、憲兵ハ本人ノ自殺ヲ憂ヒテ軍刀・拳銃ヲ預リタル時「武士ノ情ケナリ自殺セシメヨ」ト指示セリ　考ヘテモ見ヨ、戦場ノ怯者トシテ軍律ニ触シおめ／＼帰レルヤ否ヤ　カヽル場合コソ自決スルガ道ナリ　又自決セシムルガ情ケナリ　然ルニ諾々トシテ軍刀拳銃ヲ渡セルヲ見テ驚ケリ而モ此少佐ハ士官学校第三十八期生ナリ、其他停職トナリシ某少佐（少尉候補者出身）アリ　着任以前ノコトナレハ、大目ニ見タル某少尉、某中尉ノ退走的行為アリ、幸ニシテ某中尉ハ師団長ノ訓戒ノ当夜　三ッ瘤陣地ニ突入シ花々シキ戦死ヲ遂ゲタリ　若キモノハ感激性アリ　一度ノ失敗ヲ以テ其人ヲ殺スヘカラス　上官トシテハ本人ノ責任ヲ感知セシメ禍ヲ転シテ名誉恢復ニ死ノ道ヲ与フコトガ本人ヲ活カス所以ナリ　某少佐ハ小生着任前不覚ヲトリシガ　戦斗ノ直前三度其人ヲ訪ネ激励シタル為メカ　着任後ノ戦斗ハ三度トモ立派ナリ　元来此ノ人ハ気ノ弱キ性格ナルモ戦斗前進ノ直前　師団長ガ態々本人ニ会ヒテ激励スレハ　勇怯ヲ超越シテヤルモノナリ「勇怯ノ差ハ小、責任感ノ差ハ大」ノ言葉通リ責任ヲ感スレハ　気ノ弱キ人モ決死ノ奮闘ヲナスハ此ノ実例ノ如シ　仍チ強靱ナル責任感ハ御互ノ修養トシテ終始心掛クヘキト共ニ　上官トシテハ部下ニ対シ個人的ニ絶ヘス「活」ヲ入レ注射ヲ施スコト必要ナリ　而テコノ「活」ハ愈々コレカラ攻撃前進ト云フ時機ガ最モ効果多シ三十一日ノ攻撃開始ノ前夕笹原連隊長以下ニ与ヘタル訓示（寧ロ訓話）ハ　聴クモノ緊張シ連隊長ハ涙ヲ流セリ

「しつかりやります」ト声涙下リ為メニ言葉ガ不明瞭ナリシハ　言フモノモ聴クモノモ悲痛ナル感激ニ打タル　小生ハ元来講演ヤ講話ハ不得手ナリ　然レトモ師団長トシテ部下ニ対シ激励ノタメ　第一線ヲ巡視巡回セハ必ズ其後ノ成果アルハ戦闘ノ経過ガ雄弁ニ事実ヲ証明ス

惟フニ▷○ノ責任感ガ部下ノ隊長ニ以心伝心移ルナラン　決死ノ勇ヲ揮ツテ斃レテ已マス任務ヲ全フセンコトヲ強靱ナル責任感ト云フ

七月一日　雨、晴、又雨

「ビシエンプール」西方ニ突出セル三角山、裸山ニ対シ　敵ハ当然大反撃ヲ加フルモノト思惟シ準備シアルモ　再度ノ逆襲アリシノミニテ昨日モ今日モ平穏ナリ　油断ハ大敵、注意シツヽアリ。敵砲兵ノ主力ハ後退ス、連日ノ奇襲攪乱ニ脅ヘタルモノカ、然レトモ戦車十一両新ニ進出シ猛射ス　重砲ニ対シ射撃セシメンタメ参謀ヲシテ言ハシメタルモ　野砲ニテ四・五発射撃シ効果ナク其侭トナレリ　此戦車ノタメ如何ニ歩兵カ苦シムカヲ思ヘハ　砲兵ハ縦令弾薬既ニ欠乏シアリト雖モモット打ツベキナリ　弾薬ノ関係上強ク要求モ出来ザリキ

典令ニ準拠スルノ必要

小生着任以来軍ヨリ屡々教令ガ出テ爾後ノ攻撃ノタメ指針ヲ与ヘラル　寔ニ結構ナコトニテ戦場教育ノ準拠ヲナスモノナリ師団トシテモ之ニ即応スルノ指示ヲ出シ攻撃準備ノ一ツトシテ攻撃ノヤリ方ニ向クトコロヲ教示ス　畢竟スルニコレ等ハ指揮官ノ消耗セル現状ニ鑑ミテ　上級司令部ガ第一線ニ手助ヲスルノ意味ナリ　又既往ノ経験ニ徹シ戦訓ヲ活用セシムル手段ナリ　然シ是レ等ハ詮スルトコロ皆典令ニ示セラア〔ママ〕ル点ヲ現況ニ即応スル如ク　抜粋セルニ過ギス特別ノコトハナシ　コンナコトヲセズトモ済メハ最上ナルモ　事実ハ然ラザルトコロニ悩ミガ存スルナリ　蜂ノ巣陣地ト云フモ攻撃要領ハ特攻隊ノ要領ナリ　火力ヲ発揚セスシテ攻撃スル為メ失敗スルナリ　奪取セル陣地ヲ奪回セラル、ハ砲爆ノ猛射集中ニ応シ兼ネテ失敗スルナリ　典令ニ瞭カニ教示セラル、手段ヲ講スレハ成功スルナリ　今更典令以外ニ特種ノ方法ナキニ何故屡々教令ヲ出サザルヘキカ　曰ク典令ノ研究不充分ナル為メナリ　第一戦地ニ典令ヲ携行スル者殆ドナシ　唯茲ニ注意スヘキハ幹部ノ大部分ガ召集スル現況ニ於テハ典令万能主義モ実際トハ一致セズ　故ニ現状ニ応スル典令ノ抜粋主義ヲ必要ト認ム、仍チ方面軍・又ハ軍ニ教育部ヲ設ケ必要最少限度ノ典令準拠ノ指針ヲ普及徹底ニ努メツ、　要スレハ攻撃開始前戦地幹部教育ヲ招集シ集合教育ヲナス等之レナリ　師団ニ於テモ現地現物ニ師団長自ラ出馬シ　又ハ参謀ヲ分派シ戦地教育ヲ実施スル要アリ教ヘ且戦フノ実践ヲ一層励行スルコトガ急務ナルヲ痛感ス　茲ニ高唱セント欲スルハ典令ノ精神発揚ニアリ

一例ヲ補給ニ就テ示サンカ、今次作戦ノ特徴ハ長遠ナル補給路ニアリ　而モ世界第一ノ雨量ト称スル当地方ノ雨季ニ際会シ今ヤ手モ足モ出デス　補給全ク杜絶ノ悲境ニ直面シ弾薬ナク糧秣ナシ　兵ハ現地住民ノ籾ヲ採取シテ1／3定量以下デ其日ノ飢ヲ凌グ　思フニ今次作戦ニ当リ軍及師団主脳部ハカ、ル場合ヲ考慮シ　第二案第三案ヲ考ヘ作戦進捗セサル不利ノ場合

ニ応ズルコトヲ　予メ準備シタルナランモ其実行ハ戦術研究ノ作業ニテ末項ニ一句挿入スル程度ニテ　何等真剣味ナク其努力御座ナリ的ニテ苦境逼迫シテ大狼狽ニテ　時機ヲ失シ手ノ下スベキ余地ナキニ到レリ
凡テ戦術ノ作業ノ如キ士官学校ノ生徒ニテモ立派ナ案ヲ出スヘシ　将校団戦術ニテ見習士官ガ老練ナル大隊長ヤ佐官ニ勝ル原案ヲ提出スルコトアリト雖モ其実行性ヤ如何　案ノ良否ヨリモ実行ノ着実性ヲ尚ブ
着眼戦術ハ智能ノ啓発ニハナルモ　単ナル着想ノミヲ論スルヨリモ如何ナル状況ノ変化ニ応シテモ　必勝不敗ノ実行性アルヲ要ス　典令ノ精神爰ニ存ス　深ク三省スヘキナリ
戦場教育ノ要訣ハ着眼ニアラス　是ガ非デモ勝チ抜クアノ手此ノ手ヲ実際化スルニ在リ　堅実不動状況ノ変転ニ応シ之レヲ制服スルノ処置ナラサルヘカラス
典令ハ明ニ之レヲ示ス　枝葉末節ニ捉ハレテうまくヤル手ハ禁物ナリ

七月二日　雨

河辺方面軍司令官　山本支隊方面ヘ行キシ帰途　曙村ニ立寄リ小生ニ一詩ヲ送ル
厚意ヲ謝ス
青砥副官　後方
整理ヨリ帰来
後方状況ヲ聴ク
「デマ」ガ飛ンデ居ル由、由来、戦サガ苦シクナルト兎角「デマ」ガ乱レ飛フコト幾度ノ戦例ニ示サル　「ノモンハン」ノ戦ヒハ事実ハ噂程デモナカリシニ「デマ」ノタメ誇大トナリシナリ　其ノ原因ハ野戦病院ガ陣車ニ蹂躙サレシニ始マル　四散セル負傷兵ガ過度ノ恐怖病ニ襲ハレ次ギ〳〵ヘ噂ヲ伝フ、之レヲ見舞ニ来タ国防婦人等ガ　更ニ針小棒大ニ宣伝セルナリ
現在後送中ノ傷病兵ハ自動車運行悪路ノタメ独歩患者ガ歩行シテ帰ル状況ガ如何ニモ憐レナリ　病院ニモ食糧ナキ為負傷セル上ニ栄養不足トナリフラ〳〵ニナリテ歩行ス　歩行シ得ルモノヲ帰還セシメルコトガ現状ニテハ既ニ考ヘ物ナルモ　病院ニテハ食糧ノ不足ノ関係上帰セルモノヲ　ナルヘク速ニ後方ニ下ゲル方針ヲトリツ、アリ　軍医部長ニハ着任ノ時　平病

ハ第一線ヨリ後退セス　患者、負傷兵ニテ治癒見込者ハ後方ニ還送セシメサルヤウ申渡シタルモ　食糧難ヨリ病院デハ便利上▷○ノ意図ニ反スル方法ヲトレル如シ

此ノ傷病兵ト行違ヒニ　戦線ニ前進シツ、アル追及者並後続部隊ガ行キ会ヒテ及ホス士気ノ影響ハ憂慮ニ堪ヘサルモノアリ

橋本部隊ノ前進状況ヲ見ルニ　此ノ悪影響ヲ受ケタル感ナキヲ得ス　又軍紀弛緩ノ温床ハ後方部隊ニアリ　輸送部隊ノ出鱈目ナヤリ方指揮ノ紊乱、盗難続出等屡々耳ニスルコトナリ　飛行機ニ対スル臆病サ加減、之等ヲ見テ新鋭ノ後続部隊ガ如何ナル感作ヲ受クルヤ　途中ニテ品物ガ抜キ取ラレルノハ支那ノ郵便ヨリ甚ダシ　爰ニ軍紀拠作、志気向上ノ手段ヲ必要トス

不取敢病院関係ニ「デマ」抑制ト厳罰主義ニヨル流言ヲ取締ル要アリ

七月三日　大雨

今日モ負傷兵担架ニ横ハリテ運バルル一群ヲ見ル　丈夫情ナキニアラス　ヤハリ憐憫ノ情ニ打タル「大事ニセヨ」ト言葉ヲカケル　子煩悩ナル小生トシテハ其ノ父ナル人ヲ母ナル人ヲ連想ス　両親ノ子ヲ思フ心中ヲ遥カニ察シタクナル

曽テ支那戦場ニテ散兵壕ニ兵ガ「父・母」ト十字鍬デ書キシコトヲ想起セリ『堀りかけし　新し土に書きて見し父と云ふ字と母と云ふ字を』感傷的ト云フ勿レ　此ノ孝心アリテコソ立派ニ戦ヒツ、アルナリ　吾々トシテハ故郷ノ父・母ニ対シ　お預りシタ兵ヲ立派ニ働カセタイ　決シテ犬死ハサセタクナイト日夜心ヲ砕クナリ

六月三十日調ベニヨルト師団ノ戦死傷七千、戦病五千計一万二千余　70％ナリ　軍医部カラ毎旬此種ノ報告表ヲ持チ来ル毎ニ　心ヲ痛メ断腸ノ感ナキ能ハス

勿論皆立派ニ戦ツテ居ル　唯恐ル指揮官ノへまノ為メニ此ノ戦力ヲ無駄ニ消耗シテハ相済マズ　旅順口ノ戦況進展セザル時乃木将軍ノ留守宅ニ石ガ飛ビ　浦塩船隊ノ跳梁時上村司令官ニ対スル悪口ハ今モ尚耳朶ニアリ　浮世ノ是非敢テ意ニ介スノ要ナシト雖モ　親身トナリテ大切ナ独リ息子ヲ犬死サセタトアリテハ申訳ナシ「人情部隊長」ナル言葉ハ不同意ナリ　人情ナキ部隊長ノアル筈ナシ　サレドアマリノ人情ニ過ギルト戦ハ出来ヌモノナリ　時ニハ人情ヲ殺ササルヘカラス　心ヲ鬼ニシテ戦ツテコソ勝ツナリ　勝ツテコソ始メテ戦死ガ浮カバレルナリ

勝タンガタメニハ損害ヲ意トセサル必要モアリ「犬死」ナゾ云フ言葉ハ　指揮官ノ心構ヘトシテハ差支ナキモ批判的ニ用フ

へキニアラス　皆大東亜聖戦ノ人種ナリ　悠久ノ大義ニ生キルタメ身ヲ献ケツヽアルナリ　唯指揮官トシテハ其ノ忠勇ナル殉国ノ大精神ヲ戦力ノ総和トシテ　奔ル戦果トナサシムル如ク努ムルノミ

着任時ノ訓示ニ「師団ハ敢テ全滅ヲ辞セズ」ト示シタルハ以上ノ趣旨ニ他ナラス　最近玉砕ト云フ言葉流行スルモコレハ考へ物ナリ　「アッツ」島ノ玉砕ハ天晴レナリ　アノ場合ハアレヲ最上トス。然レドモ玉砕ヨリモ更ニ積極果敢ニヤル必要アル場合、玉砕ヨリ血路ヲ拓キテ敵ヲヤッツケル方法アル場合、早急ニ玉砕スルハ一種ノ自滅・自殺行為ニシテ　靭強ナル責任感ニ欠ケルモノトス　指揮官ノ意志ハ飽ク迄堅確靭強ナラサルヘカラス　全滅覚悟デ戦フ決意ト玉砕主義ト混同スル勿レ、損害ヲ意トセス任務ニ邁進スルコトガ大切ニシテ直チニ玉砕ヲ訴フル如キハ悲鳴泣キ言ナリ「玉砕ニ瀕ス」ト云フ部隊ニ玉砕セル例ナシ

参謀長前線司令所ニ到着、後方整理ノタメ「ライマナイ」旧戦闘司令所ニ残リ後続部隊橋本部隊ノ掌握、補給処理等中々多忙ナリシ様子　後方主任ノ三浦参謀ガ遠ク「チィデム」ニアリテ後方業務ニ専念シツヽアル現在　誰レカ「ライマナイ」ニ残ラサルヘカラス　幸ヒ第一線派遣ノ岡本参謀帰リシ故　之レニ後事ヲ託シ得ルノ状況トナレリ　補給ノ作戦上必要ナルハ当然ノコトナガラ今次作戦ニテ沁ミ／＼ト其ノ重要性ヲ味ヘリ　三浦参謀ノ功績ハ偉大ナルヲ忘ルヘカラス　第一カヽル遠ク迄師団ガ担任スルハ原則外ナルモ詮方ナシ、参謀長ヨリ後方停頓ノ実情ヲ聞キ道路ハ到ルトコロ破壊シ橋梁ハ流失、弾薬ハ前送量ナク糧秣ハ雨ノタメ腐敗シ　師団給養量ナク　追及部隊ハ前進遅滞等悲観的報告多カリシモ「任務ハ絶対」トシテ後方状況ダケハ軍ニ実情ヲ知ラセルコトトス　元来一切ノ泣キ言ハ謂ハス主義ナルモ　軍トシテヤルベキコトニ「ヒント」ヲ与ヘル必要ヲ認メ　参謀長ヨリ軍参謀長ニ対シ善処方ヲ具申セシメタリ

七月四日　雨

六月二十七日附　陸軍中将ニ任セラレ第三十三師団長親補セラルノ電報ヲ受ク

不肖ノ身ヲ以テ此ノ栄職ヲ辱フス恐懼感激ニ堪ヘス

誓ッテ死力ヲ竭シ任務ニ邁進セン　今ハ吾妻ノ誕生日ナリ　遥カニ故山ヲ拝シ之レヲ祝福スルト共ニ栄進ノ悦ヒヲ頒ツ

軍隊生活ニテ一番愉快ナルハ中隊長・連隊長ナルガ師団長亦光栄ノ至リナリ

過去ヲ顧ミレバ殆ンド隊長トシテ終始セルハ幸福ナリ

歩三	中隊長	四ヶ年	東京
独守	中隊長	三ヶ年	満州
教導校	中隊長	一年半	熊本
近歩二	大隊長	一年半	東京
歩一五	大隊長	一年半	北満
	（配属及満州顧問 特務機関長　三年）		
独立	大隊長	一年半	北満
歩二二	連隊長	一年半	北支
		（教導校長一年）	
第十二師団	歩兵団長	九ヶ月	
第十五	混成旅団長	十ヶ月	北支
六六	歩兵旅団長	三ヶ月	〃
第二十九	混成旅団長	半年	泰

最後ノ御奉公トシテ最モ困難ナル戦場ニ立ツ男子ノ本懐ト云フベク軍人トナリシ生キ甲斐トモ云フヘシ　多年ノ隊長生活ノ総決算ト思ヒ凡ユル体験ト経験ヲ生カシ　全智全能ヲ傾ケテ勇猛邁進セザルヘカラス　要ハ智力ニアラス　絶対ナル責任感ノ発動ニヨリ　堅確不抜鞏固ナル意志ノ実行ニアリ　中将ニナルトハ自分ナガラ思ハザリキ　責任ヲ痛感シ恐縮ノ念ガ先ニナル　軍人生活中最モ悦シカリシハ少尉ニナツタ時ナリ　幼年学校以来長イ間憬レノ目的ヲ達シタルト　当時若ク感激ガ強カリシ為メ今デモ忘レ得ザル喜悦ナリキ　重イ軍靴カラ軽イ靴ヲ穿キテ急ニ足ガ軽ク　欣喜雀躍ノ言葉ノ通リノ感想ハ今モ尚印象深シ、中尉ニナツタ時大尉ニナツタ時モ年少ノ頃トテ嬉シカリシモ　少佐ニナツタ時ハ尉官カラ上長官ト格ガ異ルダケ格別ノ感アリ　中佐大佐ハサマデ感激ナカリシモ　将官ニナツタ時ハ自分ナガラ過分ノ感アリ　閣下ト呼バレテ変ナ気味

サヘ起リキ　師団長ハ軍人トシテ最高峰望外ノ恩遇ナリ　此ノ殊遇ニ対ヘサルヘカラスト責任ガ急ニ重クナレリ
連隊長（独立大隊長モ同様）ノ職務ハ重大ナリ
自分ナガラ縦横無尽ニ活動シタツモリナルガ　連隊ノ戦力ハ連隊長其人ニ九分九厘アリト信ス、中央部トシテモ此点ニ留意シ人選ニハ特ニ留意シアルモ　概シテ歩兵連隊長ハ粒揃ヒナルモ　特科ハ不適任ノモノアリ　蓋シ特科ハ隊附ノ浅キモノアリ　官衛ヤ学校ヨリ来ルモノ多キ為メカ」
作間連隊長ノ報告中ニ二・三参考ニナルコトアリ　曰ク新着部隊ノ一部ガ旧連隊ニ配属中ナリシガ　色々ノ点ニ於テ「戦慣レ」ガ不充分ニシテ　其ノ一ハ食ヒ延バシノ観念足ラザル由　携行糧食ヲ持ツテヰル間ハ定量ヲ食フ習慣ハ直ニ改マラズ無クナリテ悲鳴ヲ挙グハ曽ツテ連隊出征前　習志野ニ於ケル演習ノ際戦場ノ実相を譬ヘ不食訓練ヲヤリシコトアリ　千葉ヨリ習志野ニ行軍中糧秣支給セズシテ行軍セシメタルガ　兵ハ途中ニテ買食ヤ饗応ヲ受ケ　此ノ演習ハ不成功ナリシコトアリ

食ヒ物ノコトハ本能ニテ中々ニ真剣ニヤラザレハ駄目ナルコトヲ痛感セルモ　一面平時ノ生易シキ訓練ニテハ実戦ノ役ニ立タザル一証左ナリ
其二ツ兵ノ勇法ト郷土ノ関係ナリ。満州事変ノ如キ楽ナ戦ヒニテハ此問題ハ大ナル差異ナカリシモ　支那事変デハ局部的ニハ此ノ事ガ明ニサル　然シ指揮官一ツデ之レヲ解決出来ルト云フ結論ナリキ　而テ今悲壮悲惨ノ極トモ云フヘキ現戦場ニ於テハ　確カニ之レガ顕著ニ差別アルヲ看取ス　第一線派遣ノ参謀、第一線各級指揮官ノ報告ヲ綜合シ　且亦直接小生ノ目撃シタル事実ニ見ルモ明瞭ナリ　ヱ生隊ノ軍医サヘモ某隊ノ兵ハ重傷デモ担架ヲ断ルニ　某隊ノ兵ハ軽傷デサヘ担架ヤ人ニ負ハレタガルト　又傷ノ治療ニ際シテモ我慢ノ足ラサルタメ泣キ叫ブアリト
曽テ連隊長ノ時年次別ニ戦闘能力ヲ調査シタルコトアリ　古参兵ハ新参兵ヨリモ万事強ク活動力アルノ結論ヲ得タルコトアリ　又軍医ニ命シ負傷部位ヲ調査セシメタルニ　初年兵補充兵ハ頭部肩部ノ受傷多ク古参兵ハ脚ノ受傷多カリキ　前者ハ地形地物ノ利用適切ナラザルタメト　后者ハ躍進中ニ負傷スルタメナリ
受傷数ノ比較モ戦況ニ応ジ差アルモ　平時訓練上示唆スルコトアリキ　是等ヲ綜合シテ観察スル時　平時訓練ハ更ニ真剣ナルヲ要シ総ヘテ入ルヘキノ要アリト認ム
○物資節約ノ若干例

ヱ生隊ニハ薬品繃帯欠乏シ草ノ葉ヲ代用シアリ
薬ハ受傷ノ程度ニ応ジ三日ニ一度トナシアリ
第一線ニテハ敵ノ麻袋ヲほどき火縄トシ　マッチ節約ト蚊取仙香代用トシツヽアリ
蝋燭ノ流レタル蝋ヲ缶ニ入レ麻袋ノ絅ヲ利用シ蝋燭代用トス

○生活ニ慣レルコト

壍壕内ノ幾月、雨季ニ入リテ壕内ニ水溜リ苦痛察スルニ余リアリ　然シ慣レルト左迄心配スルコトハナシ
曽テ前田候連隊長時代　野営生活ニ趣味ヲ感ジ大ニ愉快ガリシコト　うどんヤ焼芋ヲ酒保ヨリ求メテ大ニ賞味セルコト　さんまヲ初メ食ヒ天下ノ美味ト云ヒタルコト思ヒ出サレ　人間ハ生活起床ニハ順応性ガアルヲ知ル
内地ニテハ物資配給ノタメ窮屈ナル生活ニ慣レツヽアルヘシ　贅沢ナル生活ハ亡国ヘノ道、一面カラ考ヘルトコレガ剛健ナル国民精神ノ養成トナルナラン、斯ルコトニヘこ垂レタナラハ日本人ハ永久ニ浮バヌ国民ナリ　今此ノ戦線ニ立ツ将兵ノ日夜ノ起居ハ御互ニ又トナキ良キ修養ニシテ　四ヶ月モ此ノ生活ニ慣レルト傍目デ見ル程問題ニアシア（ママ）ラズ　人間ニハ或ル靭リヲ有ス　体内ニモ抵抗力アルト共ニ体外ニモ抵抗力アリ　精神力ニテ或特殊ノ無理ヲ制服シ得ルモノナリ
食物ニテモ然リ　塩サヘアレハ有難シト思フ生活コソ貴シ
本日笹原連隊長ヨリ敵ノ落下傘ニテ投下セル物量ヲ捕獲シタルモノアリテ之ヲ小生ニ持チ来ル　内容品ハ実ニ贅沢ナリ「チィーズ」「ジヤム」各種果物ノ缶詰砂糖、油、コーヒー、クルミ、ビスケット等ニテ御疵デ時ナラヌ御馳走ニナリキ　参謀長以下全員ニ之ヲ頒ケタルガ　考ヘテ見レハコンナ贅沢ナコトヲシテ居ル敵ハ弱キ訳ナリ　彼等ハ今日我将兵ガ味ヒツヽアル辛棒ハ断ジテ出来ズ　唯々食糧ノミナラズ弾薬ニ於テ然リ　一日三千四千ノ弾薬ヲ費消シテ居ルガ故ニ戦ヒツヽアルナリ弾薬ガ我軍ノ五倍十倍ニ低下セバ　必ズ戦ヒヲ断念スルハ必定ナリ　此ノ弾薬ノ差ノ下ニ戦ヒツヽアル将兵ノ意気ヲ誰レカ知ル
飛行機ニ対シテモ慣レルトイフコト中々重大ノ問題ナリ　斯ク云フ小生ニシテモ戦線ニ立チテ当初ハ　飛行機ノ音響ニテ区別出来ズ　飛行機ト云ヘバ爆撃ヲ連想セルモ然ラズ　其ノ爆撃スルニハ隊形変換モアリ　狼狽ハ禁物ニテ音響ト目視ヲ適切ニ利用セム

待避ノ時間モアリ　又待避スルニ及バサルコトモアリ　射撃準備モ時間充分アルモノナリ　之レモ慣レルコトガ学問ニテ新ラシク到着セル部隊ト前カラ居ル兵トハコヽニ大ナル差アリ　何ンデモ大事ナコトハ体験ナリ　而シテ苦シイ体験コソ貴重ナリ　自信力トハ此ノ苦キ経験ヨリ生ル

屁古垂レズニ克服スルコトガ万事ヲ解決ス　コレガ頑張ナリ

○陣中ノ配宿

師団長ノ天幕ト参謀長トハ寝ナガラ話ノ出来ルコト必要ナリ　参謀長ト作戦主任亦然リ　昔ハ師団長ヲ神様扱トシテ凡テ煩累ヨリ遠ケ冷静ニスルコトヲ必要ナリト聞キシガ今、ソンナ時代ニアラス　飛行機戦車ノ発達セル現代戦ハテンポ急速ナリ一瞬ヲ争フコトアリ▷○ガ幕僚ト同居スルコトガ理想ナリ　幕僚ガ窮屈ガルヤウナソンナ水臭イ感ジデハ勝利ハ疑ハル一体トナラザルヘカラス　戦機ヲ把握スルコトガ第一要件ナリ

将来ハ単ニ戦斗司令所ノミナラス一般的ニモ応用スヘキコトト思考ス　西伯利亜出征ノ時　浦潮ノ軍司令部ノ参謀室ハ由比参謀長ヲ中心トシ　各幕僚以下書記ニ到ル迄一室ニテ仕事セリ　特別ニ軍機・秘密ニ関スルコトノミ別室ニテ話スレハ可ナリ　能率増進ノタメ将来当司令部ハ斯クスヘキヲ要求セリ

自己ノ安楽安逸ヲ犠牲トシテ必勝第一主義ノタメニ英断ヲ要ス

色々話ヲシテオル内ニ大事ナコトヲ思ヒツクモノナリ　静カニ考ヘル時ハ独リテ別室ニ行キ瞑想スレハ可ナリ

火野葦平氏来陣ス、此ノ砲火ノ中ニ単独ニテ第一線ニ来ル意気ニ感謝ス

色々内地ノ様子ナド承リ　久振リニ銃後ノ力強キ国民ノ気合ヲ知リ欣快ナリ、丁度河辺将軍ヨリノ土産モアリテ酒ヲ共ニ飲ム

此ノ日誌モ紙白残リナシ

丁度良キ機会ナレハ同氏ニ托シ内地ヘ送ルコトトス　荷物ヲ最小限トスル戦陣生活ニテハ余分ノモノハ一切携行セザルノ必要ニ迫ラル、此小冊子サヘモ荷厄介ナリ

部下ガ敵前危険ヲ冒シテ採ツテ来テ呉レタモノ其厚意ヲ忘レザル為メ　コヽニ添附ス

「ロ」陣地（五八四六南方）に対する物料投下展望中　一個著しく南方に落下せるを目撃せる小宮及片山の当番一昨日薄暮を利用し収得せるもの　閣下の御進級御祝のしるしとして御届け申候

尚落下傘一個には此ノ鑵四個宛に御座候

四日

笹原大佐

田中中将閣下

青砥大尉ガ後方ヨリノ追及者推進ノタメ　之レヲ推進シ来レル努力中々天晴レナリ　其気魄ト実行力寔ニ敬服ニ価ス　濁流ニ飛ビ込ンデ鉄舟ヲ処理セシトカ、敵ノ投下セル時限爆弾ヲ処理爆破セシトカ、道路上ニ転落セル「トラック」大ノ石ヲ爆砕シテ之ヲ排除セシトカ　色々行動ヲ聴ク　皆ンナ此ノ青砥大尉ノ如キ積極果敢ナラバ　後方道路ノ悪条件モ多少緩和スヘキナルモ　一般ニ「没法子」的ナル消極的ナル努力ハ歯掻シ、第一線ノ緊張シタル気合ヲ後方部隊ニ欠如セルハ何処ニ原因ガアルヤ　要ハ指揮官ノ意気ナランカ

七月五日　晴

例ニ已ツテ朝早クヨリ銃砲声盛ナリ　敵ハ裸山ニ逆襲シ来レリ　連日ノ如クコレモ撃退スルナラン　第一線ハ自信満々タリ

考ヘテ見ルト敵ノ攻撃力ナルモノハ脆弱ナリ　僅カ三十名ニ足ラザル裸山ト三角山ニ対シ　毎日逆襲スルモ撃退セザルコトナシ　此ノ陣地ハ敵陣地内ニ突入シアリ　態勢ハ包囲セラレアルヲ以テ敵トシテハ眼ノ上ノ瘤ナリ　逆襲ヲ繰リ返スモ当然ナガラ敵ノ攻撃力ハ十日以上攻撃成功セス　其都度退却ス

「ニンソーコン」ニシテモ兵力ノ関係上僅少ナル兵力ヲ当テ居ルニ過キス　敵ノ攻撃力強ケレハ既ニ早ク突破シ得ル筈ナルモ事実ハ然ラス

然ラハ何故ニ林陣地ノ逆襲成功セシカ　砲飛ノ砲爆ニ対スル我工事ノ不充分ナルニ基因ス、工事サヘ完備セハ敵ノ集中火恐

ル、ニ足ラス　見ヨ三角山・裸山ハ連敵ノ砲爆ニ曝サレツ、アルモ　損害ハ軽微ナルニアラスヤ
兵ニ半定量デモヨシ食糧ヲ与ヘ敵ノ何分ノ一デモヨシ　弾薬ヲ追走セハ勿論当面ノ敵ノ如キ突破シ得ルコトヲ確信ス　縦令補給現在ノマ、デモ突破スレバ突破シ得ヘキモ　之レハ単ナル「勢」ニテアトノコトヲ考ヘレハ無責任ノ罪許サレス　気ハ焦セルモ悩ハコ、ニアリ　暫ク陰忍・現態勢ヲ整理シ必勝必成ヲ機スヘキ条件ヲ充実スルタメ　若干時日ノ遷延亦已ムヲ得サルナリ　後方関係全ク停頓セル今日　無理押シハ必勝ノ道ニアラス
小生ノ性格トシテ忍ビサル点ナルモ　師団長トシテノ責任ノ重大性ハ此点ニアルヲ譬ヘ暫ク目ヲ閉ツル場面ナリ
大ニ伸ビンタメ屈スルニアラスシテ　橋本後続隊ノ掌握ヲ待ツナリ
雨ハ結局我ニ幸セズ　単ニ戦ソノモノハ雨ヲ利用シ得ヘキモ　補給ガ作戦ノ重要部面ナル現状ニ於テハ之レニ禍サルルコトノ如何ニ大ナルカヲ思ハサルヘカラス
独乙ノ「スターリングラード」撤退モ補給難結果ナリ　「ガ」島「ニューギニア」ノ苦杯モ亦補給ノ障碍ヨリ来ル
勇猛果敢一点張リテ戦サガ出来レハ単純ナリ　初ヨリ判ルコトナガラ後方ノタメニ制肘セラル、ノ苦シミハ今度程痛切ニ身ニ沁ミタコトナシ
インパールハ必ス陥ス　七千ノ生霊ヘノ手向トシテ堅ク之ヲ誓フモノナリ
唯暫ク待テト云フ外ナシ　補給ノ隘路ヲ打通シ兵ニ英気ヲ養ハシメ後続部隊ヲ全力掌握セハ可ナリ
茲ニ当兵団ヨリ以上ニ　補給ニ悩ム祭兵団ノコトヲ思ハサルヘカラス　状況ノ推移ハ一ニ後方面ニアリ　敢テ他方面ノ進展ヲ待ツ如キ　さもしき考ハ毛頭微塵モナシ　或ハ惴ル是ガ非デモ敵陣突破ノ意気ニ燃ユル　当兵団爾后ノ企図ヲシテ全局ノ関係上　之ヲ制肘スル新情勢ノ現出スルナキヤヲ
カ、ル情勢ニ際シ　当兵団ガ猪突妄進シ損害ヲ意トセス勇進スルトシテ　全滅セハ軍将来ノ迷惑此ノ上ナシ　堅忍スル所以ナリ

戦はこれからなり
勇猛邁進ハ　今後にあり

必ず初志貫徹に死力を竭さん

お願ひ

火野葦平氏ニ托シ此ノ日誌ヲ先ツ留守宅ヘ送ルコトトス

豊橋市吉田町二〇五　田中豊子へ

昭和十九年　七月　五日

緬甸派遣

森第六八二〇部隊　田中　信男

その昔　大山元帥の故事ならひつる日誌也

心静め申候

此ノ拙稿ヲ畏友小林浅三郎兄ニ贈ル　陸軍生活ノ殆ト大部ヲ軍隊教育ニ終始セル同兄ガ　之レニヨリテ多少トモ軍隊教育ニ資スルトコロアラハ望外ノ幸甚、本誌述スルトコロ素ヨリ公表スヘキ筋ニアラズ　全ク一個人ノ私的生活記録ニシテ他人ノ悪口モ忌憚ナク記セリ　戦場生活ノ実相ヲ赤裸々ニ描写スルノ余リ　或ハ聊カ消極悲観ノ場面ナキニアラス、任官以来大陸勤務　爰ニ十八年ヲ過テ其間西伯利亜、満洲支那ノ各戦役ニ従ヒシガ　此度最後ノ御奉公ニ又トナキ体験ヲ得タリ

此度コソハ生還ヲ期セス　正ニ湊川合戦ナリ　決戦ニアラス　決死ノ戦ナリ

皇恩無窮不肖不敏ニシテ師団長ノ重任ヲ辱ヲス　御恩報謝ノタメ何カ書キ残シテ　皇軍将来ノ練成ニ資セント欲張ツテ見テモ　兵馬□偲意ヲ尽サス、幸ニ小林兄ノ賢察ニ信侍シ不肖ノ微志ヲ酌マレタシ

於　印度北角　田中　信男

1　タイ国駐屯軍司令官　中村明人
2　タイ国駐屯軍参謀長　山田国太郎

3　ビルマ方面軍高級参謀　青木一枝大佐
4　ビルマ方面軍参謀副長　青木一枝大佐　一田次郎少将
5　ビルマ方面軍歩兵大15連隊兵器部長　高山亀夫少将
6　第15軍　橋本洋中佐
7　川並密中将
8　牟田口廉也中将
9　徳永一少佐
10　木下秀明大佐
11　高橋巌少佐
12　第114連隊　丸山房安大佐
13　第15軍歩兵第67連隊　柳沢寛次大佐
14　輜重兵第33連隊　松本熊吉中佐
15　歩兵67連隊第1大隊　瀬古三郎大尉
16　中村明人
17　歩兵第154連隊第2大隊　大隊長岩崎勝治大尉
18　南方軍高級参謀　堀場一雄
19　大本営参謀　徳永八郎少佐
20　柳田元三中将
21　歩兵第213連隊第2大隊（第7第8中隊欠）を指す連隊長　砂子田長太郎少佐
22　歩兵第215連隊（左突進隊）連隊長　笹原政彦大佐
23　歩兵第214連隊（中突進隊）連隊長　作間喬宜大佐
24　歩兵第214連隊第1大隊　森谷勘十大尉
25　森谷大隊第三中隊長　松村正直大尉
26　歩兵第214連隊第2大隊　末田大尉
27　歩兵第214連隊第3大隊　田中稔少佐
28　歩兵第214連隊第2大隊　末田大尉
29　第15軍参謀長　田中鉄次郎
30　支那派遣軍砲兵教育隊長

31 第15軍参謀長　陸軍中将　久野村桃代
32 第15軍高級参謀　木下秀明
33 陸軍大将　東条英機
34 陸軍大将　荒木貞夫
35 第33師団独立工兵第4連隊連隊長　田口音吉中佐
36 樋口季一郎中将
37 歩兵第214連隊第三大隊長　田中稔少佐
38 第15師団長　山内正文中将
39 第6軍司令官　石黒貞蔵中将
40 第33師団の後方参謀　三浦祐造少佐
41 戦車第14連隊　井瀬清助大佐
42 野戦重砲兵第18連隊連隊長　真山勝大佐
43 第33師団歩兵団長　山本募少将
44 歩兵第215連隊第1大隊長　岡本勝美大尉
45 歩兵第215連隊第3大隊長　末木栄少佐
46 歩兵第154連隊第2大隊大隊長　岩崎勝治大尉
47 歩兵第67連隊第1大隊大隊長　瀬古三郎大尉
48 歩兵第213連隊（右突進隊）連隊長　温井親光大佐
49 仲芳夫少佐
50 歩兵第213連隊第3大隊長　伊藤新作少佐
51 陸軍士官学校で田中信男と同期（24期）。インパール作戦時は教育総監部本部長であった。のち、陸軍中将になる。
52 陸軍士官学校で田中信男と同期（24期）。インパール作戦時は、陸軍中将で防衛総参謀長に再任されていた。
53 沼田多稼蔵。陸軍士官学校で田中信男と同期（24期）。インパール作戦時は南方軍総参謀長。陸軍中将。
54 板垣征四郎中将
55 第31師団師団長。陸軍中将。インパール作戦では独断で師団を後退させて7月9日師団長を更迭される。
56 ジャングルを越えの作戦実施は不可能と判断して作戦に反対したが、却下され牟田口の逆鱗に触れて参謀長を解任される。陸軍少将。
57 山田乙三、昭和15年陸軍大将となり、教育総監をつとめる。

解説

インパール作戦「弓」師団の戦闘ぶりと『戦ひの記』

増田周子

本書『戦ひの記』は、先にも述べたように、インパール作戦「弓」（第33師団）の、二番目の師団長、田中信男中将の記したインパール作戦の陣中日誌であり、昭和十九年五月十日から日を追って、七月五日までほぼ毎日書かれている。六月十三日に、田中は洗面具と着替えのシャツのみの軽装であるのに、「日誌ト筆墨汁ダケヲ携行品トス」とあり、本日誌を後世に残すことは、重要な使命であると考えていたようだ。以下、本書の重要点を、月ごとにまとめてみる。

一、五月十日から三十一日　ビシェンプール方面からバレル方面への作戦転換

この『戦ひの記』は、昭和十九年五月十日、北泰チェンマイに於て、インパール作戦「弓」師団長の内命を受けた日から始まる。田中信男は、当時独立混成第29旅団長であったが、発令を受けて十一日にバンコクに戻り、慌てて準備をし、五月十三日の早朝にタイからビルマへと出発し、その日のうちに到着した。『戦ひの記』には、同日「俺の死場所　インパールの山よ　秦の半歳　夢の跡」とあるので、過酷なインパール作戦を覚悟し、死を決意していたことがわかる。五月十四日には、物資が豊富であったバンコクでの贅沢な暮らしの癖をやめ、トイレの紙や煙草も節することを自ら誓っていた。田中は、師団長となることに恐懼の思いを抱きながらも、生死を超越して軍の期待に添うことのみを考え、任務を全うし、命令に対する泣き言や軟弱なる意見を参謀長以下に一切禁止するよう徹底させようと思量していた。田中は、昭和十五年に豊橋陸軍教導学校長になっていたこともあったため、重責を全うするためには、師団を統率し「教ヘツツ戦フ努力」が大切だと考えていた。教育が勝利に導くために重要だと考えていたことは、教育者としての実績もある田中の重要視していたことでもある。

五月十五日早朝には、田中はチンタンジ（インタンギ）の牟田口廉也中将の滞在していた軍の司令所に行った。[1] 牟田口は既に出立していていなかったが、そこで高級参謀に会い、前師団長の柳田元三中将と交代することになった理由を聞いたことが記されている。柳田が、神経衰弱となったことが要因だと書かれていた。また、この日は、日本軍の航空戦力が劣勢なので、「切込ミ戦法」「焼打」が必要だと考えたと書かれている。十六日には初めての山越えを行い、十七日には、夜と昼逆の生活をすることが四日続いていること、大変寒いことなどが記される。また、敵地に入ると、道路が立派なのに驚かされたことが書かれ、ビシェンプールの戦いで日本軍がやられたこと、日本軍の後方部隊の士気が低く頼りないことなどが記されている。後方部隊とは、どんどん兵士が負傷するので、かき集められ補充していく兵士のことであるが、俄かに集められ、まとまりがなく、兵士の士気は弱いものだったようだ。田中は、この日敵陣地を見た。「英印軍が占領しているトルボン付近の陣地は」、「いわゆる蜂の巣陣地と称するもので、五〇〇〜六〇〇メートルの縦深にわたって配置されているように見えた」[2] という。こうして、田中は、十八日には敵の「トルボン隘路扼止」のために、「直ちにトルボンの攻撃を命じた」[3] のである。同日、瀬古大隊が到着し、十九日から戦闘を始めた。戦闘をはじめて間もなくの二十日には瀬古大隊は、大隊長、中隊長ともに戦死し、五十名の死傷者を出し、七十名で対処していること、岩崎大隊が加わったことなどが本書には書かれている。到着後一週間余りで、早くも、連隊長を失うなど、苦戦を強いられていたことがよくわかる。田中は、このような苦境を「思フニ　師団長トシテ　敵中赴任　蓋シ空前ノコトナラン」「たゝかひつ　道を直しつ　赴任かな」などと表現している。

二十二日朝、タロロックに到着。モローの軍戦闘指揮所に到着し、牟田口軍司令官に申告の後、夜半ようやくライマナイの「弓」師団戦斗指令所に到着した。二十三日、ようやく「弓」（第33師団）の前師団長柳田中将にあって申送りを受けたことが記されている。おそらくかなり、厳しい話を聞かされたのであろう。田中は、「悉ク悲観論ナリ　戦況刻々不利ニシテ全滅ハ時ノ問題ナリト」と記す。続けて田中は、このような悲観論に陥ったのは、柳田が、士官学校を首席で卒業し、恩賜の刀を貰った誉れ高い軍刀組であるが、エリートのため、「神経鋭敏」で、難局に際して弱気となり悲観論者となってしまったからと記す。一方、自分のような「鈍才」は「此際性来ノ呑気サヲ発揮シ　心配セサルコトトス」と、謙遜しながら、楽観的にインパール作戦を進めようとするのである。田中は戦況を観察し、「三つこぶ高地とカアイモールを奪取して、第一線両連隊との連絡を回復するのが先決問題であると考えた」[4]。こうして「二四日夜を期し笹原連帯の篠原集成部隊（長篠原大尉）をもって北方から旧観測所高地に対し、砂子田大隊をもって南方からカアイモールに対してそれぞれ攻撃を命じた」のであった。

二十五日、田中は、砂子田、篠原連隊の夜襲のことや作間連隊と森谷大隊のビシェンプールでの戦いの様を聞く。いずれも苦戦し、大隊長をはじめ多くの戦死者を出している。田中は、「此際トシテハ神経ヲ太クシ　難局ニ処シ最善ヲ期セサルヘカラス　唯自分一個トシテハ決死ノ肚ヲ定ム　素ヨリ死ハ易シ　任務ヲ完遂セスシテノ死ハ不忠ノ極ナレハ自重スヘキモ覚悟ハ既ニ成リ」と、改めて、死は簡単だが、「弓」師団長として任務を完遂して死ぬことを決断し「みいくさは　必ず勝てと祈りつゝ　花と散りなむ　インパールの山」という短歌を詠んでいる。二十六日、砂子田大隊は後退し、笹原連隊も消耗しつくしていた。田中は、敵の弱点を突く以外攻撃の方策がないと考え、雨季が迫りつつある状況の中、雨は日本軍に幸いを齎すと雨を待望していた。だが二十七日、連日の豪雨に、雨に打たれて行軍する兵士たちは、タイでは想像も及ばないほどの苦労だと記している。ただ、雨は日本軍にも大打撃だが、敵も同様で、敵機が活発に動くことはなかった。この日、田中は、またもや自身の死を思ったが、体験から大したことではないとし、五十を四年も過ぎた自分の人生は恵まれていたと述懐、死するときには立派でありたいと願った。さらに愛児三人のことを思い出す。末娘のみどりが幼いことを心配するが、くよくよしても仕方ないとし、戦局が思いのまま発展しないことのみに焦りを覚えていた。師団長として、戦闘の指揮をしながらも、時折父としての一面があらわれる箇所もあり、人間味溢れる内容も垣間見られる。その後、五月二十八日、九日は、玉砕の言葉も見られ、大隊が全滅していく悲惨な様子が書かれる。三十日、牟田口中将が田中に会いたいと電話をしてきたことが記される。田中は「戦ヒノ真最中　師団長ヲ後方ヘ招聘スルトハ奇怪千萬ト御断リセシトセシガ」、会いに行った。仮眠をとり気を落ち着けた後、「軍今後ノ大策ヲ示サル　コレデ肚モ定レリ」と書いている。田中は、牟田口中将に呼びつけられ、立腹していて、牟田口を二時間も待たせた。大層胆が据わっており、簡単に上層部に従うような人物ではないことがわかる。軍上層部に会うよりも、自分の「弓」師団の戦闘のことを気に掛ける師団長としての姿がよく伝わる。ここで牟田口は田中師団長に「ビシェンプール方面の作戦を託したうえ、六月二日戦闘指令所を撤退してインダンギーに転進[5]」するように伝えたということであった。このたびの転進は「川邊方面軍司令官と会見するためのものであったが、ビシェンプール方面における軍の攻勢が失敗に終わったため、改めてバレル方面に近く戦闘指令所を移し後図を策するためのものであった」[6]という。

二、六月一日から十二日　三つこぶ高地の攻略

六月一日、再度前任師団長の柳田中将を思い起こしている。「前任者ノコトハ云フニ忍ビス　サレド国家トシテハ大ニ考ヘル問題ナリ　学校ノ成績ガ最後マデ物ヲ云フ行キ方ハ是正スヘキ好範例ナリ」「学才優レタルモノ必スシモ勇将タラス」としている。成績だけで物を見ると間違うと言う、教育者としての田中の経験から出た言葉が率直に綴られ、「此ノ難局ニ処シテ克ク之レヲ制服シ最後ノ勝利ヲ獲得スルモノコソ良将タルニ愧ヂス　小生ノ如キ呑気ナ親爺ガ案外巧ヲ奏スルヤモ知レス」と結ぶ。そして、このような危機的状況では、必要な力は「知識ニアラス　胆力ト意志力ナリ」と記している。あくまで柳田が秀才過ぎることが、師団長交代につながったのだと、田中は分析している。そしてこの日、天はインパールを攻略するまでの命を自身に与えてくれた。あと十日あれば可能だとし、十日には、敵のインパールの飛行場に弾をぶち込むという目標を立てた。

六月二日、田中は「弓」師団のことを考える。この日の田中は髭が伸び放題で山男そっくりだった。「弓」師団がこのビルマに来てからもう百日が経つ。その間、食料が録になく、兵士は栄養失調で痩せ細り、青白い顔をしていることや、蚊が多くて閉口していることなどが記される。「敵ノ遺棄物品中ニハ贅沢ナル食糧多ク」ともあり、敵との差が歴然とする様子がわかる。インパール作戦で何度も言われる食糧不足の様がリアルに記されている。二日に記された「田中稔大隊長戦場到達遅延セルニヨリ連隊長ヨリ三十日ノ重謹慎ニ処シ　師団長ハ戦場ニ於ケル怯者ト認メ之レヲ軍法会議ニ附スルコトトセリ」というのは、歩兵二一四連隊第三大隊長だった田中稔が、

ハカ、ファラムから師団に急迫を命ぜられた歩兵二一四連隊第三大隊は、師団の期待に反してその前進がきわめてのろく、五月二五日にやっとトルボン隘路口に進出し、そのご一日行程のところを四日かかって二九日ようやく師団指揮所のあるサド（田中師団長の着任後指揮所をサドに推進した）に到着した。[7]

というミスをしたためであった。一方、この日「田口独工連隊、諸岡師団工兵中隊及岸山山砲中隊ハ長時日募兵克ク衆敵ヲ支ヘ任務ヲ遂行シタルニヨリ師団長ヨリ賞詞ヲ与ヘタリ」とある。これは、六月三日に次のように記された理由のためである。

田口工兵連隊ハ二十四日ニントウコン守備ニ任シ　二百ノ内連隊中田口中佐以下百二十三名死傷セルモ六十名ノ生存者ニテ平地進出ノ掩護ヲ完フシタルナリ　西連隊ニハ中隊ノ生存者一名ノミノトコロ其他三・四名ノトコロ多キモ　之ハ連隊長ヨリノ申請ヲ俟チ詮議ノ上表彰セン

六月二日の記述で特に注意すべきは、前師団長の柳田中将に対する認識の変化が記されていることである。「柳田前師団長ハ流石ニ情報勤務ニ多年ノ経験アル丈ニ此ノ判断ヲ以テ　慎重ニ処セラレタルコトガ左遷ノ重因ナリ」「師団ノ戦力三分ノ二ヲ失ヒシ罪ハあながち前師団長ノ消極的指揮トノミ断スルヲ得ス　根本ニ於テ上級司令部ノ敵ノ戦力判断ニ欠陥アリシコトハ否ミ難キ事実ナリ」とある。今までは柳田中将のエリートさや弱気が仇になったと思っていたが、柳田の責任だけを問うべきでなく、上級司令部の判断に欠陥があることを指摘している。この点は、重要である。戦時中なのでどんな時でも軍の上層部批判ができない状況である。ただし『戦ひの記』は「弓」田中師団長の『陣中日誌』であり、公文書ではないため、本音を記すことができたのである。ただ田中は本音を記しつつも、「若シ師団長トシテノ判断ガ上級司令部ト違ヘハ正ニ堂々意見ヲ具申スルモ　師団ノ戦闘指揮ハ軍ノ意図ニ絶対服従スヘキナリ」と任務に忠実に戦闘をしていくことを決する。

さて、六月三日から、戦闘の様子が続く。六月三日、第十五軍は「第三十三師団は軍の助攻兵団としてインパール南方に攻撃せよ。攻撃準備完了は六月十日」[8]という命令を出した。一日にあと十日あれば、インパールに弾がぶち込めると記していることから、五月三十日、牟田口中将に田中があった時には口頭で作戦の概要を聞いていたのかもしれない。田中師団長は次のような「弓」師団の戦闘計画を立てた。

1 砂子田大隊［歩兵第二一三連隊（第七、第八隊欠）］は師団の主攻部隊とし、三つこぶ高地の敵陣地を北面して攻撃し、じ後トッパクールを経てカアイモールに前進し、敵の拠点を攻略する。

2 末木大隊（歩兵第二一五連隊第三大隊）は、三つこぶ高地を南面して攻撃する。

3 岡本大隊（歩兵第二一五連隊第一大隊）は、カアイモール北方旧観測所高地に対し南面して攻撃する。

4 各大隊は大隊砲、連隊砲で極力敵の掩蓋を撲滅する。

5 砲兵隊は主力をもって三つこぶ高地の攻撃に協力し、特に砂子田大隊攻撃を支援する。

6 井瀬部隊（戦車第一四連隊長　井瀬大佐の指揮する同連隊および岩崎、瀬古両大隊）はニンソーコンからボッサンバムを攻撃して同地を攻略する。

7 攻撃開始は六月五日と予定する。[9]

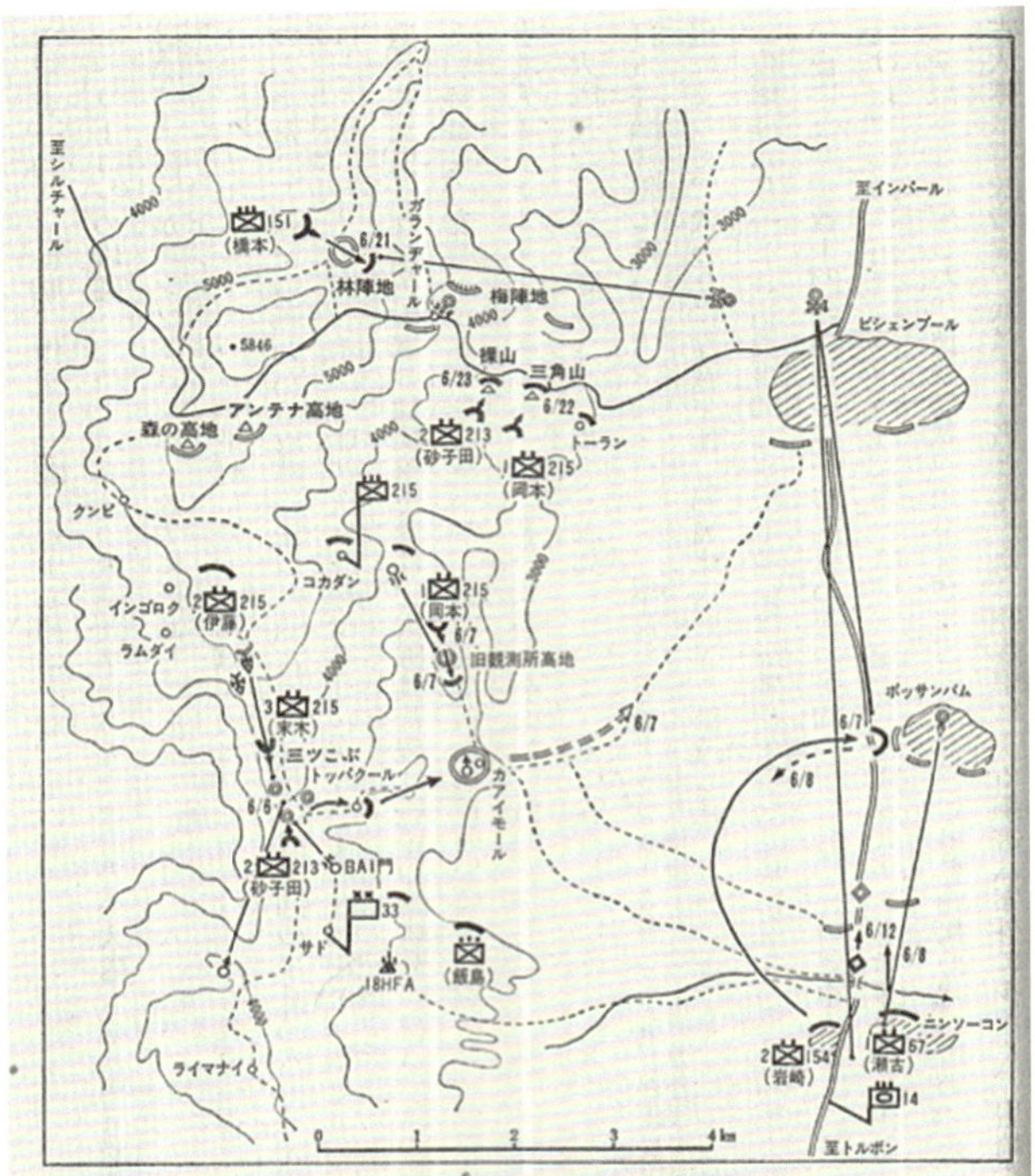

挿図第16　第33師団戦闘経過要図

（陸戦史普及会編『インパール作戦　下巻』同）より

田中の戦略は、三つこぶ高地にこだわりがある。なぜなら、三つこぶ高地は「第一線との連結通路として日本軍が前線への補給や負傷者の搬送に使っていた道路のあるところだった[10]」からである。この三つこぶ高地に「約一千人の敵が戦車をともなってはいって来て、たちまち鉄条網を張り、コンクリートの陣地を構えだしたのである。つまり敵は日本軍の中にクサビを打ち込み、分断をはかって来た[11]」という現状があったのである。

六月四日、兵士は雨のために腸が冷え悉く下痢に見舞われていた。田中は四六時中の爆撃の中で、長期間食べ物も食べずに奮闘する兵士の姿に、「真ニ御苦労ト叫ヒタクナルナリ」と記している。六月五日、前記の作戦を実施予定だったが、「明六日ニ改ム」とあり、六日から作戦は開始された。六月五日田中は「着任以来始メテノ攻撃ナレハ牛刀主義ニヨル　但シ牛刀ト云フモ正面砂子田大隊ノ白兵ハ　一中隊　一七名　一中隊　三五名」と記し、総勢たった五十二名で闘わなければならないことを記している。それでも田中は、師団長としてぜひとも必勝するべく、「師団長トシテ第一線ヲ鼓舞スルタメ　最前線ニ進出シ直接指導ス」「決死成功ヲ期スル旨ヲ厳ニ指教ス」として、自ら攻撃方法などを教育した。この点も、教育者としての田中ならではのやり方であろう。靴は破れ、皮具はカビが生える中、六月六日到頭作戦が開始した。砂子田大隊は南方から、末木大隊は北方から三つこぶ高地を攻撃し、戦死傷者はわずか四名だけで掃討は成功した。「砂子田大隊はこの日『トッパクール』を占領した[12]」のである。田中は、砂子田、末木大隊の成功は「長時日準備ノ賜物ナリ　凡テ準備ナキ攻撃ハ失敗ス　準備中特ニ必要ナルハ現地教育ナリ」と記している。一方岡本大隊は、「支援火砲も少なく、機関銃による銃眼射撃も十分[13]」でなく失敗した。田中は、「教訓一、砂子田大隊ノ成功ハ火力総合発揮　二、岡本大隊ノ失敗ハ夜襲、敵ノ銃眼ニヨリ攻撃頓挫」と書き、弾丸の準備が必要なことを痛感したと記しているが、砂子田、末木大隊の成功はよほど嬉しかったようで、「予ノ着任以来ノ緒戦ハ成功セリ　愉快此ノ上ナシ」と記した。

七日には、苦戦を強いられていた岡本大隊も観測所高地を奪取し、岩崎大隊は「六〇〇ボッサンバム部落西側を占領した[14]」。だが、ニンソーコン北側には英印軍が占拠していて敵が戦車で対抗し、戦車を増強しようとしていた。砂子田大隊も、百名と言っても元気なものは皆死傷し、戦っている兵士は退院した者や、後方で荷物の監視をしていた者ばかりである。田中は、「従来ノ戦術思想ハ現状ノ如キ戦力消耗セル部隊ニハ適用出来ズ」「歯掻キコト甚シキモ　コレガ戦場ノ実相ト云フヘシ」と述べている。

八日、この日は暴風雨だった。瀬古大隊は、ニンソーコン北部に抵抗する敵のために、八十名中六十名の兵力を失った。岩崎大隊は、ボッサンバムで孤立無援の状況だった。ニンソーコンを完全に占領されれば、今後の痛手は多大である。やむなく岩崎大隊をニンソーコンに後退させた。

九日、田中は笹原連隊のいる場所まで前進した。途中三つこぶ陣地で屍臭を嗅いだ。田中の前進中も砲撃があり、一兵士が脚を飛ばされた。夜間の射撃も激しく、砲撃を受けながら訓示し「一生ノ思ヒ出ナリ」と記している。田中は終日これからの攻撃準備のために地形を見ていた。夕刻敵の砲撃を受けながら帰途に就いた。この日、敵の思わぬ物資が手に入った。それは、バター、ミルク、チーズ、そしてゴムの布団など贅沢品ばかりで、田中は、驚かされ、それに比して自分の師団の第一線将校の気毒さを思いやった。また、ここ最近では、敵機や砲撃が慢性化し、兵士たちの危険感が麻痺していて、これでは益々被害が甚大になると警告している。さらに、砂子田大隊の奮戦の場所を見、敵の砲弾の多さに、こんなに弾を準備していたのかと改めて驚愕した。そして夜半に指令所に帰り参謀長に攻撃の大綱を示したのである。

十日、ニンソーコンの瀬古大隊六十名、ボッサンバムの宮崎大隊百名の死傷者を出し、歩兵が殆ど戦力を消耗していることを知り、敵のゲリラのため、なかなか兵士が集結できなかった。田中は自ら井瀬部隊の現場に行って激励しようと思ったが、参謀長の要望で堀場庫三参謀を派遣した。ただ田中は、戦車連隊長の大ざっぱな攻撃が良くなかったことを思い、「現況ハ放任ハ不可ナリ　師団長ガ連大隊長トナツタ心算デ的確ナル指導ヲ与ヘサル限リ成功セズ　陣頭指揮トハ陣頭教育ナリくどい程干渉シテ可ナリ」と自ら、陣頭指揮を与えるべきではと悩んでいた。また「本日ハ終日敵機休ム暇ナク活動ス　何カノ兆候ト見ルヘシ」と警戒をしていたのだった。また、第五十三師団の歩兵第百五十一連隊（連隊長　橋本熊五郎）、通称橋本連隊の先頭中隊が到着した。橋本連隊「全部ノ集結ハ一週間後」とのことであった。

十一日、敵がアンテナ高地より前進して、終日三叉路に銃撃を加えたが、損害は案外少なかった。橋本連隊は、五月十四日、緬甸方面軍の命令によりインパール方面に増援された。そして、十六日から「弓」師団長の指揮下でビシェンプール方面の戦闘に参加することとなった。[15]第十五軍の指示によれば、「連隊は六月七日にはその全力の終結を終わるということであった」[16]が橋本連隊の一部が到着したのは六月十日で、こんなに遅れたのは、後方部隊が臆病だからだと田中は考えた。田中は、後方部隊の戦意向上が必要だと考えていた。

十二日、田中がバンコクを出発しておよそ一か月たっていた。一か月たっても、水浴一回しかしていない状態だが、人生最大の苦難を味わっていても、健康も、志気も益々旺盛でどんな困難も突破する自信があると記す。払暁、井瀬部隊がニンソーコン北部に攻撃を再開した。午前中は歩砲協同がよく、敵の第一線を突破できたが、午後からは敵が反撃し、一時間にわたる連続爆撃や銃撃を繰り返し、戦況は不利となり圧迫され気味であった。田中は、サドの指令所でこの様子を見ており、自分は相当の戦争歴を有するが、「本日ノ敵ノ砲火ニハ驚ケリ　千ニ余ル砲弾ヲ打込マレテ全ク天日暗ク硝煙土砂ヲ以テ天地ヲ蓋フ概アリ」と、心配していた。終日展望所から望遠鏡で見ていて、師団長として何か手を打とうと考えもしたが、軍の既定方針に基づき「断腸」の思いでそのまま決行した。中隊長は悉く傷を負い、今や下士官が中隊長であった。無線も故障し、通信線も断線、やむなく司令部の阿部曹長を派遣して連絡をとらせた。敵との差は圧倒的でどうしようもなかった。ここで田中は、払暁が火力発揮の上で最良と思ったが、そうでもない。雨ならばよかったのにと悔やんだり、夕方に攻撃を開始すればよかったなどと思い悩み、「本日ノ不成功ハ正ニ攻撃時期ノ選定ニアリト云フヘシ」と記している。師団長として苦渋する様が描かれ、緊迫した様子がわかる。こうして、攻撃は失敗してしまった。瀬古大隊は、将校は悉く戦死し、「兵員三八名となった」[17]。大隊と言うよりも小隊以下の戦力となってしまったのである。田中は、全滅かと思ったが砲撃隊の損害は案外少なく、「戦死二人　負傷三〇」であった。夜半に指令所に戻り、こんなに打撃を受けたがニンソーコンを確保したことを知って、ようやく安心したのであった。

三、六月十三日から七月五日　ビシェンプール外郭陣地（ガランギャール陣地）への攻撃

一三日、橋梁が流され、橋本連隊の到着が遅れることを知り、軍司令官の「弓」師団の笠原連隊と作間連隊で、ガランギャール及びビシェンプール敵地に突入することも考えるが、橋本連隊を待つこととした。人間は何とか食べる算段をしても馬にまでは及ばず、馬が痩せる一方だと同情していた。

十四日、第十五軍から「山本支隊方面ノ敵退却セルヲ機トシ　急遽攻撃スヘキ」という命令が届いたが、田中は、「弓」師団の今の戦力では効果なく、橋本連隊の到着を待たずに攻撃を仕掛けても、今までの失敗を繰り返すのみだと「軍司令官ニ対シ一両日ノ猶予ヲ請ヒタリ」とある。

十五日、田中は、弱音を吐くつもりもなく玉砕は簡単だが、勝たなければと攻撃をいつにするか思慮していた。十六日、軍司令官より田中の意見が取り入れられ「必勝準備ヲ期シテ攻撃ヲ望ム」との返電があった。連日の雨で橋梁が流失し、橋本連隊は腰までつかる水流を何度も越えていたため前進が遅れた。病人は続出し、馬も倒れたため、臂力搬送しなければならなかった。田中は後続部隊の到着が遅れた原因は、天候によるものだがその根本は　軍参謀ノ処置ニ手落があると判断していた。そして「将来参謀ノ処置一ツガ斯クモ重大ナル結果トナルコトヲ銘心スヘキナリ」と記している。

十七日、田中は「ビシェンプール外郭陣地（ガランジャール陣地）への攻撃[18]」を「六月二十日[19]」とすることにした。この日は久しぶりに友軍機が来て心強く、田中は嬉しかったようだ。十八日、二十日と昨日決めた戦争開始を二十一日にした。兵士たちが疲労困憊して二時間の行程を十時間もかかるというありさまでふらふら行軍していたし、馬も疲労していて前進することが思いのままでないため、延ばした方がいいと参謀長が具申したからであった。田中は、参謀長の意見は首肯できるが、一度師団長が命令したことを直ちに変更するのはよくないと、暫くその後の状況をよく検討してから判断するため採決を保留することにした。

田中は良く準備しないと、失敗するのは明らかで敵に猪突猛進は禁物だと、はやる心を抑えた。なお、六月六日以来敵中に入り戦車その他を爆破したなどの功績でこの日「斎藤挺身隊ニ賞詞ヲ書」いた。

十九日、熟慮の末ビシェンプール外郭陣地（ガランヂャール陣地）への攻撃を一日延期し、二十一日から始めることに決定した。今度の攻撃計画は次のとおりである。

1　師団は主攻を橋本連隊に指向し、ガランヂャール周辺の敵を西方から攻撃して一挙にビシェンプール方向に突進する。

2　橋本連隊は林陣地を攻略したのち、梅陣地（ガランヂャール北方高地）に戦果を拡張し、じ後ビシェンプール方向に攻撃する。

3　笹原連隊（新たに砂子田大隊を配属す）はガランヂャール東北の敵陣地に対し北面して攻撃し、橋本連隊の攻撃を容易にする。

4　作間連隊は一部をもって師団攻撃の前日ヌンガンの敵高射砲陣地を挺身攻撃し、師団主力の作戦を容易にする。
5　砲兵隊は主として橋本連隊の突入を支援し、敵の逆襲を阻止する。[20]

兵士たちの行軍の様子を見ると五時間も一睡もせず、山路に三、四時間もかかるような状態であった。田中は、この日の夕刻には第一線に進出し、直接戦線を指揮することにした。そしてこれだけ準備して失敗すれば運命だと考え、第一線に行くなら、二度と帰れないと覚悟していたのである。田中は任務を遂行し、勝利するために次のような教訓を記している。一つ目は、笹原・温井連隊は三分の二、作間連隊は二分の一の兵士を消耗している現況から、強襲するのはこれ以上の消耗を来すのみなので、攻撃に対しては充分に準備が必要だということ。二つ目は、戦闘に対し、地形及び天候を十分に見極めて利用すること。特に雨は良い結果をもたらすことがある。三つ目は、こんどの戦場では、従来のやり方や原則では通用しない面があるため、現況に応じた戦闘指導をする必要があり、「学者ブッテ原則論ヲ並ヘルコトハ禁物ナリ」と記す。そして、戦術では何といっても突撃力が大切なので、この力を発揮させるために、様々なことを研究するべきだと書いた。さらに、最後に、「此ノ憎キ雨モ必勝ノ戦ノ前ニハ　却ツテ福音　ドウゾ明日カラ又雨ニナレ」と祈り、「為すことは凡て　尽せりあとはいざ　敵撃滅の一念に燃ゆ」と綴っている。

二十日、田中待望の雨となった。第一線の連隊は、師団長田中のために茅小屋を作成してくれ好意に感謝した。田中は、笹原連隊長以下将校に対して、勝敗は最後の五分で決すとの最後の決戦に対する訓示を行った。

二十一日、朝、八時ごろから雨が降っていた。天候が、幸い雨なので、直ちに橋本連隊長に速やかに攻撃を開始すべしとの電報を送った。いよいよ攻撃が始まった。橋本連隊(兵力三百)は、十時五十分攻撃を前進し、十一時十六分、およそ三十分で一一一六林陣地を完全に占領した。この高地は、以前に笹原連隊が多大の犠牲を出しても攻略できなかった場所で、それを「しかも損害はわずか六名[21]」で完全制覇するなど流石に新鋭部隊だと、田中は感じた。これは、攻撃の準備を完璧にしたためだと喜んだ。ただ次の攻略地梅高地に対しては、橋本連隊は弾薬の欠乏を理由に、本日中に攻撃するのは困難だと泣き言を言い、田中は「全般ノ関係上迅速ナル戦果拡張ヲアレダケ指示シタルニ何ゾヤ」と、心外だと思った。そして戦地を一望に眺めて、先ずは第一の難関を突破したのを喜ばしく思うが、教育訓練の不足を痛感した。

二十二日、田中は早く目が覚めた。雨で、戦闘には好都合と考えた。重砲兵連隊長を招致するために観測所に行く途中敵の砲弾を浴びた。ジャングルに逃げ込んだが樹木が吹っ飛び、弾は頭上に落下し、危ない目にあった。高地上で、真山大佐、笹原大佐と豪雨にうたれながら戦況を一時間観察し、種々指示をした。師団長が第一線に進出して指示する価値はあるが、第一線に行けば、部隊のアラが見え注意を喚起したくなるも、それが最善とは言いにくい面もあり、かえって悪い結果をもたらすこともあった。なので、田中は、この日は最前線で視察をしても余計なことは言わないようにつとめることとした。昨日、橋本連隊長が、一一一六林陣地を奪取したあと、砲撃を受け、大隊長以下四十名の死傷者をだしたことを、田中はこの日電話にて知った。田中は、第三大隊長の仲芳夫少佐訃報を知り、深く同情した。「初陣の成功に歓喜した橋本連隊の将校は、この砲撃終了とともにその大部は陣地から消滅していた[22]」。のちに「弓」師団の岡本岩男参謀が回想した談話によると「この砲撃で第三隊長仲芳夫大尉以下二〇五名を失い、わずかに三〇名が残った。火砲、重火器もその大半が破壊された[23]」という。「この攻撃は橋本部隊の先着部隊約三〇〇名をもって行われた[24]」というので、実に三分の二を失う大打撃だったが、田中はまだこの日、これだけの損害であるとは知らされていなかったようだ。この連隊は「軍の指示で土工器具を携行していなかった」が、田中は「器具をかき集めて連隊に支給し、工事の必要性を強調した[25]」。田中は、あれだけ連隊長に、損害の大半は陣地奪取後の砲撃であり工事を実施することの必要性を話したのに、敗因は、工事を怠った結果だと判断した。一方、岡本大隊は三角山を奪取した。これに反し砂子田大隊（大隊長以下一八名）は、「ガランギャール東側の裸山を攻撃した[26]」が、成功しなかった。牟田口軍司令官は、マレー作戦の経験もあり、そんなに敵は頑強かと参謀に尋ねたらしいが、実際敵は物資も豊富にありしかも頑強だった。だが、田中は、くよくよせずなんとかなると楽観的に構え、この日、雨に濡れ、二十日ぶりに襦袢を着替えた。

二十三日、砂子田大隊が裸山を占領したが、突入時に大隊長が負傷し、十八名中無事なのはわずかに数名であった。橋本大隊は第二陣地を奪取するも、戦力は低下し、突撃兵力はわずかに十名であった。ただ、後続兵力を追及する予定であった。昨夜、岡本大隊に敵からの逆襲があったが、これを撃退していた。展望所から見ると、敵の自動車が少なくとも六十は南下していた。田中は、今日の夕方か明日早朝より敵が総攻撃に出るかもしれないと警戒していた。そしてこの自動車を射撃するように命じたが、重砲は鈍重ですべて的外れで当たらなかったため、がっかりしている。一方、この日は、田中師団長の着任以来一か月で、一か月前に柳田師団長より申送りを受けた時は、悲痛な話ばかりだったが、ここまでこぎ着けたのだと感慨深く感じた。林高地を見るとあばただらけで、山の形はかわり果て、樹木は倒れ、戦闘の激しさを物語っていた。この日、砂子田大隊長も負傷し、歩兵の各大隊長で無傷なものは一人もなく、生存者は、負傷した砂子田、田中稔は軍法会議送りで、伊藤新作は停職、他はみな戦死であった。この田中稔少佐は、先にあげたように作間聯隊（二一四）の「第三大隊（第九中隊欠ー大隊長　田中稔少佐）」を指し、「戦場到着遅延」のミスをしていた。伊藤新作少佐は「戦場ニ於テ虚偽粉飾ノ報告アリシニヨル」という理由だ。田中少佐のことは、作家火野葦平のインパール作戦『従軍手帖』六月二十二日（インパールまで三二九九ｍの地点で書かれる）にも以下のように登場する。

> 隊長室に行くと、稲田中尉と少佐の肩章のある背のひくい将校とが話をしてゐた。丸顔を髭で埋め、ぐるりとした丸い眼でまじまじと見る。稲田中尉から田中少佐だと紹介されて、この人かともう一度見なほした。作間部隊の大隊長で、兵隊たちが、敵は英軍でなくて田中少佐であるといつてゐるといふことをきいたことがある。
>
> （火野葦平『インパール作戦従軍記』219頁）

師団長は「主力方面に追及を命じていた」が、田中少佐は師団長の見るところでは、その行動敏速を欠き聯隊主力の「危急に馳せ参ずる気魄に欠けていた」[27]と記録されている。田中師団長は、着任後に二名の大隊長を処断したのは、師団の意気を促進しようとするためだと言う。田中は、大中隊長なのに責任感がないのは心外で、戦場に於て、精神の教育をすることの必要性を説いている。

二十四日、敵の逆襲が猛烈となり、戦闘司令所をめがけて銃爆撃をし、田中は真剣な爆撃を初めて受けた。空襲は今まで何度も受けてきたが、今日のように至近距離で受けたのは初めてで、軍通信兵四名、下士官一負傷、馬十二頭がやられた。夕刻には、司令所が砲撃を受けた。田中は、第一線に進出している以上、覚悟の上だがこんな弾でやられたくないと思った。

二十五日、またまた、敵飛行機の銃爆撃を受けたが、幸いにして司令所の損害はなかった。雨の中でも敵機の活動は盛んだった。戦闘した場所に多数の弾丸を放置しているが、補給が思いのままにならないこの雨季の時期、田中は弾丸の処理が戦力増強に重大だと思った。この日、橋本部隊に兵力四百名が到着し、馬が増強されないため、百名を弾丸の運搬にし、三百名が戦闘したが、既に九十一名死傷し、それでも未だ梅陣地の奪取はできていなかった。笹原連隊にガランヂャールを攻撃させる命令をした。一方田中は、砂子田隊長が負傷し衛生所に収容されていたので見舞った。砂子田は後退することを拒んだが、田中が判断した結果であった。橋本連隊の山砲もやられてしまった。一方この日、作間部隊の渡辺一等兵が敵隊長少佐を刺殺し、重要書類を確保したことにより、軍司令官より賞詞を受けた。田中は、「信賞必罰ハ戦場ニ於テ特ニ励行スベシ」と記す。橋本部隊の一部が、敵機を恐れ、昼間密林に待避し、わずか三里の道を二十四時間もかかる者があった。憲兵に捜査処分を一任するという参謀長の処置に橋本部隊が応じた。田中は、橋本部隊の戦力が一向に充実しないのは、こんな不届き者が多いからだと記している。

二十六日は戦況が多忙で田中は日誌を書く暇がなかった。二十七日、林陣地が奪取されてしまう。田中が着任して以来、一度占領した陣地が奪取されるのは初めてであった。これも、敵の集中砲火のせいでもあるが、おそらく工事を怠ったことにもよると田中は記す。橋本部隊は、二百五十名の戦力のうち、百三名を失い、連隊長以下三十名が生存。火砲重火器の大半は破壊された。このため田中は作間連隊を南下させ林高地を攻撃させた。作間部隊に攻撃任務を課すことに、幕僚全部が反対だったが押し通した。田中は、近来の幕僚は理屈が多く、これも大学教育の弊害と記し、遂に叱正したことを述べた。この日軍司令官が来訪し、重大な転機を示したので、田中は戦線整理の具申を出したが、これと行き違いに軍はこの命令を取り消し、初志貫徹せよと改めた。田中は、戦場ではよくあることだが、各部隊に下達していなくて良かったと思った。この日は、改めて皇軍の粘り強さを思った。航空機も弾薬も敵は圧倒的に多く持っていて、不利な条件である。そのうえ田中着任以来、糧秣を前線に送ることができず、兵士たちは野草を取って食料とし、塩さえない状況のなかでよく戦ったと思った。ボッサンバム、ニントウコンの敵が駆逐できないのは、やはり「弓」師団の兵力が十分にないためで、欲張ったこともできず、英印軍の砲兵を撲滅させるために、この日田中は笹原連隊長に、毎日二組の奇襲挺身隊を出すべく命じた。

二十八日、「弓」師団は裸山の敵の逆襲を撃退したが、およそ三十名程度で守備していて、生存者はたった一名だった。作間連隊に昨日命令したが、優勢な敵に阻まれまだたどり着かず、笹原連隊は連日敵の逆襲を受けて消耗していた。田中は幕僚の悲観論を排して、飽くまで現在の占領地点を確保しようとするが、周到堅実な補佐官の意見は無視できず、最悪の場合を想定して、腹案を熟慮していた。敵の砲撃は日に日に活発になり今や戦闘は、「弓」師団にとって重大な局面を迎え、一歩誤れば壊滅となる事態に直面していた。こんなときに、この日誌を書くなど、一見道楽のように見えるが、師団長が悠々と筆をとる姿はかえって、幕僚以下に安心感を与えると、精神の修養として日誌を書き続けた。この日、田中が久しぶりに鏡を見ると、一か月半も髪や髭を切っていないため、実年齢より十年も老け込んだような感じがした。暢気な父さんと思っていたが、随分苦労したのだとしみじみ思った。田中はそれでも気持ちだけは、沈思冷静にしようと誓った。

二十九日、田中は山蛭にかまれ、かなり出血した。笹原連隊長より昨日は敵から採取したパイナップル、この日は牛肉を送られ、橋本、岡本両連隊長と会食し、思いがけないご馳走に舌鼓をならした。岡本連隊長は二か月ぶりに帰り、十日間塩なしで戦った生活がいかに困難かを語った。第一線の小銃兵を調査すると、笹原連隊　一四六　作間連隊　二四四で、これでは連隊どころか、中隊だと、田中は嘆かわしく感じた。馬も僅か、司令部でも食料はなく前線はさらに不足する中で、傷病兵までもが戦い、本当によく頑張っていると記している。一方、全てが勇敢なわけではない、若干が頼りになるばかりだと苦情も述べている。この日、田中は、軍からの通電で、「祭」師団長の山内正文中将が更迭され、かわりに柴田卯一中将に交代することを知った。この大切な時に師団長を更迭するとは何事かと記し、交代して本当に効果があるのかと疑問を投げかけている。さらに田中は、師団長が苦戦しているのは、軍が戦闘力の判断を誤ったためではないかと怒りをぶつける。マレー作戦やビルマ作戦の時と敵の戦力は格段に違うのに、それを軍が見誤ったためと言うのだ。自分の責任を棚にあげて、師団のみを困惑させるのは、誤った思想だと抗議している。田中師団長は、前任の柳田が退任直前に、ブリザバー、ビシェンプールに各一大隊を突入させる命令を受け、極力この命令の不利を力説したにもかかわらず強行させ、遂に両大隊とも全滅したことをとりあげる。迷惑にも、二個大隊を「弓」師団は失ったのに、軍の責任者は、引責どころか知らん顔していると書き綴る。田中は、こんな軍は「武士道ヲ解セサルモノナリ」と言う。橋本部隊の到着が遅れたり、主力が本日になっても到着しないのも全て軍後方主任の無責任な一言によるものだと述べ、「師団ヨリノ抗議ニ『申訳ナシ』ノ電報一本ニテ之レヲ解決セントス　師団ノ攻撃計画ハ之ニテ無茶苦茶トナレリ　凡テ責任ヲ解セサルハ上級司令部ニ在リト断言ス」と記す。さらに、少し前にあった一端告げた命令をすぐに撤回するという事例をあげ、軍の指揮官にあるまじき行為で、責任を解する男のすることではないと憤る。大本営も、方面軍もこんな経緯は知らないだろう。責任をもっと糾弾するべきだと述べる。田中は、山内中将更迭にあたり、義憤が爆発したと述べ、諸葛孔明をもってしても如何ともしがたいだろうとしている。軍上層部の批判を克明に記している点は、戦時中の中将としては異例のことで、重要視される特徴である。この日、作間連隊は「五八四六高地付近に転進して橋本連隊と交代したのち『林の高地』の攻撃を準備中」[28]であった。

三十日、田中は、統合戦力の発揮は当然のことだが中々しにくいと思い悩むが、今のままの態勢で持続するのは無理だと、思い切って戦線を整理することとした。田中は、林高地の奪回、タイシンポックのヱ生隊のサドウ転進、さらに林高地に対する攻撃部隊の転進を命じた。この日、田中は、早い時期に、ジャングルを超えるインパール作戦は無理だと反対し、昭和十八年五月に牟田口中将に解任された小畑信良参謀長を思い出し「今ニシテ小畑参謀長ノ意見ノ尊重スヘキヲ悟リシナラン　現在ノ補給関係ガ如何ニ無策ナルカヲ知ルヘシ」と記している。インパール作戦中に、かつて更迭された小畑の考えの方が正しかったのだと認識している点は興味深い。この日、田中は「平時教育ト実戦ニ就テ」「酒ト戦力並体力」「強靭ナル責任感」という問題について記している。「平時教育ト実戦ニ就テ」では、内地の教育と実践の教育にはこんなにも差があるのかと改めて思い、今からでも新来部隊が来たら必ず教育のやり直しをしようと記し、「戦闘ニハ教育ガ附キ物ニシテ攻撃準備ノ主体ハ戦場教育ニアリ」と記している。「酒ト戦力並体力」では、戦闘に打ち勝つためには精神力と体力が必要だと述べる。また「強靭ナル責任感」では、ある兵が護送される戦友を見て羨ましいと言い、田中自身も口にはしないが、一種のやけで面倒くさいから弾に当たってしまえという気になることもあると述べる。だが、こんなことは無責任で、もう一歩頑張る強靭さが必要だと言及する。死を軽んずる傾向は戒めるべきで、生死を超越して任務を遂行することこそ旺盛なる責任感があるのだと述べる。戦場での自殺は卑怯で、一度の失敗で殺すべきではないと断ずる。上官として、活をいれることこそ大切だと書いている。

七月一日、田中は、ビシェンプール西方の三角山、裸山に対し敵が大反撃を加えると思っていたのに平穏無事だったが、油断は禁物と注意していた。この日、田中は、戦局打開のために「典令ニ準拠スルノ必要」を説いている。「現状ニ応スル典令ノ抜粋主義ヲ必要ト認ム、仍チ方面軍・又ハ軍ニ教育部ヲ設ケ必要最少限度ノ典令準拠ノ指針ヲ普及徹底ニ努メ」ることが大切であり、是が非でも勝ち抜く手段を実際化することが重要だと述べている。なお、この日、「作間連隊はトッパクールに至り、爾後の作戦を準備すべし」との師団命令を受けた。[29]

七月二日、作間連隊はトッパクールに向かう転進を開始した。[30] 田中は、最近ではデマが横行していることを指摘し、さらに田中は、道が悪く自動車が通れないため、栄養不足の疾病兵士がふらふら歩いて後退するので、前線に向かう後続の兵士らと出会い、志気を減退させる。これは憂慮すべきだと記している。

七月三日、負傷兵が担架に乗せられているのを見て田中は憐憫の情がわいた。子煩悩の田中としては、故郷の両親からお預かりした兵士たちを立派に働かせ、決して犬死させることはないようにと日夜心を砕いていた。六月三十日の調べでは、「弓」師団の負傷は戦死傷七千、戦病五千計一万二千余　実に師団全ての70％であった。断腸の思いであったが、損害を意とせず任務に邁進することが大切で、安易に玉砕することは自滅、自殺行為で責任感にかけると記している。

さらに七月四日、六月二十七日付で、陸軍中将に任ぜられたとの電報を受けた。田中は不肖の身であるが、この栄職に恐懼しながらも感激に堪えなかった。この日は田中の誕生日であった。死力をかけて任務に邁進しようと改めて思い、最後の御奉公として、多年の隊長生活の総決算たるべく最も困難な戦場に立っていることを男子の本懐と記した。「師団長ハ軍人トシテ最高峰望外ノ恩遇ナリ」と述べ、絶対なる責任感で、職責を果たすことを決意した。田中は、昔は師団長を神様として扱っていたが今はそんな時代ではなく、師団長が幕僚らと同居することの必要性を説いている。この日、作家の火野葦平が来陣した。「此ノ砲火ノ中ニ単独ニテ第一線ニ来ル意気ニ感謝ス　色々内地ノ様子ナド承リ　久振リニ銃後ノ力強キ国民ノ気合ヲ知リ欣快ナリ、丁度河辺将軍ヨリノ土産モアリテ酒ヲ共ニ飲ム」と記した。火野はこの日コカダンにて、田中師団長から聞いた話を、自身の『従軍手帖』に以下のように記している。

笹原聯隊長も作間部隊長も立派な人だ。青砥大尉もなかなか立派で、みんながあんなになつてくれたらなんでもできるだらう。大隊長はみんな死んで、四人しか残つてゐないが、一人は軍法会議に廻した田中少佐、あとは負傷や病気ばかり。実際よくやつた。

（火野葦平『インパール作戦従軍記』264頁）

『戦ひの記』には、「弓」師団の健闘ぶりをたたえる描写も何度も書かれるが、苦難の中、火野にもよくやったと話したのであろう。なお、青砥大尉の立派な様子が、本日誌には次のように記されている。

青砥大尉ガ後方ヨリノ追及者推進ノタメ　之レヲ推進シ来レル努力中々天晴レナリ　其気魄ト実行力寔ニ敬服ニ価ス　濁流ニ飛ビ込ンデ鉄舟ヲ処理セントカ、敵ノ投下セル時限爆弾ヲ処理爆破セシトカ、道路上ニ転落セル「トラック」大ノ石ヲ爆砕シテ之ヲ排除セシトカ　色々行動ヲ聴ク　皆ンナ此ノ青砥大尉ノ如キ積極果敢ナラバ　後方道路ノ悪条件モ多少緩和スヘキナルモ

こんな話を火野にしたのであろう。さらに、「此ノ日誌モ紙白残リナシ　丁度良キ機会ナレハ同氏ニ托シ内地へ送ルコトトス」として、『戦ひの記』を火野に託し日本の田中の家族に届けてもらうことにした。

七月五日、朝から銃声が聞こえた。敵が裸山に攻撃を仕掛けたのである。毎日のように敵はやってくるがその攻撃力は脆弱だった。だが、日本軍も陣地を奪取される。田中はもしも、食料をもう少し与え、弾薬を与えるなら、突破できるのにと考える。ただそれは無理なので、無理押しせずに必勝することを考えた。この日、最初はいいと思っていた雨は結局「弓」師団に幸をもたらすことはなく、補給の困難さが増幅するのみであったと考えた。しかしそれでも田中は、七千の師団犠牲者の手向けとするためにインパールを必ず陥落させることを誓うのであった。さらに田中はこの『戦ひの記』最後に「戦はこれからなり　勇猛邁進ハ　今後にあり　必ず初志貫徹に死力を蝎さん」と記している。七月五日「方面軍は第一五軍に対し改めてインパール作戦中止を命ずる」[31]ことになったが、まだ各師団には通達が届いていないため、田中師団長は、最後まで『戦ひの記』では、インパール攻略を目指していたのである。なお、インパール作戦は七月三日に中止し、五日に第一五軍に命ずるが、弓師団が後退しはじめるのは、火野葦平の『従軍手帖』によると七月八日のようである。[32]すなわち下達が遅れたため負傷兵が増え、さらなる悲劇をうみ出したのだ。

終わりに

『戦ひの記』という、田中信男師団長のインパール作戦の日誌の概略をもとに、インパール作戦「弓」師団の戦闘ぶりに

ついて記してきた。本書には、実際の前線での「弓」師団の戦いぶりが、目にうかぶような迫真の場面が何度もあった。塩すら届かず食料や弾薬、兵馬もない中で、連日戦う兵士たちの労苦や、無謀だとわかりながらも、日本のために戦闘を指揮する田中師団長の重責などが伝わった。実際にインパール作戦に従事した兵士も、柳田「弓」師団長が突然更迭され「白いうなじが見えるくらいがっくりと首を落と」[33]して師団を去る姿を目の当たりにし、

> 作戦の途中で罷免された柳田さんの悲痛な気持ちもさることながら、そういうことをやった上級司令部に対する不信の念というか、反発するなにくそという気持ちが師団全員にみなぎったことは確かで、そのあとの第三十三師団最大の激戦だった三つコブ高地付近の戦闘で、各部隊とも玉砕につぐ玉砕で敵にぶつかっていったものでした。[34]

と述べている。師団長更迭などという、前代未聞の事例に対し、下級兵士も憤懣やるかたなしの思いで戦ったのであろう。

『戦ひの記』で最も重要なのは、田中師団長の変化であろう。最初は、前任の柳田中将の更迭を、秀才であるがエリートで軟弱であったためだと位置づけるが、時が経つにつれ、柳田の苦労の様に理解を示し、最初からインパール作戦の実施に反対していた小畑参謀にも同調するようになる。そして、第十五軍牟田口廉也中将のやり方や軍命令への批判などもするようになった。牟田口に呼びつけられ、二時間も待たせるなどの場面からは、簡単には自身の心情を曲げず、師団長として「弓」師団のことを一番に考えるまっすぐで豪傑な性質がわかる。赤裸々に、軍批判が書かれるところは、戦時中の言説であるし、「弓」師団長という、師団のトップからの立場の言及であり、大変貴重で珍しいことでもある。さらにこの『戦ひの記』には、田中師団長の戦争を経た教訓などが記されている。田中は、死を覚悟しながらも、日本の勝利をあきらめず今後の皇軍の教育のために、インパール作戦で得た必勝の戦術を記して、後世に残そうとしていた。田中信男中将は、まさに命がけで日本のために全力を尽くした人物だと言えるだろう。

1　インタンギにあった第十五軍の司令部がメイミョウに移ったのは、四月二十日であった。（磯部卓男『インパール作戦　その体験と研究』昭和59年6月、丸ノ内出版）

2　陸戦史研究普及会編『陸戦史集17　インパール作戦下巻』（昭和45年8月15日、原書房）
3　同右
4　同右
5　防衛庁防衛研修所戦史室編『インパール作戦―ビルマの防衛』（昭和43年4月25日、朝雲新聞社）
6　同右
7　陸戦史研究普及会編『陸戦史集17　インパール作戦下巻』（昭和45年8月15日、原書房）
8　5に同じ
9　同右
10　無署名「昭和史の天皇　インパール(32)」（『読売新聞』昭和44年6月29日）
11　同右
12　陸戦史研究普及会編『陸戦史集17　インパール作戦下巻』（昭和45年8月15日、原書房）
13　同右
14　同右
15　5に同じ
16　2に同じ
17　同右
18　5に同じ
19　同右
20　2に同じ
21　同右
22　5に同じ
23　同右
24　同右
25　2に同じ
26　同右
27　同右
28　5に同じ
29　同右

30 同右
31 2に同じ
32 火野葦平『インパール作戦従軍記』（前出）なお、磯部卓男『インパール作戦』（前出）によると、田中師団長に中止命令が下達されたのは七月十三日だと言う。
33 無署名「昭和史の天皇　インパール（30）」（『読売新聞』昭和44年6月27日）
34 同右

関西大学東西学術研究所資料集刊46
戦ひの記 インパール作戦「弓」師団長 田中信男従軍記

2019年３月31日　発行

編著者　増　田　周　子

発行者　関西大学東西学術研究所
〒564-8680　大阪府吹田市山手町3-3-35

発行所　関　西　大　学　出　版　部
〒564-8680　大阪府吹田市山手町3-3-35

印刷所　亜細亜印刷株式会社
〒380-0804　長野市三輪荒屋1154

ISBN 978-4-87354-702-2　C3021　